U0161533

# *Pfeffer: Rezepte und Geschichten um Macht, Gier und Lust*

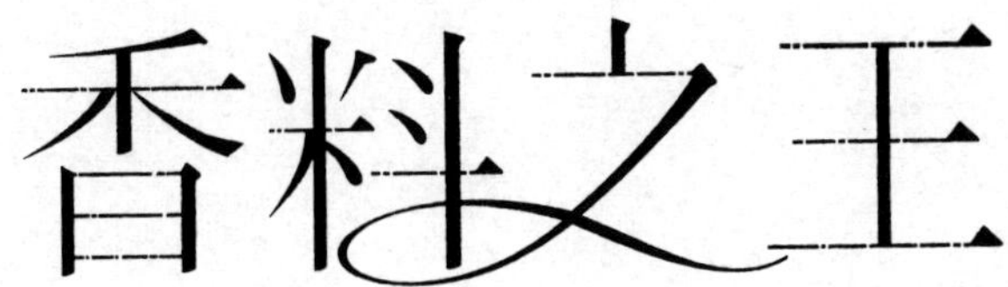


[奥]康拉德·佩恩斯蒂奇，
[奥]娜塔莉·佩恩斯蒂奇-阿曼德——著

庄仲黎——译

新 星 出 版 社 NEW STAR PRESS

# 前言

Vorwort

咖啡、橄榄油和巧克力：现今懂得品鉴美食的行家们（往往是发达国家的人民或社会的权贵阶级）都非常清楚，这些商品有哪些种类是优质的上等货。欧洲人对于葡萄酒的鉴赏历史则更为久远，至于其他的食品，人们也越来越懂得品尝与辨别其中细微的差别。然而，人们对于胡椒的态度却很不一样：作为一般性调味料，餐桌上摆放的胡椒罐对于人们而言，似乎是一种理所当然的存在，但它并没有受到应有的重视，虽然这种香料拥有多种优点及多重的历史面貌。

胡椒的历史几乎与其他香料的历史密不可分。放眼过往，胡椒在许多方面影响了人类以及全世界。在人类早期的文化中，辛辣的胡椒粒不只是美食的调味品，它们还被人们用于神祇的敬拜与疾患的治疗，由于胡椒取得不易，它们的市场价格有时甚至跟黄金一样高。寻找胡椒是地理大发现时代欧洲人探索全世界的动机，为了胡椒，人类不惜发动战争，也愿意冒着生命危险，驾驶帆船环游地球，并画出了世界地图。尽管美食的潮流一直在改变，胡椒的馨香与味道时而被追捧，时而被冷落，然而，经过数百年的发展，胡椒已经成为人们最常使用的香料之一。

胡椒的过去充满冒险的传奇故事，深深吸引着人们，因此，我们希望借由本书的出版让胡椒的故事继续讲述下去。还有，人们对于胡椒这种香料的兴趣，一部分得归因于它独特的香气以及无法被取代的滋味。现代人确实得天独厚，可以取得形形色色的胡椒产品，而且每一种产品都有各自的美味特色、料理优点与流传的历史。胡椒的多样性和取得的便利性也能激发出人们对于这种调味料的好奇与关注。

我们书写本书，主要是从胡椒的享用与品味出发，而不是出于严肃的学术研究。其中与胡椒相关的历史学与植物学文献资料，可以提供给读者一些认真而负责任的参考，不过，这些资料并非毫无疏漏。我们写作之初曾有人质疑，是否一本关于胡椒的书籍，其篇幅能超过两百页？事实上，这样的质疑很快就被证实是站不住脚的。比起欧洲的胡椒交易史，中国这个东方的文明古国与印度以及东南亚香料群岛（马鲁古群岛）的贸易活动更为久远，也更具重要性，然而，基于我们鲜明而有限的欧洲视角和观点，我们在探讨胡椒的历史时，亚洲的部分只约略地提到。此外，本书所附上的各种胡椒植株的图绘主要着眼于资料的广泛性与全面性，而不希望过于学术。这种资料的处理方式或许显得不够专业而且牺牲了某些植物学的细节，然而，这并不妨碍我们对于胡椒植物世界的一般性掌握与了解。本书最后所辑录的胡椒料理食谱有一部分是搜集来的，还有一部分则是我们自己研发的美食成果。我们在选择这些食谱时，当然有主观的态度——主要是为了呈现各种胡椒产品丰富的调味变化的可能性，以及人们从中享受到的纯粹的美食乐趣。

在对胡椒进行一番探讨与研究后，我们对它更加着迷了。亲爱的读者！如果这本著作能让您在生活中愿意珍视这个富有历史色彩的香料，而且能为您的胡椒罐带来一些崭新的美食意义，我们就达成本书出版的目的了！

娜塔莉·佩恩斯蒂奇－阿曼德

康拉德·佩恩斯蒂奇

# 目录

## 胡椒的世界史：关于权力、贪婪与乐趣



## 胡椒属的辛香料

## 非胡椒属的辛香料：假胡椒



## 各种真假胡椒的料理食谱

# 胡椒的世界史：关于权力、贪婪与乐趣

Geschichten um Macht, Gier und Lust

17 世纪的商船到那儿去买胡椒，因为杰姆士一世时候那种追求胡椒的狂热在荷兰同英国的冒险家心里简直像一朵恋爱的火焰那样燃烧着。只要找得到胡椒，有什么地方他们会不愿去！为着一袋胡椒，他们会毫不踌躇地割断彼此的咽喉，会丢弃他们的灵魂，其实他们对于自己的灵魂向来是看护得非常周到的：他们是那么古怪地拼命追求这个东西，因此他们也不顾死神千般的威吓了；那些谁也不知道的大海，那些可怕的奇病；还有受伤、被俘、挨饿、染疫同失望。这狂热使他们变得伟大，天呀！也使他们显得是好汉……①

小说《吉姆爷》（*Lord Jim*）

康拉德（Joseph Conrad）

①引自梁遇春译本，人民文学出版社，1958 年版。（译注，下同）

收获胡椒
来源：《怪物与神童》（*Des Monstres et Prodiges*），帕雷（Paré），1585 年

## 香料是上天赐予的礼物

胡椒的历史开始于印度。在印度的神话传说中，印度诸神为了赐福人类，让他们拥有健康而舒适的身心，便降下旨意，让胡椒降临并生长在这片肥沃的土地上（Müler & Bloomfield 2004：21—22.）。在其他的一些民族传说中，属天国度与传奇世界里的众神祇以及希望成为神祇的人类，都大大得益于香料所具有的神奇魔力。古罗马诗人奥维德（Ovid，43B.C.—17A.D.）在他的诗集《女杰书简》（*Heroides*）里，继续演绎古希腊关于特洛伊战争的神话史诗：斯巴达皇后海伦与特洛伊王子私奔回特洛伊城，当这位绝世美女进城时，神圣的欢迎仪式中飘出燃烧肉桂的香味，特洛伊城的百姓因而深信，海伦是一位女神，香料也让海伦成功地征服了特洛伊城的民心（Turner 2005：228）。[①]

①未另行说明的情况下本书中出现的原文均来自德文原书。

香料成功的关键在于那种令人目眩神迷的气味！诸神与祂们居住的殿堂都会散发着馨香之气，而且不只希腊人和罗马人有这种想法，现代许多宗教仪式依旧使用焚香、没药、肉桂、檀香木和一些香草植物来礼敬神明。人们仍如过往一般，沉浸在充满香气及神秘氛围的烟雾中。数千年以来，人类都使用珍贵、芬芳或可食用的献祭品来敬拜神明，以获得神祇的眷顾与恩典。特别是香料，由于它们的芳香可以激发人们的灵感，人们因而误信，它们具有神奇的魔力。也因为这个缘故，香料自古以来，几乎在所有的宗教中，都具有仪式性意义。

古埃及人的生活以宗教为轴心，在豪华而造型多样的古埃及万神殿中，祭司每天为众神献上美食与醇酒，更换祭坛上的香膏，好让这崇高的殿堂能不断散发着神祇馥郁的香气。最迟在新王国时期（公元前16世纪至公元前11世纪），古埃及人就已经在宗教祭典中使用胡椒这种香料了！考古学家曾经在埃及临红海的港口城市贝勒尼基[①] 挖掘出大量的胡椒粒，它们绝大多数都出土于庙宇遗址及其附近，而且都已烧成焦黑状。此外，该遗址还出土了一个印度制的大型容器，里面装满了胡椒，重达7.5千克。参与相关挖掘计划的专家

①英文为Berenice，当时是红海最主要的港口。

们推测，“当时用于宗教献祭的胡椒，不论是以焚烧或撒布的礼神方式，其总量应该都很可观”（Neef & Cappers 2009: 88—89）。

埃及法老与其他的帝国权贵们至少在死后，都有胡椒祭品供奉，因为胡椒当时是死者尊荣身份的象征。撇开埃及的众神不算，相关资料指出，最早使用胡椒的法老是建造阿布辛贝神庙的拉美西斯二世（Ramses II.），也就是“拉美西斯大帝”，古埃及新王国时期最具雄才大略的法老之一。这位法老于公元前 1224 年 7 月 12 日驾崩[①]，在祭司尚未把他的遗体施以木乃伊的防腐处理之前，人们便把一些胡椒粒塞入他的鼻孔和腹腔内，而他的遗体，正是古埃及保存最好的木乃伊（Turner 2005: 145）。由于无法证实其他我们所知悉的古埃及法老，其遗体是否在制作木乃伊的过程中填塞胡椒作为防腐的材料，因此，当专家们在拉美西斯大帝的木乃伊中发现胡椒粒时，也等于解开了人们这方面的疑问。胡椒被用于法老木乃伊的防腐，这是否意味着，当时的埃及人想要测试胡椒是否真正具有防腐的功效，或者因为法老是尊贵的统治者，只有他的木乃伊才配使用这种贵重的香料，这种奢侈的、特别的防腐处理？古埃及人认为，人死后可以复活，如果死者

①关于拉美西斯二世的驾崩时间，专家们众说纷纭，有些资料显示，他的死亡时间晚于本书所采纳的公元前 1224 年。

的遗体保存完整的话，他们的灵魂会经由鼻腔而重新回到已经木乃伊化的躯体内。把胡椒粒放入亡者的鼻孔中，胡椒所散发的香气或许更能吸引亡者的灵魂进入遗体内，从而重获新生。古埃及人用各种不同的方法把尸体木乃伊化，其实只有一个目的：完好地保存尸身，使其不腐烂，让死者的灵魂能够重新进入躯体里，顺利地死而复生。就拉美西斯二世而言，这位功业彪炳的法老确实在死后继续享有帝王的尊崇：1976 年，他的木乃伊被发现有发霉的现象，必须做紧急处理。人们将他的木乃伊从埃及空运到巴黎时，当时的法国政府以招待国宾的礼仪和阔气的排场迎接了这位法老的到来。后来，相关的专家们也是因为要解决木乃伊发霉的问题而意外发现了他体内的胡椒粒。

香料的宗教用途当然不只出现在古埃及，不过，从根本说来，是古埃及人推广了这种充满馨香的宗教仪式。依照《圣经·旧约》的记载，摩西是在埃及受到耶和华的启示而获得一种圣香的配方："耶和华吩咐摩西说，你要取馨香的香料，就是拿他弗、施喜列、喜利比拿。这馨香的香料和净乳香，各样要一般大的分量。你要用这些加上盐，按作香之法，作成清净圣洁的香。"（《旧约·出埃及记》第 30 章第 34、35 节）此外，《出埃及记》还记载用肉桂和丁香所调制成的圣膏油。关于圣香与圣膏的制作与使用，耶和华的指示也很明确：这些芳香的圣品只能用于敬拜耶和华神，“凡作香和这香一样，为要闻香味的，这人要从民中剪除”（《旧约·出埃及记》第30章第38节）。

同样地，在古罗马时代，香料的焚燃基本上只能用于敬拜诸神。然而，在公元元年前后，有一些罗马帝国的皇帝为了强化自身非凡的威权形象，开始在自己现身的场合焚点香料，让自己置身于浓厚而芳香的烟雾之中。这种造神的行径不仅背离了人们原本使用香料的目的，也受到帝国内部守旧派的严厉批评。神圣的香料是神祇专属的供品，不能有世俗的用途，不过，罗马帝国当时对于民间在亡者土葬或火葬时使用香料的现象，基本上比较宽容。根据当时的丧葬习俗，人们会用焚烧肉桂所散出的甘甜香气为死者送别，伴随他们走完人间的最后一程。除此之外，帝国的权贵会为了打心理战而大量使用香料，目的是要压低阿拉伯香料商的气焰，让他们担忧自己的库存，是否可能陷入香料供应不足的窘境：“当时一些精通香料的行家确信，罗马帝国每年所增加的香料消费量，都不及尼禄皇帝为他的妻子波佩雅（Poppaea）举行葬礼的那一天所焚烧的香料量”（Plinius Naturgeschichte, Bd.2, p.523）。我们至今仍无法知道，那个时代的香料商的顾虑是否有道理，似乎他们当时的香料存货是足够的。

许多宗教仪式都需要焚点香料，好让散发的香气营造出神圣的氛围，而且空气中的香氛还可以让与会的信众感到身心舒畅愉悦。基督教、犹太教和伊斯兰教这三大一神论的宗教，都长期在仪式中使用香料来敬拜耶和华、上帝和真主。现在犹太教徒在参加星期天傍晚的安息日结束礼时，还是会遵循历来的传统，在仪式中轮流传递焚烧香料的香炉罐，并感谢造物主。香料是来自天堂的神圣果实，它们所散发出的属天香气正是神灵存在的表征。虽然香料在当时也是一种药品，但是对于这些信徒而言，把香料当成医药使用算是例外的情况。由于欧洲的基督教信众不清楚香料实际的来源，因此，一直到中世纪晚期，基督教会仍旧在宣扬香料来源的神圣性。直到后来的地理大发现，才颠覆了这些焚香品的神秘性及其被基督徒信以为真的存在理由。

芬芳的香料具有宗教的神圣性与献祭的用途，通常人们不可以使用它们。不过，从另一方面而言，香料确实具有一种诱惑性。人们有时更倾向于把香料与俗世的放纵宴乐，而不是信仰中如乐园般的天国，联系在一起。早在公元元年前后，人们就已经知道，餐食若能善用香料调味，会获得一种特别的美食享受。然而，一些有识之士也开始担心，这种所费不赀的香料美食会带来负面的道德效应：当时一些富裕的罗马市民大量使用昂贵的香料来增添餐食料理的美味，生活作风之奢华放纵让学者们忧心忡忡，他们一再质疑，是否稳固的罗马文化能禁受得起这股颓废堕落的潮流的冲击？

等到基督教在欧洲立稳脚跟后，关于香料的使用是否有助于基督徒灵修生活的问题，又在欧洲中世纪不断地被教会的神职人员提出来讨论。法国著名的天主教修士圣伯纳德（Bernhard von Clairvaux，1090—1153）是欧洲中世纪著名的修道院改革者，他于11世纪初期创办熙笃会并主张修道者应该过清贫、刻苦与灵修的生活。由于担忧修道院的修士们无法遵守清苦的戒律，圣伯纳德当时主张，修道者不宜食用胡椒、姜、小茴香、鼠尾草及其他的辛香料。因为，它们虽然可以取悦人们的味觉，却也会激起性欲（Turner 2005: 267.）。

虽然在许多宗教信仰中，馨氛的香气与神祇的存在具有关联性，但早期的基督教会却明禁在礼拜仪式中焚点香料：基督教会在公元5世纪之前，还未在欧洲立稳脚跟，作为欧洲的新兴宗教，当时其教会的高层刻意要排除当地旧有信仰的习俗，例如，以熏香礼敬神明的仪式。不过，基督教把香料的使用视为禁忌，更可能是因为罗马人会燃香来敬拜众神明及帝国的皇帝——对于当时的基督徒而言，罗马人不仅是异教徒，还是迫害者。表面上，基督教正式禁止焚点香料的理由则是，焚香所产生的刺激性香味会引来魔鬼（这也是法国修士圣伯纳德的顾虑）！

基督教在早期阶段，曾经成功地禁止基督徒使用香料。不过，当基督教神职人员提倡教义的解释应以《圣经》文字为依归时，《圣经》内容中，关于散发香气的植物果实来自乐园的说法，也获得基督教内部广泛的赞同，焚香献祭时所发散的馨香后来便成为基督教（天主教与东正教）礼拜仪式中的重要部分。后来，神父在念咒驱赶邪灵时，也会燃点香料，这个基督教惯例还延续到了中世纪后期。这种香气的游戏与嗅觉的逻辑其实也存在于现代社会：目前很受西方欢迎的亚洲风水师傅在开始处理委托空间时，往往先用熏香来驱除空间内的负面能量，把相关的空间导向正向的氛围，其中有些委托空间还是具有设计感的公寓。

中世纪时期的宗教观明显地助长了香料对于人们的吸引力，然而，自文艺复兴时期开始，欧洲对于香料的渴求已不只是，也不主要是出于宗教动机。威尼斯垄断香料贸易的时期，欧洲已度过了基督教思想钳制人心的黑暗时代，不过，当时葡萄牙航海家仍未发现绕过非洲好望角而通往印度的新航线。这个时期的欧洲人认为，远方异国的香料产地是人类可以到达的现世乐园。而且，这个神秘的地方可能就在东方（Orient），它散发着伊甸园特有的天国的馨香，园内树木的枝头长满了气味芬芳的香料果实。总之，上帝把伊甸园设在遥远而神秘的东方，珍贵的香料也同出此处，这并不是什么不得了的秘密。此外，香料的馨馥之气更激发了当时人们的想象：“香料是联结日常世界与人间乐园的环节，而且，这个乐园应该就在东方的某处，出产香料的异国强化了中世纪欧洲人的神往与幻想……当时曾出现一种混合基督教与异国风情的想法：人类的乐园是一个美妙的世界，它超然于日常生活之外，既不完全属于现世，也不完全属于来世或仙界。”（Schivelbusch 2010：16，23）

位于东方的香料产地洋溢着异国的风情，对于当时的欧洲人而言，它是一个遥远而神秘的世界，充满着传奇的色彩，也让人们向往和期待，欧洲人为了寻找珍贵的香料而走向冒险的旅途，已是历史的必然。从另一方面来看，虽然西方人自15世纪末的探险航行成功地发现了热带地区的香料产地，并取得稳定的香料来源，然而，接下来的历史发展却告诉我们，白种人的到来，基本上并没有为当地的居民带来任何益处。

印度的胡椒收获场景
来源：马可·波罗

## 胡椒的贸易史：发现者、致富者与失败者

根据相关的考古学资料，人类使用香料的历史，年代最早可以追溯到公元前五千年左右；至于人类使用香料最早的文字记录则出现在一块苏美尔陶板上，这块陶板出土于美索不达米亚平原，年代在公元前 3000 年左右。苏美尔人当时在陶板上所书写的楔形文字内容显示，当地人已在使用丁香这种香料。由于丁香只出产于东南亚的马鲁古群岛，由此可见，西亚地区在那个年代早已与现在的印尼东部有贸易的接触。另外，还有一些埃及学的资料显示，约于公元前 2560 年（即古王国时期）建造完成的胡夫金字塔，当时负责管理与监督这项伟大建筑工程的主事者，会让参与工事的工人们嚼食香料，以增进他们的体力与耐力。

印度半岛的居民早在距今四千年前就已经开始栽种胡椒，胡椒是印度人烹饪食物的调味料与供奉神祇的祭品。自古以来，位于印度半岛西南的马拉巴海岸不只是胡椒和肉桂的产

区，还是东南亚香料的主要转运地。这条香料贸易路线以印度为起点，经由波斯湾，继续延伸至尼尼微和巴比伦，最后通达叙利亚与埃及，而且，相关的资料已经证实，这个香料交易网络早在公元前两千多年前就已经存在了（Miller 1969: 194）！

这个贸易网络刚开始时，沿途各个贸易点之间还没有发展出紧密的供需关系，因此，还未出现系统的商品交易模式。沿途流动的物品会在机缘巧合下，持续地从一位商人手中转给下一位商人。当时的商人无法事先确定，某项货品最终被送达与消费的目的地在何方。处于初始阶段的贸易网络中，人们无法预知，香料从印度采收直到运抵西亚的美索不达米亚平原或北非的埃及，被当地人购买，这个过程究竟需要多久的时间。不过，这个香料贸易体系在很早以前就已经出现一定的完备性，当交易网络的完备性出现后，我们便可以这么说：对于欧亚非大陆不断成长的香料市场而言，持续供货才是最关键的问题，贸易时间的长短就不重要了！

早在香料出现于欧洲之前，西亚的苏美尔人与北非的埃及人就已经懂得使用香料了。香料在人类早期的古文明中，是很珍贵的物品，它们不只是美食的调味料、制造香水与化妆品的基本材料、祭拜神祇的供品、医疗用的药物，还是法老木乃伊的防腐配料。就连其他的古老文化也早已熟知，辛香植物对于人体有保健与治疗的功效。以中国为例，至圣先师孔子在公元前6世纪就曾经主张以生姜养生，他在《论语・乡党》篇中，有“不撤姜食”的说法。大约在这个时期，中国也开始从东南亚的马鲁古群岛及印度半岛的马拉巴海岸引进香料。

以胡椒为主的印度香料，最早是在公元前500年左右被带到欧洲的。当时的波斯商人把购自印度的香料转卖给定居于小亚细亚的希腊人和地中海东部沿岸地区（Levante）的腓尼基人，然后再由他们辗转把这些来自亚洲的香料卖往希腊本土的雅典城、地中海的西西里岛、北非的迦太基，甚至可能远及法国南部的马赛港[①]。

在欧洲地理大发现之前，香料最重要的市场是与地中海相距遥远的亚洲国家。香料交易向来以印度为中心，因此主要的买卖还是以印度半岛及其附近的锡兰岛为主。至于对外的贸易路线，不只向西延伸至波斯与埃及，还向东扩展到中国。欧洲当时对于印度而言，只是个不重要的边陲市场。不只印度与东南亚这些香料产地不了解贸易路线另一头的欧洲，当时的欧洲对于出产香料的亚洲热带地区也没有具体的认识，直到罗马帝国首位皇帝屋大维执政后（31 B.C.—14 A.D.），

①参照 A taste of adventure. The Economist, 17. Dec. 1998, http://www.economist.com [15.08.2011]。（作者注）

这种情形才出现决定性转变。

人们对于香料的渴望直接促发了最早期的全球贸易关系，不断上升的香料需求也让全世界在政治、经济与文化方面出现长期而持续的发展。

## 希腊人与罗马人对于香料的兴趣

欧洲人取得胡椒及其他香料的时间比较晚，不过，当香料辗转被卖到欧洲时，便立刻成为大受欢迎的调味料与药品，席卷了罗马与希腊的市场。南印度的马拉巴海岸是胡椒产区，拜胡椒贸易所赐，这个海岸地区快速发展成为亚洲主要的香料交易中心，也自然而然地成了马鲁古群岛的肉豆蔻和丁香的转运站。

香料的交易主要开始于公元前一千年前。当时阿拉伯半岛北部的纳巴泰人所组织的骆驼商队，定期穿梭于亚洲各地，所运送的交易品贵重而价昂。这些走陆路的阿拉伯商人，从印度南部出发，往北抵达半岛北部后，再把贸易路线延伸到巴格达，最后通往地中海地区。随着时代的演变，阿拉伯半岛南部的商人则发展出另一条香料之路，也就是海上的贸易航线。这些走海路的阿拉伯商人以印度西南的马拉巴海岸为起点，利用吹拂的信风（又称贸易风），行船穿越阿拉伯海，并抵达阿拉伯半岛，后来甚至直达埃及红海沿岸的港口，然后再以陆路商队运送的方式，将香料以及其他珍贵的商品运抵地中海地区。海上的香料之路由于比北部的陆路贸易路线更为快捷与安全，因此，航运贸易的重要性与日俱增。经由小亚细亚的陆路运送，由于沿途关税的层层剥削以及易受盗匪袭击的缺点而逐渐丧失其重要性。自公元前5世纪中叶起，南方的阿拉伯人便主导了香料的交易，他们不仅是欧洲与印度的中介，而且还通过自己的商业组织，把胡椒由埃及转运到希腊。在香料之路沿线的各个城市，不论是位于海路还是陆路沿线，都因为能向骆驼商队或运输商船征税而变得极为富裕。

从古希腊医学家希波克拉底、文学家安提法奈斯（Antiphanes）与哲学家亚里士多德所留下的文献资料中，我们可以得知，在公元前400年左右，雅典人曾把胡椒当作药品和壮阳剂使用，而且，胡椒在雅典城市场的交易价格非常昂贵。因此，我们不用讶异，为何当时的阿拉伯商人会竭尽全力防止潜在的商业对手从他们手中夺走这项获利丰厚的香料生意。比方说，他们会刻意编造并传播许多与香料来源有关的、既奇幻又不可思议的故事，以吓退或误导潜在的商业竞争者。

西班牙南部大城塞维利亚的主教伊西铎（Isidor，560—636）所编撰的一套20卷的百科全书《词源》

（*Etymologiarum sive originum libri XX*）是欧洲中世纪时期最具影响力的工具书。他在公元623年所出版的第17卷《词源》中，记录了当时欧洲人对于胡椒来源的说法，他写道："印度位于高加索地区的南坡上，那里阳光炽烈，有胡椒树生长着。胡椒树的叶子跟杜松的叶子类似，胡椒林有毒蛇看守着，到了收成的时节，当地的百姓会在林中放火以驱赶毒蛇，树枝上的胡椒粒也由于大火的烈焰而变得辛辣与焦黑，而胡椒原本是白色的。"①

马其顿国王亚历山大大帝在统一古希腊并征服近东地区后，又继续挥军南进，约于公元前331年攻占埃及。由于当时的香料贸易已经变得十分重要，这位希腊的征服者便建造亚历山大城作为运输香料至欧洲各地的北非港口与贸易枢纽。当时印度香料的货源虽仍握于阿拉伯商人手中，不过，埃及的亚历山大城单靠着香料交易便已取得大量税收，所累积的巨额财富直接促成了该城市的繁荣发展。

当罗马帝国首位皇帝屋大维率军征服埃及并终结埃及艳后的托勒密王朝后，在他的统治之下，埃及自印度进口的胡椒数量便持续增加。不过，早在公元前80年，托勒密王国由于自身的衰败，早已沦为罗马帝国的藩属国，首都亚历山

①参照 Isidore of Seville, *Etymologiae* book 17, in: *Isidorus Hispalensis Etymologiae 17.*（作者注）

大城后来成为罗马帝国版图中最大的商业中心及最重要的香料交易市场，尽管该市场仍受阿拉伯人的控制。当时的罗马人一直想要绕过中介的阿拉伯人，直接与印度建立贸易关系。直到公元前 40 年，一位从事商业买卖的希腊航海家成功地发现了阿拉伯人保留了近千年的航海秘诀，也就是利用信风行船的秘密。自那时起，罗马人的船队才开始直航印度——香料的出产地。许多历史文献称这位大胆的航海家为希帕鲁斯（Hippalus），不过，这是否为他的真实姓名，目前仍有史学家质疑。我们至今也无法确切得知，他是在偶然情况下发现了阿拉伯人的航海秘密，还是刻意打探到这个商业机密。不过，可以确信的是，往返于红海与印度西南部海岸的海上运输，比陆地运输更加快速，而且，运输风险减少许多。罗马和希腊的商人借由直航与印度进行长期接触，为当时的欧亚双方带来双赢的局面。

从那时起，阿拉伯人对香料贸易的长期垄断被打破，罗马城与印度马拉巴海岸的商业贸易获得迅速发展。罗马的大型船只会在每年 7 月，也就是在信风最强的时节，从埃及红海岸南方的各个港口出发，开往印度马拉巴海岸（即印度现在的喀拉拉邦）的古老港口穆吉里斯（Muziris）。这些罗马商船都以该港口外海约 200 海里的拉克代夫群岛（Lakkadive Islands）为航行指标。到了 11 月，这些来自欧洲的商人再借由吹拂的西北信风，驾着满载东方香料及其他货品的船只返回埃及。令人惊讶的是，胡椒在罗马帝国各地的市场交易，并没有因为供给突然大幅增加而造成价格暴跌，因为，人们对于胡椒的消费量同时也大量地增加。罗马帝国进口胡椒的规模让当时的博物学家老普林尼[①]感到忧心忡忡，不禁在元老院咒骂着："印度人、丝绸人（Serer，即中国人）和阿拉伯半岛的居民每年至少从我们这里抢走一亿赛斯泰契乌斯币[②]。为了香料，我们不只沦陷于奢华之中，还赔上了我们的妇女。"（Miller 1969：227）

然而，老普林尼所有的悲叹也无法阻止罗马人当时对于香料的渴求。香料交易的终端市场散布于欧洲与地中海地区，各地方的香料消费者身处的文化、气候条件及与香料产地相距的远近尽管并不相同，他们彼此却存在着一个共同点：狂热追求异国香料并视其为珍品。

如同前面已经提过的，古埃及人会在宗教仪式中，或为法老王、皇族及高阶祭司的遗体制作木乃伊时，使用香料。相较于这个北非的古文明，欧洲人则把香料用于较为世俗的

①老普林尼（Plinius der Ältere，23—79 A.D.），曾任罗马帝国的西班牙总督，以其巨著《自然史》（*Naturalis Historia*）而留名于后世。公元79年，他在观察维苏威火山爆发时，因为吸入火山喷出的毒性气体而丧命。该火山的喷发不只淹没了繁华的庞贝城，还让帝国失去了一位伟大的学者。

② Sestertius，古罗马的货币单位。

用途：料理的美味、空气的香氛和身体的保健。香料无论作为调味料、香水或药物，都能为欧洲人带来新的生活品质。特别是胡椒，这种香料快速地征服了古罗马资产阶级的厨房，并成为一种奢侈品。当时宴席的餐桌上，总会摆放着一个装满胡椒的银碗，胡椒在这里，不只是调味料，还是一种饰品。当时广泛使用雕塑造型的银制胡椒容器（Piperatoria），每次宴会都会摆上餐桌，以展示主人的高雅品位，当然，更重要的是，以此展示自己的财富。香料来自遥远而未知的东方，运输的沿途必须经过许多城市与地区，充满冒险和奇遇的香料之路更加激发了人们的幻想，让胡椒、肉桂、丁香以及其他来自东方的辛香料蒙上一层奇幻与冒险的色彩。当时的西方人愿意用“很刺激的”[①] 价格购买这些来自东方的香料，其价格之高昂甚至可比黄金。

现在，如果人们想要了解罗马帝国与印度之间的贸易情形，《红海沿岸的航行》[②] 这本书，是唯一的相关文献。这本在公元 40 年至 70 年所撰写的书籍描述了一个由北非、阿拉伯地区和印度海岸所组成的商业贸易网络。此外，还触及各个路线的交易点与所提供的货品等更加详细的内容。从该书

①原文为“gepfefferte”Preise，即很高的价格。

②《红海沿岸的航行》（*Periplus Maris Erythraei*）这本著作仅存一份传世，是公元 10 世纪的手抄版本，目前被保存于德国的海德堡。（作者注）

中，我们还得知一些自罗马帝国运往印度的货物明细。当时相关的商品输出包括一些金属制品（特别是铜器）、纺织品、葡萄酒、玻璃器皿、珠宝，甚至还有奴隶。自印度返航的船只上，则满载着香料、丝绸、焚香品以及一些来自中国和马鲁古群岛的转运货品。

这本书记载着许多令人讶异不已的资料，不过，我们至今却还不清楚该书作者的姓名。从内容推测，该作者应该熟知这条海上的香料运输路径、船只最理想的往返时间，以及该如何避开海域的浅滩或海盗的劫掠。此外，这位佚名的作者对于各地生产的商品及转运而来的货物了若指掌，因此，能够详细地呈现全球贸易活动在他所生活的年代的实际情况。

我们在前面已经提过，古罗马学者老普林尼当时观察到，进口亚洲的奢侈品已经让罗马帝国全境出现货币外流的现象，元老院对此发出了严厉的抨击。然而，这样的警告不仅没有起到任何作用，整体的香料消费量反而节节升高。越来越多的船舶接受罗马商人的委托，启航前往印度从事相关的商品贸易。依据《红海沿岸的航行》的记载，欧洲人刚发现运用信风航海的诀窍的头几年，每年航行于红海与马拉巴海岸之间的船只已多达 120 艘。为了获取东方的香料，当时最大型的船舶会被派往印度穆吉里斯港，因为，它当时是全印度半岛与马鲁古群岛最重要的香料贸易枢纽。罗马人在这个港口城市就像财神爷一样，受到当地人的热烈欢迎。当时流传下来的地方志曾经出现如下的记载："雅瓦那人（欧洲的希腊人与罗马人）的大船既坚固又壮观，它们带来了黄金，并运走我们的香料。每当罗马商船启程返航后，穆吉里斯港便到处都是庆祝香料成交的热闹活动。"（Miller 1969: 201）约在公元1世纪末叶，由于进口的亚洲香料不断增加，罗马城必须特别为储存香料而建设公共的"胡椒仓库"（horrea piperatoria）。对于古罗马而言，胡椒变得如此重要，这种香料的积存后来也成了该城储藏战备物资的一部分（Miller 1969: 83）。

在《红海沿岸的航行》这本书中所描述的一些港口与商埠，它们存在的真实性，后来获得现代考古挖掘成果的证实。红海沿岸与印度曾分别出土了许多古罗马的钱币及双耳长颈的陶瓶（Amphore），这些考古遗物都见证了这个时期罗马与印度半岛之间蓬勃的贸易关系。胡椒与其他香料因为广受人们的喜爱，交易量不断增长，黑胡椒更是其中的热门商品。这种胡椒品种在印度本土被称为 yavanapriya，意为"雅瓦那人所爱之物"。这种胡椒能为菜肴增添一股美味的辛辣感，不只在欧洲，就连在印度半岛也广受欢迎。胡椒当时在欧洲是一种奢侈品，1磅胡椒在罗马的市场价格相当于32磅面粉，而它在印度却是普通而价廉的农产品。由于把胡椒卖给罗马商人可以获得巨大的利润，因此，当时印度产地的胡椒交易会以外销罗马帝国为优先考量（Tomber 2008：16）。

20 世纪 80 年代，埃及曾出土“穆吉里斯莎草纸文件”（Muziris Papyrus），那是公元 2 世纪一份埃及与穆吉里斯两地商人的买卖契约，目前被收藏于维也纳莎草纸博物馆（Wiener Papyrusmueum）。这份用埃及莎草纸所签订的商业合同为现代人提供了当时区域贸易情形的详尽资料：船舶在穆吉里斯港装满印度当地的货品后，便朝西方启航，经由阿拉伯海，最后到达罗马帝国位于红海的重要通商口岸贝勒尼基或米奥斯霍尔莫斯港（Myos Hormos）[①]。此外，这份莎草纸的商业契约还翔实地列出关于货品、价格、关税、融资借贷以及付款方式等细节。根据相关专家的统计，这艘商船所装载的货物价值总计约 700 万赛斯泰契乌斯币。这是一个惊人的数字！试想，当时罗马帝国军队士兵最高的年饷不过才 800 赛斯泰契乌斯币。

当时罗马帝国的国库也因欧亚非三洲热络的香料交易而进账不少，我们还从上述的“穆吉里斯莎草纸文件”内容中得知，罗马帝国皇帝奥勒留（Marc Aurel）在位期间（161—180A.D.），埃及亚历山大城所抽取的诸多货物关税中，印度

①即埃及现在的库赛尔港（Quseir al-Qadim）。

香料被征收的关税率高达25%。

就连后来兴起的基督教势力也无法抗拒香料交易所带来的高额利润的诱惑。举例来说，公元4世纪基督教会所编纂的《教宗史书》(*Liber Pontificalis*)就已记载，当时的罗马教会已经开始从事胡椒及其他香料的转手买卖。公元4世纪末期，罗马帝国分裂为西罗马帝国与东罗马帝国（又称为拜占庭帝国)。埃及的亚历山大城位于东罗马帝国境内，该城的大主教自公元5世纪开始，便积极并定期地参与印度香料的贸易。一些受教会委托采买香料的基督徒商人与海员在启航前必须先在礼拜仪式中领取圣餐，然后从埃及红海岸的港口出发，前往印度半岛采购香料（Tomber 2008：170)。

当罗马帝国在公元3世纪开始衰败时，阿拉伯商人不仅再度恢复了他们在香料贸易中所扮演的中介角色，而且越来越活跃。拜占庭帝国从阿拉伯商人手中接手来自亚洲的香料，然后再转运到欧洲各地。当时，亚历山大城与君士坦丁堡（现在的伊斯坦布尔）是其境内两个最重要的香料交易中心。

随着伊斯兰教势力不断向西扩张，拜占庭帝国在埃及的最后一个据点，亚历山大城，也于公元641年被当时伊斯兰世界的领袖哈里发欧麦尔（Kalifen Omar）所率领的军队攻破。自此之后，这条从印度到埃及红海沿岸以及地中海东部海岸地区的贸易路线便完全落入阿拉伯商人手中。自罗马帝国开国皇帝屋大维开始，欧洲与印度之间所展开的直接贸易成果相当丰硕，双方的关系对等而稳健，彼此都能相互合作与尊重。然而，这段为时长达数百年的印欧贸易关系，由于伊斯兰教势力的壮大而终结。

由于伊斯兰教的军队不断向西方逼近，双方的敌意让基督教与伊斯兰教的直接交流陷入实际停摆的状态。自公元8世纪之后，这两个宗教世界已势不两立，彼此壁垒分明，基督徒的商船不可以航往或靠岸停泊在伊斯兰教地区的港口，反之亦然。当时只有亡国之民犹太人同时受到基督徒与伊斯兰教徒的宽容对待，因此，他们能在这两个对立的宗教世界中自由穿梭，把少量的香料从亚洲，途经伊斯兰教地区，运抵近东的地中海沿岸及欧洲。

在这段时期，欧洲与印度之间并没有直接接触，只有四处行旅的犹太商人熟知整条香料之路的交易情况。印度马拉巴海岸的香料生产者与欧洲的消费者都任由这些犹太生意人摆布，以致欧洲市场的香料价格变得非常昂贵。

## 欧洲中世纪时期的犹太商人：夹在基督徒与伊斯兰教徒之间

法兰克王国（486—911）是中世纪时期欧洲最强大的国家，在公元8世纪中期，统治三百多年的墨洛温王朝（Merowinger）被加洛林王朝（Karolinger）所取代。与此同时，横跨欧亚非三洲的阿拉伯帝国也出现政权交替，阿拔斯王朝①兴起，终结了倭马亚王朝②的统治。当时这两个基督教国家与伊斯兰教国家都对彼此怀有很深的敌意，没有直接的商贸关系，人民也因为各自信仰的不同而互不往来。

然而，欧洲的基督徒仍旧垂涎于亚洲的奢侈商品及带有异国风味的香料。由于中世纪的犹太商人（Radanite）被这两大政教势力视为立场中立的族群，因而被赋予自由迁徙的特权，准许他们跨越基督徒与伊斯兰教徒互不往来的边界线，为双方提供一些渴望从对方手里获得的货品。

这些在中世纪时期游走各处并且充满传奇色彩的犹太商人，其面貌究竟如何？关于当时犹太商人的活动情形，公元9世纪的波斯地理学家霍达贝赫（Ibn Khordadbeh）所撰写的《道路与王国之书》（*Al-Kitab al Masalik w'al Mamalik*）是目前仅存的相关文献资料。在阿拉伯帝国的阿拔斯王朝时期，

①阿拔斯王朝（Abbasiden，750—1258）即中国古代文献中的“黑衣大食”。

②倭马亚王朝（Umayyaden，661—750）即中国古代文献中的“白衣大食”。

霍达贝赫被派往吉巴尔省[1]担任邮驿总长，他在这本名著中，细述了分布于整个伊斯兰世界，也就是从里海一直向西延伸到非洲西北部，并远及西班牙的商业交易和信使传令的交通网络以及沿线的邮驿站。

该书的内容中，有一章专门提到当时四处流浪的犹太商人："这些生意人能说阿拉伯语、波斯语、拉丁语，还有法兰克、安达卢西亚以及斯拉夫地区的语言。他们从西方向东方移动，又从东方往西方迁徙，在忽东忽西的旅行中，时而在陆地上跋涉，时而在海面上行船。这些犹太商人会驾着帆船从法兰克王国航经地中海到达位于西奈半岛西北的法拉玛港[2]。他们在该港埠卸下船上的货物，并用骆驼商队运载这些货品往南走五天，到达红海边的苏伊士港，再从那里把货物运上帆船，向东南方向航行到红海东岸两个伊斯兰教圣地的港口：加尔[3]与吉达[4]，然后，继续沿着海岸线往东航经阿拉伯海，便抵达巴基斯坦南部信德省（Sindh）的海岸地区，船只会再继续航向印度，最后抵达中国。回程时，他们的船舶会载满亚洲出产的麝香、樟脑、肉桂及其他的产品，循着原来的路线返航

①吉巴尔省（Dschibal），现在的伊朗中部地区。

②法拉玛（Farama）当时是埃及东部的门户，位于现在埃及塞德港东方，当时在航运贸易中的重要性仅次于亚历山大城。

③加尔（El-Jar），麦地那的港口。

④吉达（Jeddah），麦加的港口。

并沿途停靠，直到红海顶端的苏伊士港，然后，把货船卸下的东方货物用骆驼运送到北部紧邻地中海的法拉玛港，最后再把货品装上帆船，向西北方向航行。有的船舶会开往东罗马帝国的首都君士坦丁堡，当地的商人会把这些产自东方的奇珍异品转卖给罗马人，或送达法兰克王国的王宫，直接与王公贵族进行交易。”①

当时有些犹太商人会选择从地中海东岸的安条克②上岸，走陆路经过幼发拉底河到巴格达，从这个繁华的大城走底格里斯河的河道到波斯湾的港口，再坐船抵达印度的目的地。总之，他们商务旅程的目标是印度和中国，如果还有其他可行的路径，他们也会试着走走看。例如，霍达贝赫这位波斯地理学家还描述了另外两条以陆路为主的贸易路线：它们都以法国和西班牙为起点，第一条路线往南穿越伊比利亚半岛并渡过直布罗陀海峡来到北非的摩洛哥，顺着北非地中海沿岸往东行走至东岸的叙利亚，从叙利亚继续向东跋涉至波斯，然后再往东南方向继续前进，便到达印度，或是继续东行至中国。另一条路线则往东经过现在的德国与一些斯拉夫国家，到达伏尔加河的

①网络资料来源：Who were the Radanites? Biot Report # 533，02/08/2008 published by SEMP，http://www.Semp.us/biot_reader.php?BiotID=533[15.08.2011].（作者注）

②安条克（Antiochien）位于现在的土耳其南部，土耳其人称该城为安塔基亚（Antakya）。

入海口后，再搭船穿越里海，在对岸的哈萨克上岸，继续走陆路往东经由乌兹别克、塔吉克与吉尔吉斯等中亚地区，最后到达中国。

犹太人沿着四条不同的贸易路线，穿越了当时已知的或部分未知的地理空间，这种长距离的商业旅程值得瞩目，它在世界历史中，也是绝无仅有的现象。在沿途的交易中，犹太商人会留意运输货品的数量不能超出商队马匹与骆驼的负荷能力，同时物品的种类与品质要能获得欧洲消费市场的青睐并能以高价卖出。在这些商品当中，以香料为最大宗，对于这一点，我们无须感到讶异（Rabinowitz 1948）。

如果当时没有同时具备以下这些有利的因素，中世纪的犹太商人就无法达成跨越欧亚非三洲的、惊人的商贸成就：

一、加洛林王朝统治时期的法兰克王国，国力强盛且经济繁荣。犹太商人由于能够为皇室和权贵阶级提供一些来自东方的奇珍异宝，而受到相当的礼遇，甚至受到法兰克王国那些皈依基督教的君王的保护。

二、阿拔斯王朝的阿拉伯帝国疆域广阔，境内有许多不同的民族，其中包括为数不少的犹太人。这些犹太人能在不同族群间扮演正面的中介角色，而且促成了伊斯兰教世界与基督教世界的商业来往，因此得到哈里发的善待。阿拔斯王朝的统治者虽然与西方世界存在着宗教的对立，却乐见双方在商业方面的交流。

三、犹太商人的中立地位使他们可以安全地穿越基督教与伊斯兰教国家之间封锁的边境。

四、当时横跨欧亚非三洲的四条贸易路线，沿途都有犹太人的聚居地，它们也是犹太商人的据点。

五、中世纪犹太商人从一端到另一端的贸易行程大都历时数年，他们所获得的商业垄断权与高额的利润正好回报了长途商旅的风险与危险。

关于 Radanite（中世纪的犹太商人）这个词语的来源，历史学家们至今依旧众说纷纭：有些学者认为，这些经商的犹太人来自法国罗纳河（Rhône）谷地，Radanite 可能源自罗纳河的拉丁文 Rhodanus。另有一些学者则主张，这些犹太人来自底格里斯河东岸、巴格达附近的 Radhan 城区，因此，居住于该地区的犹太人被当时的人们称为 Radanite。然而，还有些专家指出，中世纪犹太人的聚集中心是在波斯北部的拉维城（Ravi）。除此之外，关于 Radanite 这个名称，学界还出现另一个理论：Radanite 其实与犹太人来自何处无关，它在波斯语的意思是“识路者”，Rah 是指路径，Dan 指知悉者。

依据目前历史学界的主流意见，这些在中世纪游走于欧亚非三洲的犹太商人应该就是欧洲的犹太人，因为，他们的贸易路线极有可能都是从法国或西班牙出发。公元9世纪的波斯学者霍达贝赫似乎也认为这些活跃的犹太商人来自西方，因为他们的商队从欧洲出发，也会再返回欧洲（Heyd 1879, 1: 142）。

公元10世纪初期，一些有利于犹太人商业活动的因素接二连三地消失，他们的买卖迅速萎缩。通往印度和中国的贸易路线因为一些战争的发生而被阻断；犹太商人在欧洲失去了一些皇室的支持；伊斯兰世界不再严格地封锁疆界，因而威尼斯与热那亚的商人能率先与阿拉伯人建立直接的贸易关系。不过，在公元9世纪这一百年间，欧洲仍必须感谢当时这些羁旅的犹太商人所供应的亚洲香料。

## 威尼斯的兴起与贸易垄断

由于香料非常昂贵，从事相关的买卖能获得巨额利润，自公元10世纪开始，意大利北部的威尼斯与热那亚这两个公国，便努力跻身于这项高利润的香料贸易行列。为了获得香料交易的机会，这两地的商人便试着与伊斯兰教徒接触，伊斯兰世界基于巨大的商业利益，也乐意与欧洲展开香料买卖。在伊斯兰世界，从商一直都是受人尊敬的行业。先知穆罕默德的第一个妻子赫蒂彻（Khadijeh）便是一位香料商的遗孀。在中世纪时期，欧洲与印度之间的贸易必须通过阿拉伯商人从中转运，热那亚，特别是威尼斯便趁着这个新的商机跃升成为强大的城邦。

当印度马拉巴海岸到地中海沿岸的贸易活动又开始活跃时，起初的交易情况就如同回到一千多年前一般，整条香料之路的商品交易并不是有组织、有系统地买卖，货品只是随机地从一个地方转卖到另一个地方。这种经过许多中间商转手的交易方式，既麻烦又没有效率，最后随着伊斯兰世界的版图向东扩张而结束。信仰安拉的教徒沿着这条商贸路线不断地增加，沿线交易点的居民也都逐渐伊斯兰教化。香料之路上的贸易活动在信仰同质化的辅助下，在东方很快又形成一个有组织的、有系统的交易网络。由于商品的交易与运输稳定而通畅，供给欧洲市场的胡椒量也逐渐增加，北非的亚历山大城再度成为最重要的香料转运中心，虽然它的首要地位后来逐渐被拜占庭帝国的都城君士坦丁堡所取代。

约在10世纪末，威尼斯又取代君士坦丁堡，成为东方与西方的双边贸易枢纽。公元992年，威尼斯共和国获得拜占庭帝国皇帝的商业特许，威尼斯商人可以在帝国境内各地自由从事买卖，而且不需缴纳关税（Karsten & Mischer 2007），因此，流向欧洲的东方货物数量又开始增加。由于拥有特权以及灵活的政治策略，威尼斯从贸易中获得的利益远远超出它的竞争对手热那亚，绝大多数销往欧洲各地的香料都是由威尼斯商人供应的。

鉴于当时穆斯林势力日渐强大，不断往西方扩张，1095年，罗马教宗乌尔班二世（Urban II.，1035—1099）便在法国召开克莱蒙特宗教会议（Konzil von Clermont），号召欧洲各地的大主教、封建领主与骑士共同参与十字军东征。这个宗教性战争获得热烈的响应，许多欧洲人纷纷加入远征的行伍中，并于1099年从穆斯林手中重新夺回圣城耶路撒冷。在前后持续近两百年的欧洲十字军东征时期，自近东地区返回欧洲的士兵们带回了许多宝物与珍品，其中包括胡椒和其他香料，胡椒也因而广泛地传入欧洲各地。由于归乡的十字军重新把胡椒引入欧洲，胡椒很快便成为当地居民喜爱的餐食调味料。欧洲人再度发现了被遗忘已久的胡椒，威尼斯商人及少部分热那亚商人也乐于以极高的交易价格卖出手中的胡椒存货。

1171 年之后，君士坦丁堡的统治者取消了威尼斯商人在拜占庭帝国境内的商业特权，并禁止他们在境内从事交易。不过，数年后，威尼斯商人又重新取得商业活动的许可，再度活跃起来。在这个时期，威尼斯已是欧洲地区拥有政治权力的主角。威尼斯共和国曾经居间调解日耳曼地区的神圣罗马帝国皇帝腓特烈一世（Friedrich I.，1152—1190）和罗马教皇亚历山大三世（Alexander III.，1105—1181）的冲突，双方于 1177 年在威尼斯达成和平协定。由于威尼斯调停有功，神圣罗马帝国的腓特烈一世便特准威尼斯商人在帝国辖区内享有免除关税的特殊待遇，这项商业优惠也进一步提升了水城威尼斯在欧洲的政治经济地位，不过，这还不是威尼斯的鼎盛时期。1204 年，当东征的十字军受到威尼斯共和国船舰的协助而顺利攻下拜占庭帝国的首都君士坦丁堡时，威尼斯共和国由于立下战功，还在地中海东岸地区取得一块殖民地，确立了自己的霸权地位。

位于西部的热那亚对于威尼斯共和国而言，一直都是个干扰。它们之间不断地发生战争。1381 年，热那亚的舰队围攻威尼斯，却惨遭威尼斯击败。自那次战役之后，热那亚就不再是威尼斯的对手，随之在香料的贸易活动中也失去了重要地位。双方的关系因而出现决定性转变，不再相互攻击（Karsten & Mischer 2007）。

随着奥斯曼土耳其帝国的崛起与逐渐壮大，通往君士坦丁堡的陆上贸易路线便越来越萎缩。当 1453 年奥斯曼土耳其的苏丹穆罕默德二世（Mehmed II.）攻破君士坦丁堡、终结拜占庭帝国后，这条香料之路的贸易便完全中止，而且持续了很长一段时间。

自拜占庭帝国灭亡后，香料只能通过一条贸易路线输入欧洲：自印度把香料以海运的方式送抵红海港口，再由商队以陆运的方式把货品送到亚历山大城，然后，亚历山大城的阿拉伯商人以海路或陆路把东方的货物送往地中海沿岸的各个地区，其中，地中海北岸的港口威尼斯是最重要的目的地（往北的运送路线不只给欧洲带来了香料，还带来了致命的传染病。1347 年，黑死病在水城威尼斯暴发开来，并很快地蔓延到欧洲各地，造成大量人口死亡。在短短的四年间，欧洲因感染黑死病而死亡的人数高达 2500 万人）。阿拉伯商人的商业实力与权力非常稳固，因此，运往欧洲各港口的香料都已被亚历山大城抽取三分之一的高额关税。同样地，香料在威尼斯转运时也必须抽取类似高税率的税金，因此，香料在欧洲终端市场的价格就变得非常昂贵。

威尼斯由于懂得灵活地使用政治手腕与伊斯兰教世界打交道，因此能够完全控制地中海地区的香料买卖以及输往欧洲各地的香料货量。当时，所有运送香料的船舶都会驶向威尼斯，并在那里卸货。这些来自亚洲的香料会被储存在威尼斯的公共建筑物内，欧洲各地前来采购香料的商人也在这里进行买卖。威尼斯共和国的官员会监督每一笔交易，并做账务稽核，以掌握商人们是否缴纳每一笔买卖的税金和租用公共仓库的租金。而且，外地来的商人不可以在威尼斯直接进行商业交易，所有货品都必须由威尼斯当地商人经手，才能被运出。至于胡椒的买卖，相关的规定就更为严格（Hümmerich 1922：9）。

当时威尼斯当局为了安置与管理来自日耳曼地区的生意人，特别在里亚托桥（Ponte del Rialto）附近，也就是当时威尼斯的商业中心，兴建了一栋名为“德意志之家”（Casa dei Tedeschi）的大型建筑，作为日耳曼商会的据点。依照威尼斯当局的规定，日耳曼商人在停留期间必须居住于“德意志之家”，为了满足商人多重的空间需求，这栋复合式建筑里有仓库、货品交易所及客房。一些富可敌国的商业家族，例如德国南部奥格斯堡的韦尔瑟家族（Welser）、富格尔家族（Fugger）以及纽伦堡的图赫家族（Tucher）都在这里长期包租固定的仓库与客房，虽然他们也对如此严格的居住规定有所抱怨。但当他们完成香料的交易后，便用牛车把这些来自东方的香料，从威尼斯穿越阿尔卑斯山区，运回自己居住的城市。然后，他们再把香料分批卖到德国南部，甚至部分中部地区。至于北部地区所需要的交易品大部分是由威尼斯商人用大型帆船运送到现在比利时的安特卫普（Antwerpen）和布鲁日（Brügge），之后再由这些城市的商会把香料转卖给当地的生意人。

由于拥有近乎垄断的贸易地位，威尼斯贵族拜商业特权所赐，坐享高额利润，并累积了巨额的财富。香料交易不仅让威尼斯变得富有，就连欧洲各地香料商的获利也很可观，举例来说，因香料买卖而致富的商人在纽伦堡城就被人们戏称为“胡椒袋”（Pfeffersäcke）。早在1179年，伦敦的香料商便组成了“胡椒商同业公会”（Pepperers Guild）。到了14世纪，“胡椒商同业公会”与其他商业公会共同组成“大宗交易商同业公会”（Guild of Grossers）。一份14世纪的报告可以让我们了解香料的购入价、转售价以及终端消费价格之间的比例关系：就香料而言，人们在印度产地用1杜卡特金币[①] 所购入的香料，在威尼斯的交易价便在60—100杜卡特金币，若转运到布鲁日，还能以180—300杜卡特金币的

①杜卡特金币（Dukaten），威尼斯城邦于13世纪开始发行的金币，这种货币当时通行于全欧洲。

价格卖出。流传下来的文献中提到，日耳曼南部地区的奥格斯堡和纽伦堡的商人卖给当地零售商的香料的价格，有时甚至是他们在威尼斯采买价格的六倍之多。(Hansi 1997: 54)

由于胡椒的买卖受到层层转手交易的盘剥，市场价格不断攀升，为了寻找香料的来源，欧洲人出航探险似乎势在必行。葡萄牙航海家后来发现的印度新航路，终于成功地打破了威尼斯对于香料贸易的长期垄断。

哈波尔(Eberhard Werner Happel, 1647—1690)是17世纪日耳曼地区的学者兼小说家，1687年，他在南部乌姆城(Ulm)所出版的著作《一个奇妙世界的地理学简述》(*Mundus Mirabilis Tripartitus oder Wunderbare Welt in einer kurtzen Cosmographiafürgestellet*)中，对于地理大发现之前欧洲香料如此高价的原因，做出了具体的分析：

“关于近代的船舶航运：欧洲最近这几百年间，就数威尼斯人与遥远的印度所进行的贸易最为积极。此外，威尼斯人已经习惯于经由亚得里亚海与地中海往南航行到北非的亚历山大城。然后再从这个海港走陆路到红海沿岸，搭乘阿拉伯人的帆船，继续往东方的印度前进。透过这段海陆兼具的贸易路线，威尼斯商人把远在印度的商品成功地运抵欧洲。后来，威尼斯人所运送的这些珍贵的印度货品受到埃及苏丹的盘查与掠夺，以致贸易风险增加，他们被迫放弃了亚历山大

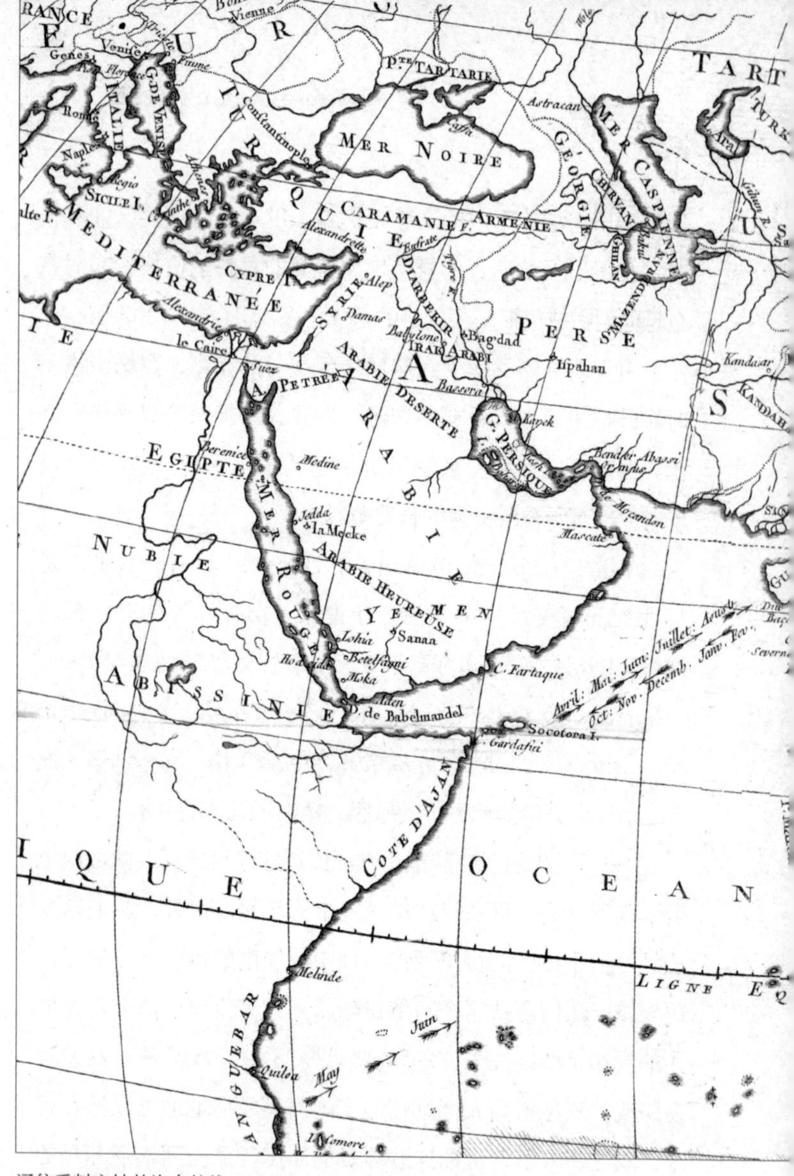


通往香料之地的海上航线

来源：《欧洲人在印度的商站设立与商业活动的历史哲学与政治》(*Histoire Philosophique et Politique des établissement & du commerce des Européens dans les deux Indes*)，1774 年

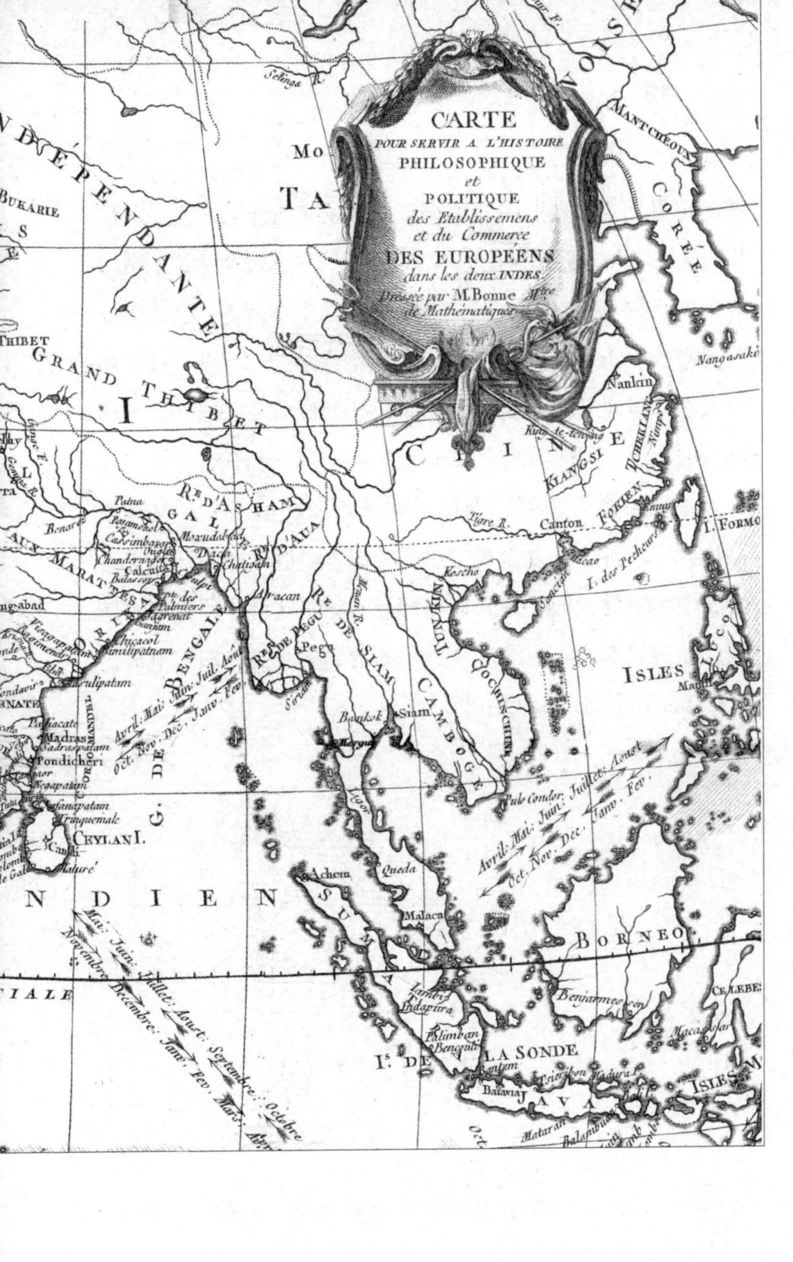
CARTE
POUR SERVIR A L'HISTOIRE
PHILOSOPHIQUE
et
POLITIQUE
des Etablissemens
et du Commerce
DES EUROPÉENS
dans les deux INDES
Dressé par M. Bonne Mtre
de Mathématiques
MANTCHEOUX
CORÉE
Nangasaki
Nankin
Kiang-ac-tcheng
CHINE
KIANGSI
TCHEKIANG
Ningpo
FOKIEN
Canton
Tigre R.
I. FORMOSE
Macao
I. des Pecheurs
Kescho
TONKIN
COCHINCHINE
CAMBOGE
Pulo Condor
ISLES
Manille
BORNEO
Benjarmessen
CELEBES
Macassar
LA SONDE
Is. DE
Bantam
Batavia
JAVA
Mataran
Balambuan
Madura
ISLES
Achem
Queda
Malaca
SUMATRA
Jambi
Indapura
Palimban
Bencoulo
Bankok
Siam
Mergui
Ligor
RE DE SIAM
RE DE PEGU
Pegu
Sirian
Aracan
RE D'AVA
RE D'ASHAM
Menam R.
Selinga R.
Amur R.
Mo
TA
GRAND THIBET
THIBET
BUKARIE
INDÉPENDANTE
Patna
Benares
BENGAL
Moxudabad
Cassimbazar
Chandernagor
Ougli
Calcutta
Daca
Chatigam
Balassor
Pte des Palmiers
Jagrenat
Ganjam
Chicacol
Bimilipatnam
Vizagapatam
Masulipatam
Paliacate
Madras
Sadraspatam
Pondicheri
Negapatam
Trinquemale
CEYLAN I.
Candi
Maturé
COROMANDEL
AUX MARATTES
ORIXA
G. DE BENGALE
Avril; Mai; Juin; Juil. Aoust
Oct. Nov. Dec. Janv. Fev.
Avril; Mai; Juin; Juillet; Aoust
Oct. Nov. Dec. Janv. Fev.
INDIEN
Mai; Juin; Juillet; Aoust; Septembre; Octobre
Novembre Decembre; Janv. Fev. Mars. Avr.
TIALE

城的贸易据点，转而在地中海东岸安条克的外港泊船，从那里走陆路，往东经过阿勒颇[1]、巴比伦，到达波斯湾边的港口城市巴斯拉（Balsarum）之后，乘船航经波斯湾，到达湾口的奥姆兹（Ormuz），然后再从奥姆兹继续航向印度。威尼斯商人在印度进行货品交易，并满载这个日出之地的产物与珍品返回欧洲，试图满足全欧洲对于亚洲商品的需求。

威尼斯商人用骆驼商队运输来自亚洲的货品，这些货品也因而增加了许多金钱与时间的成本。后来葡萄牙人勇于尝试航海冒险，成功地开辟出绕行非洲南端通往印度的新航线，让威尼斯人独占印度商品贸易的局面受到严峻的挑战。”（Happel 1687，Bd.3，Cap.17）

① 阿勒颇（Aleppo）位于现在的叙利亚北部，是叙利亚的第二大城市。

## 德语区首次的贸易航行

威尼斯共和国垄断了来自印度和远东的香料及奢侈品的贸易，这种情形一直持续到15世纪末。当时威尼斯城对于日耳曼和其他各地前来购买东方产品的商人设下了苛刻的买卖条件，所有外地的经商者尽管不满，也只能一味地忍受。后来，威尼斯共和国与苏丹巴耶济德二世（Bajesid II.）治下的奥斯曼土耳其帝国于1499年爆发战争，欧洲的香料买卖也因而停顿了好几年。虽然货源断绝，但日耳曼地区几大富商家族仍在绝望中寻找可能的交易机会，首先，他们想到了热那亚。他们打算为热那亚的船舶提供装备，与当地商人合作，直接把货船开往地中海东岸的港口，采办亚洲的货品。

这项商业合作计划后来因为新航路的发现而没有付诸实践。当时的欧洲处于地理大发现时代，葡萄牙航海家达伽马（Vasco da Gama，1460—1524）率领船队绕过非洲南端，最后终于在1498年5月成功地抵达印度马拉巴海岸，开辟了第一条由欧洲通往印度的航线。1500年，葡萄牙国王曼努埃尔一世（Manuel I.）为了在印度建立贸易据点，便派遣另一位航海家卡布拉尔（Pedro Álvarez Cabral,1467—1520）率领武装船队，依循达伽马所发现的新航路，前往印度进行首次贸易之旅。自那时起，葡萄牙与印度的贸易关系迅速地发展起来，为欧洲的海外贸易开启了崭新的局面。

当时日耳曼南部地区的富商家族很有远见，他们快速觉察到这个新的商业机会，即时加入了与印度直接贸易的行列。奥格斯堡韦尔瑟家族的代表赛兹（Anton Seitz）于1503年2月13日，在葡萄牙首都里斯本与国王曼努埃尔一世签署一项特惠合约：允许其在里斯本设分行；资本额高于10000杜卡特金币的日耳曼商业家族，在葡萄牙能享有跟葡萄牙人民相同的权利与自由，例如，建造日耳曼人自己的船舶，而且这些用于对外贸易的船只和所运载的货物可以在所有葡萄牙的港口自由进出（Hümmerich 1922）。

奥格斯堡的韦尔瑟家族是日耳曼地区率先在里斯本设立贸易分行的商贾家族。早在1503年，韦尔瑟家族就已经指派奥格斯堡的贵族雷姆（Lucas Rem）前往葡萄牙首都成立贸易分行，他当时很可能取得了葡萄牙国王曼努埃尔一世的同意，让韦尔瑟家族搭乘下一梯舰队的船只，前往印度进行买卖交易。雷姆拿着神圣罗马帝国皇帝马克西米利安一世和皇储菲利普的推荐信，希望能说服葡萄牙国王关于船只装备、补给花费以及在印度采买商品的事项。当时，神圣罗马帝国愿意提供给雷姆20000杜卡特金币支持，一部分是现款，一部分是货物。国王曼努埃尔一世的性格优柔寡断，起初他对于批准这项请求显得很迟疑。作为韦尔瑟家族的代表，雷姆最后是以日耳曼地区经商家族联合组织的名义，于1504年8月1日，由韦尔瑟家族代表该商贸组织，顺利地与葡萄牙国王签下了合约。这个合约后来成为德语区印度贸易首航的法律基础，当时参加这次远洋商贸活动的富商家族一共准备了3艘船，它们于1505年跟随葡萄牙船队，一同前往印度，而且在印度还可以通过自己的代理商，采购香料及其他商品。

不过，国王批准这项合约时，还附带了一些严苛的条件。比方说，日耳曼地区的联合贸易团必须派出自己的船只并且支付船上全体工作人员的生活费用。船长与船员必须是葡萄牙人，在航行期间必须绝对服从葡萄牙舰队指挥官的命令，如果在航行中与其他船只发生战事冲突时，他们也必须参与战斗，共同抗敌。

就连在商务活动上，日耳曼人也必须接受一些限制。欧洲商人携往印度的商品以及换取香料的商品比值都必须遵照葡萄牙国王的规定，只有在印度采买香料不受任何限制，全看商人的购买力以及船舶的运载量。对于在里斯本卸货的印度香料，葡萄牙皇室会征收30%的税金。1505年前往印度的贸易航行一共需要65400克鲁扎多币[①]，其中部分资金是由佛罗伦萨和热那亚的商人所提供，日耳曼的生意人总共出资

①克鲁扎多币（Cruzados），葡萄牙当时所发行的货币。

36000克鲁扎多币，其中以韦尔瑟家族的20000克鲁扎多币最多，其他的经商家族则出资如下：富格尔家族与霍赫施泰特家族（Hochstetter）各4000克鲁扎多币，伊姆霍夫家族（Imhof）和葛罗森普罗特家族（Grossenprott）各3000克鲁扎多币，还有，海西福格家族（Hirschvogel）2000克鲁扎多币。

1505年3月，由15艘大帆船和15艘小型而轻快的卡拉维尔帆船[①]所组成的葡萄牙皇家舰队从里斯本的特茹河（Tejo）河口出发，前往东方的印度。这些船分别担负不同的任务，有几艘船在印度停泊期间负责机动性支援，另一些则是武装船，用来对抗阿拉伯香料商的阻拦与攻击。至于最大型、运载量最高的船必须负责装运在印度所采买的货物，而且它们最迟应在1506年1月，趁着海面还吹拂着东北信风时，自印度返航。当时日耳曼与意大利联合贸易团的商船，例如，“杰罗尼莫”号（S.Jeronimo）、“拉法叶”号（Rafael）和“莱昂纳达”号（Lionarda），也加入了这个贸易船队。

施普林格（Balthasar Sprenger）是日耳曼联合贸易团的代理人，来自奥地利中部提洛地区的维尔斯小镇（Vils），

---

①卡拉维尔帆船（Karavelle）是15、16世纪葡萄牙人和西班牙人用于远洋航行的小型帆船。

在这次的印度贸易航行中，他搭乘了“莱昂纳达”号。他在1509年出版了一本关于这次参与印度贸易航行的图书，名为《关于新的航行与航线的经验：通往许多未知的岛屿和国度》（*die Merfart und erfarung nüwer Schiffung und Wege zuo viln onerkanten Inseln und K ü nigreichen...*）。施普林格当时很可能受雇于奥格斯堡的韦尔瑟家族，他在这本著作中，把印度描述成一个拥有许多宝石与香料的富裕国家。

在“拉法叶”号这艘船上，有两名日耳曼人：汉斯·麦尔（Hans Mayr）当时是葡萄牙皇室的官员，因此得以加入这次的海上贸易之行，也因为麦尔的葡萄牙皇室官员身份，他被视为葡萄牙人。另一位日耳曼人则是一位皇家贸易代理商的抄写员，他在1502年之前就已经在里斯本落脚。

葡萄牙皇家舰队于3月25日启程出航时，使用舰上的大炮来鸣放礼炮。这次航行的目的地是印度马拉巴海岸的柯钦（Cochin，现名Kochi），自从葡萄牙人第一次出现在这个海岸区从事贸易活动以来，这个港口已经发展成马拉巴海岸胡椒交易的重镇。

经过七个多月的海上航行，这支由葡萄牙皇室所率领的船队于11月1日抵达目的地柯钦港。船队人员在拜见葡萄牙总督，并向印度当地的王侯（Raja）献上贡礼之后，次日便开始向葡萄牙船只装载当地的香料。对于葡萄牙皇室和德国联合贸易团的船只来说，停泊于印度海岸的这段时间，主要的任务是采买并满载当地的香料与货物，按照预定的时间启程回航。这些远道而来的欧洲人首批购得的胡椒是前一年收获的，由于这些胡椒经过充分的干燥，因此是上等货品。接下来在购买的过程中，还出现胡椒采购不足的问题，必须沿着马拉巴海岸往北到达坎纳诺尔港（Cananore）及其他的港口进行大量采买，以补足货量，其中有部分还是刚采收而未完全干燥的胡椒粒。

葡萄牙船队的第一批船舶在1506年1月2日终于启程返回欧洲，而且是满载而归。日耳曼与意大利联合贸易团的商船，如“杰罗尼莫”号和“拉法叶”号就在这批船舶的行列中。“莱昂纳达”号则因为随从一些船只辗转北上到坎纳诺尔港进行采购，因此，迟至1月21日，该船才完全补足货品，返航葡萄牙。

第一批返航船队的航行过程既快速又顺利，这些船5月22日便已抵达葡萄牙，并抛锚停泊于里斯本附近的拉斯特洛港（Rastello）。至于“莱昂纳达”号所跟随的那支船队，航行就没有这么顺利了。施普林格在他的著作中写道，海上有风暴，风浪很大，海风的风向并不适合航行，而且船上储存的食物也不充足。他所搭乘的“莱昂纳达”号在非洲东南的马达加斯加岛附近与其他船只失散后，便在海面上独自航行。

这艘船后来还依次在非洲西海岸、西非外海的佛德角群岛（die Kapverden）以及北非外海的马德拉群岛[①] 停靠，最后终于在 1506 年 11 月 15 日抵达里斯本的港口。施普林格最后以如下的文字作为该书的结语：我们以上帝之名出航并完成了这趟海上之旅。荣耀归于上帝，直到永远，阿门！

施普林格在他所撰写的这份旅途记录中，详细描述了整趟旅程中发生的大大小小的事情，然而，关于商业交易过程的说明却寥寥无几。所幸还有其他的相关资料可以给我们做参考，其中有一份文献是关于在 1506 年 5 月 22 日抵达葡萄牙的第一批船队到达里斯本时的情形与所装载的货物内容。首都里斯本当时传染病疫情严重，因此，船队决定在郊区岸边的圣克鲁兹（Santa Cruz）皇宫卸下这些来自东方的货物。其中“杰罗尼莫”号和“拉法叶”号这两艘商船总共从印度载回 9000 葡担[②]，大约相当于 530 吨的胡椒以及其他少量的香料，如姜、丁香、樟脑和檀香木。至于将近半年后才回到里斯本的“莱昂纳达”号，根据估计，大约运回 3000 葡担（大约 176 吨）的胡椒。总之，这 3 艘日耳曼与意大利联合贸易团的商船在 1506 年一共从印度带回 12000 葡担（大约 706 吨）的胡椒，不过，其中 30% 的胡椒必须缴付葡萄牙国

---

①马德拉群岛（Madeira）位于北非摩洛哥的外海，属于葡萄牙的领土。

② portugiesisches Quintal，1 葡担大约是 58.8 千克，1 吨约有 17 葡担。

王。因此，当时参与这次印度贸易航行的联合贸易团可以贩卖的胡椒货量只有 8400 葡担。依照 1503 年葡萄牙国王所颁布的命令，1 葡担胡椒的交易价格至少是 20 克鲁扎多币。若以这个价格做估算，当时联合贸易团的船只所载回的胡椒，总共价值 168000 克鲁扎多币。以这些非葡萄牙的香料商在这次贸易中投入的 65400 克鲁扎多币资金做计算，这次印度贸易的投资获利率达到 160%。然而，在韦尔瑟家族与他们的合伙人能够真正捞进大笔利润之前，这些日耳曼商人其实花了许多时间、耐心与社交心思来处理葡萄牙国王给予他们的种种刁难。韦尔瑟家族当时必须折价售出自马德拉群岛购买的蔗糖，以换取一部分胡椒。好在这些日耳曼的生意人懂得运用灵活的生意手腕，因此，还能从中获得额外的利润。

1505—1506 年的印度贸易之旅是日耳曼富商巨贾们唯一一次实际参与印度贸易的航行，之后，虽然他们仍可以把资金投注于印度的贸易航行上，例如，1506 年由指挥官达昆哈（Tristão da Cunha）所带领的远洋船队，却无法再以自己的名义派遣商务代理人全权负责在印度当地采买香料（Haebler 1903；Hümmerich 1922）。

## 葡萄牙人和西班牙人的航海探险

葡萄牙和西班牙这两个欧洲国家在15世纪率先发难，意图打破威尼斯对于香料贸易的垄断。为了也能获取香料买卖的暴利，他们开始设法寻找直接通往所谓“香料群岛”的航路。葡萄牙是当时海洋探险活动的领先者，其航海霸业的建立应该归功于国王若昂一世（João I.）的四子，也就是被后世誉为“航海家亨利”（Heinrich der Seefahrer）的亨利王子。这位葡萄牙王子本身从未出海参加过探险航行，不过，他所筹划与主导的数次非洲西海岸航海探险，确实为后来发现通往印度的新航路奠定了基础。早在1415年，也就是哥伦布发现新大陆的数十年前，亨利王子为了大力培养航海人才，便于葡萄牙南端的萨格里什岬角（Sagres）开办了一所航海学校，所教授的地理学和天文学的内容以及航海仪器的操作方法，主要是根据犹太和阿拉伯学者所流传下来的知识（Giertz 1990：8）。

我们可以确定的是，葡萄牙的亨利王子在成立这所航海学校时，并非纯粹基于求知的兴趣。他当时还考虑到，如果能行船绕过非洲南端，进而抵达充满传奇色彩的亚洲国家，就能直接购得当地所盛产的香料及其他富饶的特产。随着人们在萨格里什航海学校所积累的知识不断增加以及多次航海探险的经验，葡萄牙人很快成为那个时代最优秀，也是最自信的航海者。葡萄牙皇室系统地推动了许多非洲沿岸的航海探险，他们的航海家不断地往南航行，终于在 1488 年，葡萄牙航海家迪亚士（Bartolomeu Diaz，1451—1500）成功地绕过非洲南端的好望角，到达非洲的东海岸。可惜的是，为推动葡萄牙海外探险不遗余力的亨利王子已于 1460 年过世，因此，未能在有生之年目睹这项划时代的航海成就。

葡萄牙国王若昂二世（João II.）继续推动海上探险活动，而且更着重于航海发现的商业利益。此外，这位国王还意图通过航海的发现，寻找当时传说中一个位于东方的基督教王国。据说，这个信仰基督教的国家当时是由一位充满传奇色彩的约翰内斯国王所统治，他还身兼该国的宗教领袖。如果能够找到这个王国的所在，就能与之结盟，共同对抗属于异教的伊斯兰世界。

若昂二世于 1495 年驾崩后，继任的葡萄牙国王曼努埃尔一世不仅延续了寻找印度新航路的使命，甚至更为积极，因此，我们可以推测，曼努埃尔一世主要是着眼于商业利益。1497 年，这位刚继任的国王为了开发通往印度的新航线，便成立了一支由 4 艘船组成的舰队，并委任精通航海的葡萄牙贵族青年达伽马为指挥官，正式地展开印度的探险之旅。直到目前为止，历史学家们还不清楚，为什么曼努埃尔一世要派遣一位年纪未满30岁的航海家担任该舰队的指挥官。不过，出航远征的结果很快就证明了国王英明的决定：达伽马果真成功地发现了通往印度的新航路，而且顺利地返航，这项突破性的航海成就也让他成为欧洲地理发现时代最伟大的航海家之一。

葡萄牙皇室当时不只仔细而翔实地探查通往印度的海上航线，事实上，早在1487年，若昂二世在位时，便派遣葡萄牙精通多国语言的外交家达柯维良（Pêro da Covilhã）前往东方，打探让威尼斯累积大量财富的、以陆路为主的香料贸易路线及其沿途所经过的城市、国家与地区。这位探险家以兼走水路与陆路的交通方式到达北非，之后走陆路往东穿越西奈半岛，再往南跋涉经过阿拉伯半岛到达亚丁湾，从亚丁湾搭乘海船抵达印度的马拉巴海岸，并在该地区探查得知几个香料的集散地。1491年，当他回到开罗时，还从那里发送了一份详尽的考察报告给葡萄牙国王。达柯维良的报告后来为达伽马前往印度的航海计划提供了重要的参考信息，可惜的是，达柯维良随后转往埃塞俄比亚旅行时，遭到当局的拘留，终其一生都没有再回到葡萄牙（Giertz 1990：13）。

1497年7月8日上午，出航远征的一切准备已就绪：达伽马所率领的舰队从里斯本附近，也就是特茹河的拉斯特洛港启航。“圣加布里埃”号（São Gabriel）是指挥官达伽马所乘坐的主舰，“圣拉斐尔”号（São Rafael）由达伽马的兄长保罗担任船长，“贝里奥”号（Berrio）则交由柯艾略（Nicolas Coelho）负责，第四艘，也是最大的一艘帆船，是舰队的补给船“佩德罗·努涅斯”号（Pedro Nunez）。

达伽马这次航海探险的装备与准备是很充分的。除了达柯维良的东方勘查报告之外，他还把前辈航海家迪亚士的航海日志（Roteiro）、所完成的航海图与航程描述带上船。达伽马还知道，非洲与印度之间是一片广阔的海洋，无法沿着海岸航行，于是他在东非海岸，也就是现在肯尼亚的港口马林迪（Malindi），决定雇用马吉德（Ahmed Ibn Majid）这位阿拉伯海员在船上做导航。这支葡萄牙船队于 1498 年 4 月 24 日从非洲东海岸出发，利用当时海面盛行的西南信风穿越印度洋，最后于 5 月 20 日到达目的地：印度。他们在卡利卡特（Calicut）靠岸停泊，这是印度马拉巴海岸有史以来第一次有欧洲船只绕经非洲大陆前来。

这是葡萄牙人第一次驾船直航印度，他们当时虽然没有获得任何政治或商业的成果，却找到了另一条可以打破阿拉伯人与威尼斯人垄断香料贸易的海上香料之路。10 月 5 日，达伽马自印度的果阿（Goa）起锚返回欧洲，然而，不适当的风向延迟了航程。他们在返航时，途经西非外海的佛德角群岛，后来再往北到达亚速尔群岛（die Azoren）后，便朝东航行，最终在1499年8月底回到葡萄牙。令人伤感的是，指挥官达伽马却必须在返航的最后一站，也就是在亚速尔群岛就地埋葬与他同行的哥哥保罗。至于由柯艾略担任船长的“贝里奥”号由于在海面上碰到较合适的风向，因此，早在7月10日便已抵达里斯本港（Henze 1979, 2: 317）。

为了保住这条通往印度的新航路，并掌控相关的香料贸易活动，1500年3月，曼努埃尔一世又派遣另一位贵族航海家卡布拉尔率领一支10艘船的舰队前往印度，希望能与当地统治者建立友好的双边关系，并在卡利卡特港设立葡萄牙的海外商站。卡布拉尔依照达伽马所提供的航海资讯航行，然而，当这支船队沿着西非海岸，来到相当于佛德角群岛的纬度时，海面却平静无风。卡布拉尔的船队不仅无法继续前进，还被北赤道洋流带往西方，最后终于在4月22日晚间看见陆地，卡布拉尔把它命名为“真十字之地”（Terra de Vera Cruz），并纳为葡萄牙的领土。“真十字之地”就是现在南美洲的巴西，卡布拉尔登陆的地点应该是在巴伊亚州（Bahia）的海岸（Henze 1979, 1: 463）。巴西当时并没有生长胡椒，直到20世纪巴西人民才开始栽种并出口胡椒。大约在巴西海岸停留十天之后，卡布拉尔的船队于5月2日从南美洲重新出发，再次横越大西洋前往印度。在航途中，这支船队却遇上了飓风，有4艘船沉没，其余6艘仍继续按照原定的航海计划航行，最后于1500年9月13日顺利抵达印度马拉巴海岸的卡利卡特。

卡布拉尔原本打算在卡利卡特城设立一个固定的海外商站，却饱受在该城经商的阿拉伯人的阻挠乃至武力攻击。为了反击，卡布拉尔下令用船炮对卡利卡特城展开炮击，并把船舰转向南方的柯钦港锚泊。卡布拉尔后来在柯钦顺利地成立了葡萄牙在印度的第一个海外商站。该年12月，卡布拉尔启程返回欧洲，并于1501年7月抵达里斯本。他所统帅的船队载满珍贵的香料，其中包括3000多葡担的胡椒。卡布拉尔这趟远洋商务之旅开启了欧洲与印度直接的香料贸易，不过，双边的商贸关系还不稳定。为了巩固并扩展与印度的香料贸易，达伽马再度受命前往印度。他于1502年2月出航，这次他所率领的船队规模更加浩大，一共有20艘船。当他们浩浩荡荡地到达马拉巴海岸时，为了达成葡萄牙国王所预设的利益目标，还一度使用武力攻击。达伽马这位指挥官在坎纳诺尔和柯钦之间陆陆续续设立了一些葡萄牙商站，并留下一些武装部队来保护每个商站的安全。当达伽马要返回葡萄牙时，据说他曾询问卡利卡特国王，是否可以把一些胡椒的植株带回欧洲，当时这位国王应该是这么回应的："你可以把它们带回去，但是我不相信你能把我们的雨水也一起带走。"卡利卡特国王所指的雨水就是南印度的两个雨季，降雨量也是胡椒品质好坏的先决条件。

在返航途中，达伽马还在非洲东南的莫桑比克沿岸，包括索法拉（Sofala）海岸区，设立数个贸易站。10月11日，达伽马跟他所率领的远洋船队顺利返抵里斯本（Giertz 1990: 22）。这次往返印度的航行让葡萄牙在政治与经济方面大有收获，不过，毋庸讳言，这是以强势武力胁迫马拉巴海岸当地人民而达成的。葡萄牙人一直把这条由先辈航海家开发出的航路称作“印度之路”（Carreira da índia），并稳固地掌握着它直到1800年为止（Contente Domingues 1989: 9）。

葡萄牙人虽然通过新航路的发现打破了威尼斯人对于东方贸易的垄断，不过，这个意大利水城的香料贸易活动并没有停顿下来。在16世纪，经由地中海东岸的近东地区输往欧洲的胡椒数量仍然很可观，这条旧的香料之路对于欧洲香料市场的交易与消费还是相当重要的（Pemsel 2001, 2: 527）。

威尼斯人当时已清楚地意识到，葡萄牙人加入香料贸易的行列会威胁到他们既有的商贸地位。因此，在1502年，威尼斯共和国的参议院曾有提案讨论贯穿地中海与红海的运河修筑计划[①]，不过，这项工程的构想很快便不了了之（Karsten 2007: 174）。

---

①即最早的苏伊士运河修建计划。

葡萄牙的印度总督阿布奎尔克（Alfonso de Albuquerque，1453—1515）在1509年与1510年之交，征服了印度的果阿和东海岸北方，即现在古吉拉特邦（Gujarat）的达曼（Daman）和第乌（Diu）这两个港口城市之后，还于1515年进一步掌控了波斯湾口的霍尔木兹港，最终确立了葡萄牙人在波斯湾与阿拉伯海的霸权（Giertz 1990：23）。此外，这位雄心勃勃的印度总督还在1512年攻下马来半岛南部的马六甲港，这意味着马鲁古群岛已经不再遥不可及。果真就在同一年，他的得力助手德阿布雷乌（António de Abreu，1480—1514）继续向东探索并抵达马鲁古群岛中的蒂多雷岛（Tidore）以及当时全球唯一生长肉豆蔻的班达群岛（Banda）。

葡萄牙人航海探险的意图很明显，他们为了达到垄断香料贸易的目标，必须完全控制香料的种植、香料买卖最主要的集散地及运输航线。为了实行这项海外商业策略，负责的官员一再采取极为血腥暴力的手段来对付当地的统治者与从事买卖的商人。后来南亚与东南亚从事贸易竞争的荷兰人和英国人，为了自身的利益，也采取类似的策略，而且残忍程度丝毫不亚于葡萄牙人。针对一些欧洲国家具有侵略性的海外贸易政策，西方启蒙运动的法国思想家伏尔泰（Voltaire，1694—1778）曾经在1756年出版的《论世界各国的风俗与精神》（*Essai sur les moeurs et l' esprit des nations*）中提到一个不光彩的事实：自1500年起，欧洲人在印度的卡利卡特只能借由流血的方式取得胡椒。

葡萄牙与西班牙的关系日益紧张，欧洲全面而直接地探寻亚洲丰富物产的行动也受到了影响。葡萄牙这个小国家能在海外贸易方面领先国力比较强大的西班牙，必须归功于航海家亨利王子的远见以及几位葡萄牙国王无条件的支持。然而，这两个位于伊比利亚半岛的国家间，敌对与冲突也日益升级。为了平息纷争，两国便请罗马教宗亚历山大六世（Alexander VI.）居间调停。最后在罗马教宗的斡旋下，双方于1494年签订《托尔德西里亚斯条约》（*Vertrag von Tordesillas*）。根据该条约的内容，以葡萄牙所发现的佛德角群岛以西370里格（Leguas，约合1770公里）为基点，划一条南北向的分界线：该线以东新发现的地域归葡萄牙，以西则属西班牙的管辖范围。因此，达伽马后来于1498年所发现的新航路，其所有权归属葡萄牙是理所当然的事。

西班牙当时训练航海人员的专门机构仍无法和葡萄牙萨格里什的航海学校相匹敌，也没有明确的海外策略，不过，这并不表示西班牙人不想在航海探险与海外贸易领域和葡萄牙一争雌雄。信仰天主教的西班牙伊莎贝拉女王和斐迪南国王经过漫长的思考，决定把资源投注在热那亚人哥伦布

(Christoph Columbus, 1451—1506)大胆而更具热情的航海构想上面：从欧洲往西航行到印度海岸，便可以取得当地富饶的特产和珍贵的香料。地球呈球状的理论深深影响着哥伦布，他认为，欧洲人若要前往亚洲，也可以朝西边航行。支持哥伦布从事航海探险的佛罗伦萨医生托斯卡内利(Paolo Toscanelli, 1397—1482)还是意大利文艺复兴时期重要的天文学、地理学与数学方面的学者。他以书信答复哥伦布所询问的地理问题时，还鼓励他，要往西去寻找通往亚洲的航路："……这不仅是可能的，还是千真万确的。"他还在信中提到，"这样一趟航海旅程会带我们造访一些世界上强大的王国、知名的城市与地区，那里出产所有我们需要的东西，大量而种类齐全的香料以及堆积如山的宝石"(Henze 1979, 1)。

哥伦布为了支持自己的假说，也就是欧洲西边的大西洋横向宽度并不大，还参考了天主教主教阿里亚库斯(Petrus Alliacus, 1350—1420)于1410年所编写的一份重要的地理学著作《世界图志》(*Imago mundi*)、1458年版的《马可·波罗游记》及其他一些书籍。在哥伦布的藏书中，还记有一些他自己的见解与评语，例如："在地球上，有人居住的东端与西端之间的地理距离并不遥远，它们之间只隔着一个小型的海洋"；或者，他会引用古希腊学者亚里士多德的著作内容："……在西班牙的尾端与印度最接近欧洲的地点之间，隔着一个小型的海洋，人们只要驾船航行数天便可以穿越”。依照哥伦布的计算，从北非外海的加纳利群岛到“日本国”[①]只有2720海里，或68度经度的距离，大约是7550公里。然而，实际距离是13600公里，哥伦布当时太过低估这个地理空间的跨距。

为了能够向西横越大西洋，到达亚洲的“日本国”，1484年，哥伦布带着他的航海构想觐见当时的葡萄牙国王若昂二世，希望国王能派给他几艘船。然而，哥伦布这项提案却遭到葡萄牙皇家海军委员会的回绝，因为当时葡萄牙航海员已经到达非洲南部，在不久的将来，这条往东的航道应该可以绕过非洲，继续延伸到印度，因此，哥伦布朝西航行的计划对于葡萄牙皇室并不具有吸引力。

失望的哥伦布后来转往西班牙找寻新的机会，他等了两年，也就是在1486年，才有机会在西班牙宫廷说明他的航海计划。皇室把哥伦布的计划交给一个委员会进行评估，无奈的是，该委员会在评估过后，并不看好这项探险计划。由于哥伦布与西班牙皇室没有协调出结果，1488年，他又找到葡萄牙国王，再次提出向西航海的请求。刚好在这一年，葡萄牙航海家迪亚士已经成功地绕过非洲南端的好望角，葡萄牙皇室当时认为，开辟通往印度的新航线已经指日可待，因

① Zipangu，这是《马可·波罗游记》中，关于日本的名称。（作者注）

此，没有人对这位热那亚人的计划感兴趣。哥伦布只好再到西班牙找机会。同时哥伦布的弟弟巴塞洛缪（Bartolomeo Columbus，1461—1515）也前往英格兰，为他们的航海计划寻求支援与赞助，结果遭到英王亨利七世的拒绝；后来，他又转而游说法国皇室，依然没有成功。1490 年，哥伦布的航海探险计划再次遭到西班牙皇室相关委员会的拒绝，所持的理由是，这项计划并不可靠，成功的机会很渺茫。

1492 年，西班牙的伊莎贝拉女王成功攻下格拉纳达城，也就是穆斯林王国在西班牙的最后堡垒，顺利将摩尔人驱逐出伊比利亚半岛。在这场战事结束后，伊莎贝拉女王考虑到邻国的葡萄牙已经在海外探险上大有收获，终于决定支持哥伦布海上探险的构想，并于该年 4 月 17 日，与哥伦布在格拉纳达附近的圣达菲（Santa Fé）签下一份航海协定。哥伦布终于在 8 月 3 日率领 3 艘船和 90 名水手向西启航，经过两个多月的航行后，他们在 10 月 12 日当天望见了陆地，欢呼着宣称该土地为信仰天主教的伊莎贝拉女王陛下的领土，并将之命名为“圣萨尔瓦多”（San Salvador）。他们称当地的居民为“印度人”[①]，因为哥伦布当时相信，自己成功地抵达了盛产香料的印度，甚至到临终时，哥伦布都还保持这个想法。

① Indianer，为与印度人区别，Indianer 后来中译为“印第安人”。

事实上，他当时登陆的地点是巴哈马群岛中的一个岛屿。

当哥伦布第二次穿越大西洋，并于古巴上岸时，他相信自己到达了东南亚的暹罗湾（Golf of Siam）。当时流传下来的资料指出，1494 年 7 月 12 日，哥伦布还让随行的海员发誓，自己已经登上了大陆，而不是岛屿。他甚至威胁他们，日后若有人有违反自己誓词的说法，将被处以严厉的刑罚（Henze 1979，1：597—610）。

哥伦布几次的美洲之行都没有把胡椒、肉桂、丁香或肉豆蔻带回西班牙。尽管他在第一次西航时带回了美洲土著研磨好的红辣椒粉，不过，当时的西班牙人对这种新的辛香料还不感兴趣，人们想取得的，是那些大家熟悉的香料（Gööck 1965：62）。虽然在接下来的航程中，哥伦布还是没有发现香料的踪迹，这位划时代的航海家却始终相信，他找到了通向印度的新航线，而且后来还成功地说服了当时的西班牙君王。由于西班牙的伊莎贝拉女王与斐迪南国王相信哥伦布的为人和他的说辞，在他第四次西航时，他们甚至请哥伦布转交一封致达伽马的推荐信——当时这位葡萄牙的航海家正第二次绕经非洲前往印度。

1502 年 7 月初，哥伦布在第四次也是最后一次美洲航行时，抵达洪都拉斯海岸。这是他第一次，也是唯一一次踏上美洲大陆。与前几次一样，哥伦布在最后一次出航探险时，仍然在自己所到达的土地上寻找东亚及南亚的地域特征（Henze 1979，1：616）。

关于香料，哥伦布早在1499年写给信仰天主教的西班牙女王与国王的书信中，便抱怨那些随行的船员：“他们与我一同航行，为了能大发横财，他们认为……香料在这里已经采收完成，而且就堆聚在海岸边。”他于1503年夏天痛苦地写下关于最后一次航行的记录：“当我发现印度时，我曾说，它是世界上最富有的政权。我还提到，那里的黄金、珍珠、宝石和香料以及商业买卖与市场。由于我无法一下子把这些东西全部展现在人们眼前，因此，人们对待我的态度很轻蔑。”（Gööck 1965：65）

1504年11月7日，哥伦布返抵西班牙南方大西洋沿岸的港口桑卢卡尔（Sanlúcar de Barrameda），结束了有生之年最后一次航海旅程。刚好也在同一月份，哥伦布航海计划的资助人伊莎贝拉女王驾崩。仅半年后，1505年5月20日，病弱的哥伦布也离开人世，并逐渐被人们淡忘。这位伟大的航海家直到临终时，都还坚信自己到过亚洲大陆的东海岸。

哥伦布发现新大陆的壮举开启了欧洲地理发现与势力扩张的时代，欧洲人对于全球各地的信息与知识也进入一个全新的纪元。这些划时代的转变却仅仅是由哥伦布个人的想法所带动：向西航行是取得印度香料的捷径。

西班牙为了找出一条可以通往东南亚香料群岛的航路，仍旧不放弃往西航行的探险活动。1519年，葡萄牙航海家麦哲伦（Fernando Magellan，1480—1521）在西班牙皇室的支援下，组织了一支由5艘海船和237名船员组成的远洋船队，朝西方启航。这位为西班牙效命的葡萄牙指挥官沿着南美洲的海岸线往南航行，并在南美洲大陆的南端找到了一条通往另一海域的水道，即后人所称的“麦哲伦海峡”。麦哲伦所带领的船队在这片新发现的海洋中，航行了一百多天，由于没有遭遇狂风巨浪，麦哲伦便把这片辽阔的海域命名为“太平洋”。1521年春天，麦哲伦成功地横越太平洋，抵达菲律宾中部，后来他因为与土著发生冲突，于1521年4月27日，在宿务（Cebu）旁的麦克坦岛（Macatan）被杀身亡。

幸存的船员继续往南寻找香料群岛，延续麦哲伦发起这次环球航行的使命。他们终于在该年11月发现了马鲁古群岛，即所谓香料群岛。当地的土著对于欧洲人已不陌生，因为早在1512年，印度总督的属下阿布雷乌就曾带领葡萄牙航海员往东南亚航行，并在香料群岛登陆，因此，当地居民对于前来的西班牙人相当友善，情况与在菲律宾完全不同。两年多前，麦哲伦率领船队自西班牙出航远征时，船上共有237名船员，这时已剩下不到100人，他们只能搭乘仅存的两艘帆船“维多利亚”号（Victoria）和“三一”号（Trinidad），继续向西航行。后来，“三一”号在返航的途中又遭到葡萄牙人的劫掠与破坏，因此，原本5艘船的船队，最终只有“维多利亚”号历险归来。当“维多利亚”号于1522年9月6日回到启航地西班牙桑卢卡尔港时，船上只剩下18名船员，他们成功地完成了人类有史以来第一次环球航行的壮举。这次航行也作为人类历史上伟大的航海活动之一载入史册。当他们重新回到西班牙时，惊讶地发现，西班牙当天的日期与船上记录的日期并不吻合，由此，人们也认识到国际日期变更线存在的必要性。“维多利亚”号载回了大量的香料，这些香料所换取的金钱，扣除探险船队所失去的4艘船的亏损后，还有一大笔结余。当然，这种计算方式并没有把200多条人命的牺牲包括在内。

虽然西班牙费尽千辛万苦，终于运回了一船东方香料，却仍无法挑战葡萄牙在香料贸易中的主导地位。后来，西班牙的海外政策转而以美洲新大陆的征服与掠夺为重心，它在亚洲并不活跃，只拥有菲律宾这个殖民地。人类完成环球航行后，证实了地球是圆的，于是《托尔德西里亚斯条约》出现了模糊地带。西班牙与葡萄牙两国遂于1529年4月22日签订《萨拉戈萨条约》(*Vertrag von Saragossa*)，以东经142度这条虚拟的子午线为界，精确地划定双方在太平洋地区的势力范围，该线以东属西班牙，以西则归葡萄牙所有。就是根据这项新条约，葡萄牙得以继续控制马鲁古群岛及丁香和肉豆蔻的交易。

葡萄牙人为了获得亚洲的香料及其他珍贵的特产，靠着自己的努力找出了一条通往亚洲的新航线，并以武力征服的方式在新发现的地区建立了一个臣属于自己的海外王国。邻国的西班牙为了获取相同的商品也开辟出一条新航路，不过，很快地，西班牙便不再专注于香料，而是把重心放在美洲所蕴藏的资源上，并建立起另一个属于西班牙的海外王国（Turner 2005：214）。

自从葡萄牙人成功地开辟出通往印度的新航路后，欧洲的香料贸易便进入了一个新的纪元。葡萄牙的加利恩船（Galeon）把大量的东方香料直接运到里斯本，完全免除过去香料之路沿线所有转运点的关税以及中间商转手买卖的层层剥削，因此，里斯本可以提供欧洲市场比较低价的胡椒及其他种类的香料。不过，当葡萄牙开始以较低的价钱贩卖亚洲香料时，市场上也出现了一些杂音，消费者并没有立即接受。因为当时的欧洲人怀疑它究竟是真正的胡椒，还是数百年来葡萄牙商人所贩卖的一种产自西非的假胡椒——“乐园籽”（Paradieskörner）。由于这种普遍的怀疑，威尼斯在香料贸易的竞争中才得以继续扮演重要角色，不至于迅速衰落。

16世纪初期，葡萄牙已经成为欧洲香料与其他东方货品的主要供应者。一如卡布拉尔曾经提到的，葡萄牙船队在1501年把大约3000葡担（相当于176吨）的胡椒从印度运回里斯本，1505年增加到25000葡担（相当于1470吨），到了1517年，里斯本的胡椒进口量已经高达48100葡担（相当于2830吨）。（Pemsel 2001，2：526）葡萄牙当时直接从亚洲进口的商品，几乎无一例外都是由拥有葡萄牙国王买卖特许的商人联合组织所输入的。该组织的商人只是在里斯本港把大量而固定的商品配额，卖给来自欧洲北部地区的大盘商，并没有成立专属的商行和船队把来自印度的香料继续分销与运送到欧洲各个地区。由于当时葡萄牙官方规定，货品的买卖必须以大宗交易的方式进行，这样的商业生态迫使外籍商人必须共同组成联合贸易团。日耳曼地区以奥格斯堡的韦尔瑟和富格尔家族、纽伦堡的图赫家族为首的富商也开始投入在里斯本进行的大宗商品贸易，而刻意疏远威尼斯。这些日耳曼的商业家族把自里斯本批来的香料转卖到德语区各地，特别是现在德国的中部与南部地区；至于荷兰商人，则扮演葡萄牙商品代理商的角色，负责把香料销往西欧和北欧。

早在1505年，日耳曼几大富商家族便租下3艘里斯本的船，投资其出航所需的海员人力及补给品，加入当时前往印度的葡萄牙贸易船队。这些葡萄牙帆船都雇用葡萄牙水手，商人们组织船队航往印度时，还把葡萄牙首任的印度总督带到印度殖民地正式上任，即建立葡属印度。（Hümmerlich 1922）

当时越来越多的商人加入一些有买卖特权的商人联合组织，并出资为前往印度的商船队提供装备与物资。虽然，他们必须缴纳高额税金给葡萄牙皇室，不过，印度的贸易航行通常会为他们带来巨额的利润，因此，总是有壮志满怀的商人不顾远途航行的风险，愿意亲自搭船前往印度从事买卖。根据当时流传下来的资料，威森特（Gil Vicente）这位葡萄牙商人为了印度的生意，在1515年至1543年间，曾搭船数度往返葡萄牙和印度马拉巴海岸，前后共十一次。

1591年，由葡萄牙西门尼斯商行（Ximenes）、日耳曼地区的韦尔瑟和富格尔家族，意大利半岛的商人罗瓦莱斯卡（Rovalesca）和巴利斯（Paris）以及西班牙的生意人马文达（Malvenda）所组成的商人联合组织买断所有里斯本进口的胡椒，然后再转卖到现在的德国与荷兰各地。不过，这个商人联合组织在隔年便宣告瓦解，因此，人们可以直接把葡萄牙的胡椒运往阿姆斯特丹与伦敦，减少了一层中间商的转手剥削。（Nagel 2007：28）

当时这个商人联合组织很容易找到愿意驾船前往印度的船长。因为只要顺利地往返一趟，就可以获得足够的金钱报酬，让他们在返航后不必再工作，过上清闲的退休生活，所以葡萄牙船长们很乐于远渡重洋，前往印度采买香料。从里斯本到印度马拉巴海岸所需的航行时间平均五至六个月，如果要充分利用信风行船，通常要在3月初从葡萄牙出发，12月自马拉巴海岸返航。(Pemsel 2001, 2: 527)

在16世纪期间，约有700艘葡萄牙海船从里斯本开往印度，其中约有450艘返回葡萄牙，至于其余的船，有些是为了保护商站的安全及维持航线的通畅而留在印度，有些则是遭遇海难或是在战事冲突或海盗劫掠中损毁。根据当时的记录，从1500年至1634年，这一百多年间，香料商船的折损率为28%(Freedman 2008: 204)。当时日耳曼奥格斯堡富商雅各布·富格尔(Jacob Fugger, 1459—1525)也曾遭受印度贸易的损失，例如，他在1515年用10000西班牙金币投资一支香料船队，其中4600西班牙金币的款项后来成了坏账，毕竟不是所有出航的葡萄牙香料商船都能顺利地返回里斯本港。(Hansi 1997: 55)到底是什么促使当时的商人，不顾种种艰难与风险，愿意远赴印度进行贸易？对于这个问题，我们可以在17世纪日耳曼学者哈波尔的著作《一个奇妙世界的地理学简述》中，找到相关的答案：

“一如赫拉提斯(Horatius)曾在一份长篇的书信中用文字做如此细腻的表达，他写道：

这个生意人没有经验，
内心也没有畏惧，
他冒着生命的危险在陆地上跋涉并在海上航行：
他到达了印度，
终于脱离了贫穷。”（Happel 1687）

19世纪的日耳曼商人梵莫康（Philipp van Mökern）曾在英国殖民统治下的印度生活了五十年，他在1857年出版的《东印度的历史、文化与人民》（*Ostindien, seine Geschichte, Cultur und seine Bewohner*）这本著作中，曾经描述葡萄牙如何从它的印度属地赚取利益：“在扣除印度总督（年薪14000英镑）及其他官员的职饷后，葡萄牙皇室每年还能从印度属地获取250000英镑的净利，而且这种情况持续超过五十年。这些殖民地的公库收入主要来自进出口货物的税收和马拉巴海岸一些小王国为了寻求葡萄牙殖民政府的保护而呈献的贡金与贡物，以及标售一些没有印度总督许可而擅自驶入印度附近海域，最后遭到葡萄牙官方没收的船只的所得。”

他在该书中还叙述了葡萄牙塞巴斯蒂昂国王（Sebastian）在位时对印度的殖民政策，以及1580年葡萄牙并入西班牙、成为西班牙的附庸后，西班牙的印度政策：“此后，葡萄牙人似乎被一种新的、炽烈的宗教狂热所附身。在印度传播基督教的教义已经成为葡萄牙殖民政策的重点所在，他们为了让当地居民改信天主教，不惜有系统地采取冷血而残酷的高压手段，（……）葡萄牙殖民政府的支出也因而增加，主事者却忽略了增加税收来源的必要性。就这个时期的葡萄牙殖民政府而言，马拉巴海岸的和平和活跃的商业已退居次要地位，葡萄牙在亚洲属地的贸易因此逐渐萎缩。（……）葡萄牙专横而无理地独占印度附近海域的商业买卖权和船舶航行权，这是它在印度犯下的一个根本的错误，也被视为其海外霸权衰落的主因。”（van Mökern 1857：104，107）

信仰天主教的葡萄牙皇室对于印度属地的经营越来越注重传教事业，对于海外商贸的活动也就越来越松懈。此外，葡萄牙还于1560年把天主教审判异端的宗教法庭制度（Inquisition）引入印度属地。这种宗教狂热在1580年至1640年葡萄牙与西班牙两个王国合并期间达到了巅峰。强烈的宗教热情不仅导致殖民政府财务支出持续增加，而且对海外属地采取残忍的天主教化措施也徒增了当地受统治人民的憎恨。

由于上述种种原因，葡萄牙皇室后来便失去了竞争力，无法再继续垄断东方的贸易。印度殖民地的管理、军事维安以及天主教的传教活动造成庞大的花费，巨额的支出迅速超过香料买卖所带来的利润，致使财政无法负荷。葡萄牙最终丧失了香料贸易的领先地位，随后也失去了对于该地区广泛的影响力。

## 一艘让人走运的胡椒船

1680年，萨尔茨堡附近一些特别有生意眼光的商人曾派出几艘船，运载一些本地的廉价物品前往东方，以交换珍贵的胡椒、肉豆蔻及其他的异国香料。

胡椒贸易可以让生意人获得高额的利润，不过，满载货品的船只必须克服海上航行的所有艰险，安然无损地返回威尼斯港。

有一次，福克斯公司（Fuchs）萨尔茨堡办事处早该收到一艘货船返抵威尼斯港的消息，却迟迟没有音讯。一些商人不时为了商议这件事情而聚在一起，过了一段时间后，他们一致认为，该船应该碰上了海难，船上的胡椒大概已经进了鱼肚。

在该办事处工作的职员约翰·安东（Johann Anton）知道这件事之后，便想试试自己的运气：他把自己为数不多的存款提取出来，向这艘失踪货船的股东们买下这艘船及船上货物的所有权。他还向跟自己同名的天主教圣徒圣安东尼（St. Antonius von Padua）祈求并发誓，如果真能让载有许多胡椒的货船重回威尼斯港的话，将为这位守护他的圣者建造一座小教堂。

结果奇迹真的出现了！当约翰·安东买下这艘船后没过

多久，原先失踪的货船便驶入威尼斯港停泊。

这个萨尔茨堡的贸易办事员确实走运了！为了还愿，他盖了一座纪念圣安东尼的礼拜堂，还委托意大利建筑师祖加力（Zugalli）做规划和设计。这座教堂完工至今数百年来，已有许许多多虔诚的信徒前来朝圣。

约翰·安东发了大财后，不仅为圣安东尼建造礼拜堂，还要好好地享福。他在萨尔茨堡附近的小镇索尔海姆（Söllheim）盖了一座宫殿，宫殿完工后，他便入住，成了宫殿的主人。

他在那里过着贵族一般的生活，直到过世。

他后来被安葬在自己起造的圣安东尼教堂旁的墓园中。

为了纪念这桩奇妙的事件，我们现在把教堂旁边原先是神父宿舍的建筑物改为“胡椒船”餐厅，好让大家能够知道这个信仰事迹的来龙去脉。

亲爱的客人，愿圣安东尼也保佑您，

让您的祈求成真！

当您不顺遂时，

圣者会安慰您的灵魂！

至于您的肉身，

不妨让它在“胡椒船”餐厅饱餐一顿，

恢复精力！

以上文件资料由“胡椒船”餐厅的经营者兼主厨维涅（Jürgen Vigne）提供，这家历史悠久的餐厅位于萨尔茨堡附近的小镇索尔海姆。

一则香料贸易寓言

来源：《欧洲人在印度的商站设立与商业活动的历史哲学与政治》，1774 年

## 荷兰人与英国人的海外贸易公司

西班牙自从1580年吞并葡萄牙后，顺势掌控了亚洲的香料贸易，并迅速抬高香料售价，后来甚至解除了荷兰商人的代理合约，逼得一些根基稳固的香料商无法从事买卖，西欧和北欧的交易市场也随之急剧萎缩。然而，荷兰商人却不愿向命运低头，他们试图凭借自己的力量与印度和马鲁古群岛建立直接的贸易关系，他们主要是从两方面取得相关航海路线的资讯：其一，一些为葡萄牙效力的荷兰航海员曾经跟随葡萄牙船队来到亚洲，已经熟知从欧洲绕过非洲通向印度和东南亚的航路。其二，荷兰商人林斯霍滕（Jan Huygen van Linschoten，1563—1611）曾于1584年至1592年间受雇于印度殖民地的天主教教会，在这期间他曾多次出航印度洋，并把所见所闻写成《旅程日志》（*Itinerario*）。由于这本书透露了许多关于亚洲贸易与航海路线的重要资讯，对于打破西班牙在亚洲的商业垄断而言，具有特别的意义（Nagel 2007: 100）。

一群阿姆斯特丹的商人于1594年成立“远方贸易公司”（Compagnie van Verre）意图打破西班牙与葡萄牙的海外贸易垄断。1595年，这家荷兰公司派出4艘海船，首次前往东南亚的香料群岛，进行正式的贸易航行。这4艘荷兰的船舶首航的目的地是印尼爪哇岛西端的商港万丹（Banten），它们在经过长途航行后，都顺利抵达该港口。万丹是东南亚当时重要的贸易中心，早在首批荷兰人到达之前，中国人、土耳其人、波斯人和印度人就已经在这个港口城市落脚，从事胡椒、马鲁古群岛香料以及中国奢侈货品的买卖。当交易任务完成时，这 4 艘来自荷兰的商船便满载着香料返航。

后来，荷兰又陆陆续续成立好几家以东方贸易为重点的公司，1598 年，这些海外贸易公司一共派出 5 支船队前往亚洲从事商品买卖。紧接着，这些荷兰公司又发动十次远洋贸易航行，目的地当然都是东南亚的香料群岛。这些荷兰船队依循葡萄牙人所开辟的航线，绕过非洲南端的好望角前往亚洲，却在航途中不断与葡萄牙船只发生武装冲突。为了避免这类冲突，荷兰人便开始寻找通往亚洲的新航路。荷兰航海探险家巴伦支（Willem Barentsz，1550—1597）在阿姆斯特丹商会的支持下，曾往北冰洋出航三次，尝试开拓经由北冰洋的欧亚东北航道。他的探险船队最后于 1596 年和 1597 年之交遭遇海难，受困于俄国北边北冰洋中的新地岛（Nowaja Semlija），所有船员因为熬不过严冬的酷寒而丧生，这次由北冰洋而到达亚洲的探险航行，最终以惨败收场。自从巴伦支船队遇难后，荷兰人只能继续走老路，行船绕过非洲前往亚洲，不再有开辟新航路的尝试。

在经营亚洲香料贸易一段时间后，荷兰商人越来越认识到，如果要持续掌握香料贸易，单一公司在商业竞争中实在太过薄弱，若继续单打独斗，恐怕无法在市场中生存下来。经过长期的协商与谈判，荷兰一些所谓“预备公司”（Vorkompanien）最后在1602年合并成“联合东印度公公司”（Vereenigde Oostindische Compagnie，VOC）。（Nagel 2007：102）

根据经济史学家的看法，荷属东印度公司是全球第一个股份有限公司。该公司的股票系记名股票，即股票票面上记载着股东的姓名。这些股票通常在阿姆斯特丹证券交易所进行买卖。荷属东印度公司成立后的数十年间，该公司的股东们所拿到的股利并不是现金，因为一直到1645年，该公司分发给股东的股利都是以异国的香料，如姜、肉桂或胡椒支付。在欧洲大航海时代，有几种香料甚至价比黄金，每年荷属东印度公司所配发的香料股利，对于众股东而言，是一笔可观的资产。在1670年前后，荷属东印度公司达到鼎盛阶段，它成了当时全世界最富有的私人企业，每年股票所配发的股息甚至可高达股价的40%。

荷属东印度公司成立的动机是要全面垄断东南亚的香料贸易。为了达到这个贸易独占的目的，荷属东印度公司很快在万丹东方，也就是杰雅加达城（Jayakarta）附近，设立了一个专属的商站。经过数次与当地统治者及英国人的战争后，荷属东印度公司最后于1619年摧毁了杰雅加达城，后来又在该城的废墟上建造起荷兰总督的驻城——巴达维亚（Batavia）。

早在1609年，荷兰人为了维护爪哇岛的统治权，便任命波托（Pieter Both，1568—1615）为首任东印度公司的总督。波托于1610年抵达爪哇的万丹，他的上任也开启了荷兰在马来群岛[①] 长达三百多年的殖民统治。直到1949年，印尼才脱离荷兰殖民统治而独立建国，由于“杰雅加达”是首都巴达维亚在荷兰殖民之前的旧称，印尼共和国独立后，便把首都的名称改为雅加达（Jakarta）。

在16世纪这一百年间，南欧和荷兰蓬勃发展的海外贸易让其他欧洲国家也跃跃欲试，想从庞大的亚洲商贸利益中分到一杯羹。特别是英国人，他们对于这些东方航海贸易的先驱者总是感到不安与焦虑。为了能在这方面不落人后，英国商人后来依据英国女王伊丽莎白一世于1600年12月31日所批准的一份文件，成立了自己的“东印度公司”（East India Company，EIC），而且这个英属东印度公司成立的时间甚至早于一些荷兰的“预备公司”所组成的荷属东印度公司。

①马来群岛（Malaiische Archipel）旧称南洋群岛，是一组散布于亚洲东南部太平洋与印度洋的群岛。该群岛由20000多个岛屿组成，是世界上面积最大的群岛。

与西班牙人、荷兰人，特别是葡萄牙人相较，英属东印度公司刚成立时，对于亚洲贸易的航线与商业据点所知甚少。为了获得葡萄牙船只上的香料、航海图与航行记录，这家海外贸易公司在营运的头几年间，只能在海上从事船舶的劫掠。当时专门从事海上抢掠的英国海员当中，以德雷克（Francis Drake）最为知名，英国皇室后来还授予他爵士的荣衔，然而，这号人物对于其他国家来说，根本就是个恶名昭彰的海盗。

英属东印度公司虽是加入亚洲贸易的后来者，它却以惊人的速度，很快地在这块商贸领域中立稳脚跟，甚至与荷属东印度公司有过短期的合作关系。1619年，在这两个东印度公司的携手合作下，英属东印度公司甚至可以取得半数胡椒及其他种类香料三分之一的贸易额。不过，这两家欧洲的东印度公司后来却因为利益纠纷而经常爆发武装冲突，双方在马鲁古群岛的交锋尤为激烈。1623年，荷属东印度公司的佣兵团摧毁英国安汶岛（Ambon）的商站并杀死岛上大部分的欧洲人。这起大屠杀事件让英荷双方的冲突达到顶点，由于英国人在安汶岛的贸易据点已被荷兰人占据，他们在这个地区的势力也一直不敌荷兰人，因此，英属东印度公司便逐渐退出马来群岛香料的直接贸易，转而把海外贸易的重点移往印度（Nagel 2007：71—73）。

英国人在退出马鲁古群岛后，还与荷兰谈妥一件值得注意的殖民地交换协议：荷兰把位于北美洲的殖民地易手给英国，以换取英属班达群岛（请参照93页“纽约曼哈顿与肉豆蔻：一个历史上的误判”）。

英属东印度公司在印度所从事的买卖主要以纺织品为主，自18世纪起，茶叶交易也成了该公司在印度的商业活动重点。除此之外，英属东印度公司后来还从印度输出大量鸦片到远东地区的中国，借由贩卖这种毒品来赚取暴利。至于香料贸易，早在1730年，便开始失去其商业重要性。后来英属东印度公司与原先的对手，荷属东印度公司，发展出一种共生的方法（Modus Vivendi），联手打击葡萄牙这个共同的敌人。葡萄牙人当时还是依据1494年与西班牙所签订的《托尔德西里亚斯条约》，统治印度与马鲁古群岛。不过，葡萄牙当时的国力过于衰弱，根本无法抵抗英国与荷兰这两个欧洲新教国家的海权优势。葡萄牙在印度半岛的殖民地逐渐被英国蚕食，只能退守西海岸的果阿及东海岸北方的达曼和第乌这三个港口城市。第二次世界大战结束后，印度脱离英国而独立，这三个港口的葡萄牙居民，最后也在1961年被印度军队驱离出境。

英属东印度公司后来发展为欧洲势力最强大的海外贸易公司，与英国政府共同负责印度殖民地的管理，对于印度的殖民化有决定性的影响。随着时间的推进，英属东印度公司发觉，英国政府在印度殖民地的利益会损害该公司在印度半岛的商贸活动，为了避免利益冲突，英属东印度公司后来便成为殖民地的实际管理者。1858 年，英国国会通过《印度政府法案》(*Government of India Act*)，根据该法案的内容，英属东印度公司必须把印度殖民地的统治权移交给英国政府，营运已两百多年的英属东印度公司也随之解散。

荷属东印度公司和英属东印度公司是私人性质的海外贸易公司，它们虽然有义务维护国家的利益，实际上却以追求商业利润为主，因此，会向殖民母国要求特惠的商业垄断地位。

坎普弗（Engelbert Kämpfer，1651—1716）是第一位到远东地区进行考察旅行的日耳曼人，这位船医 1688 年受雇于荷属东印度公司，并在巴达维亚生活了数年。他在印尼工作的这段时间，对于该公司的看法并没有任何的恭维或奉承，他曾明白地写道："这家公司唯一的目的便是不惜任何代价，追求最高额的商业利润。席勒（Schiller）曾为商人发出豪言壮语，认为商人属于上天，当他出发找寻货物时，他的船也与良善相联结。不过，这完全不适用于这些斤斤计较的荷兰商贩。富裕的印度出现这些陌生的欧洲人，对于这块土地而言，便意味着剥削。"（Meier 1937：107—108）

为了获取最大的商业利益，欧洲这两家东印度公司都配备了战船与士兵，以武力肆无忌惮地攻击当地的统治者与贸易的竞争者。17 世纪初期，荷属东印度公司拥有 3500 名海员和 3000 名佣兵，经过半个世纪的发展，其海员与佣兵人数已分别达到 12000 名和 17000 名。该公司的船舰配有重装武器、大型仓储空间，还可以灵活驾驶，是一种货运帆船与战船的组合。这种类型的船舶与英国“东印度大商船”（East Indiaman）的船型大致相当，它们确保了 17 世纪荷兰商人在亚洲贸易的丰硕成果。（Nagel 2007：37，53，55）

随着势力范围在马鲁古群岛成功扩展，荷属东印度公司还运用高涨的权势和极为残酷的手段对付葡萄牙人，以及当地的统治者。实际上，荷兰人大约在 1620 年占领安汶岛以及特尔纳特（Ternate）、蒂多尔（Tidore）这两个偏北的小岛后，便掌控了丁香贸易，在征服班达群岛后，也垄断了肉豆蔻与豆蔻皮的买卖。迫于荷兰人的强势，葡萄牙人只能退出马鲁古群岛，转以南方的帝汶岛（Timor）为根据地。17 世纪中期，荷属东印度公司还从葡萄牙人手中夺取了印度半岛东南方的锡兰岛，并让西南的柯钦港成为该公司在马拉巴海岸的贸易基地，好让胡椒的买卖能持续下去。

17 世纪法国商人兼旅行家塔维尼埃（Jean-Baptiste Tavernier，1605—1689）曾于 1630 年至 1668 年之间前往印度，前后共达六次之多。这几次的亚洲贸易之旅，除了让他获得可观的财富之外，还荣获法国波旁王朝“欧波恩男爵”（Baron d’Aubonne）的头衔，正式晋身为法国贵族。

塔维尼埃见证了当时荷属东印度公司在进行胡椒买卖时，所采取的交易方式，他曾描述道：“大多数的胡椒来自印度的马拉巴群岛，交易则在西南岸的卡利卡特和东南岸的杜蒂戈林（Tuticorin）这两个城市进行。此外，维萨普（Visapour）这个王国也栽种胡椒，胡椒的买卖则集中于境内雷加普（Réjapour）这个小城镇里。荷兰人不用货币采买，而是以各种不同的货品和当地商人换取胡椒，如棉花、鸦片、水银和紫色布料等，然后再把换得的胡椒用海船运回欧洲。500 磅胡椒当时在欧洲市场可以卖得 38 西班牙银圆[①]，而荷兰商人所赚取的利润则高达 100%，也就是说，荷兰人用以物易物的交易模式所采买的胡椒，其成本比较低廉，500 磅胡椒只需付 19 西班牙银圆。如果人们拿着货币在当地购买 500 磅胡椒的话，便须支付 28 或 30 西班牙银圆。”（Tavernier 1676: 197）

在 1620 年左右，胡椒是荷属东印度公司最重要的交易品，占该公司总贸易额的 50% 以上。然而，欧洲的胡椒消费在 17 世纪后半叶快速地萎缩，到了 1700 年前后，胡椒占荷属东印度公司的贸易额比例已下降至 11%，相当于马鲁古群

---

①西班牙银圆（Reales）是西班牙殖民时期所发行的银制货币。

岛的香料交易量。与此同时，纺织品则变得大受追捧，交易量高达55%（Nagel 2007：116）。

欧洲并没有一家海外贸易公司能够持续垄断亚洲的香料贸易，因为，香料贸易垄断的先决条件是彻底掌控幅员广阔的香料种植区。以胡椒为例，由于印度半岛的植椒区范围很大，参与印度胡椒市场的生产者与交易商人数众多，根本无法全面管控，因此，西方的贸易公司要垄断胡椒贸易，是不可能的。

在某一段时期，荷属东印度公司几乎垄断了马鲁古群岛的丁香、肉豆蔻与豆蔻皮的香料交易，这是由于这些香料的种植仅限于少数几个岛屿，该公司能够有效地掌握其生产与交易的情况，比方说，丁香的栽种后来仅限于安汶岛。此外，荷属东印度公司为了保住在马鲁古群岛的香料垄断地位，还采取了一些严厉的措施：除了该公司所控制的农场外，一律禁止当地人民栽种丁香树与肉豆蔻树，违者则处以严厉的刑罚。荷属东印度公司会持续派出搜寻小组，查看是否有人偷偷种植，或者，是否有野生的香料树在野外生长，如有发现，便立即摧毁。如果有人走私或偷取香料植物的苗株，则处以死刑。

除此之外，荷属东印度公司的理事会每年还会定下该年度输入欧洲的香料数量及交易价格。过剩的香料，有一部分会就地在马鲁古群岛或爪哇的巴达维亚被焚毁，如果该公司根据当时欧洲市场的交易情况判断，已运达荷兰的香料在供给上仍然过量时，多出来的香料就会在阿姆斯特丹烧毁。（Fansa 2009: 128）

施瓦岑斯（Georg Bernhardt Schwarzens）是一位生活于18世纪的酒窖管理员，在德国西南的符腾堡地区（Württemberg）博特斯巴赫（Beutelsbach）小镇从事酒窖管理工作。他在1734年至1740年间曾被荷属东印度公司雇为佣兵，在巴达维亚当过酒窖管理员（Küfer），后来还曾在马鲁古群岛滞留一段时间。他把自己在东南亚的见闻与经历写成《东印度的旅行》（*Reise in Ost-Indien*）出版，以下是其中部分内容：

“今年（1735年）我又看到许多香料被焚毁，这种事几乎每年都会发生，而且总是在前往荷兰的香料船队起锚开航之后。只要是这些船队无法运走而仍存留在仓库的商品，一律都要烧毁。荷属东印度公司为了销毁这些商品，还在巴达维亚城外挖出一个大坑，放入木柴并点火燃烧后，再把许多香料，如肉豆蔻、丁香、肉桂、胡椒还有其他许多货品丢入熊熊的烈火中。这类焚烧过剩商品的过程通常会持续十四天之久，焚化场有岗哨守卫，以防任何人从中拿走应该被销毁的物资。即使只偷取五六磅的货品，按照荷属东印度公司的规定，犯人仍会被处死。如果有人不惜以自己的生命做赌注，偷盗物品被捉获时，当局会施以绞刑，毫不留情。由于这种事情经常发生，大家已经司空见惯了……”（Schwarzens 1751）

因此，荷属东印度公司在长达一百五十年间，能够有效杜绝这个地区的走私活动并控制竞争对手的香料买卖，在马鲁古群岛与欧洲的香料贸易中，稳居主导地位。尽管盗取香料植物的种子与苗木会被施以严厉的刑罚，但是相关的违法行为仍层出不穷。

一位绰号叫“胡椒皮耶”（Pierre Poivre）的法国旅行探险家兼植物学家，下定决心要达成栽种香料树的目标，最后终于如愿以偿。这位法国的胡椒先生于 1755 年搭乘装有大炮的快速战船“和平鸽”号（La Colombe），前往东南亚海域的马鲁古群岛。当时他假装要采买香料，真正的意图却是偷取丁香与肉豆蔻的树苗，然而，他的计谋并没有成功地骗过荷兰的监守人员，因此，首次航海旅行并没有达成预定的目标。十五年后，“胡椒皮耶”卷土重来。由于马鲁古群岛中的哥比岛（Gueby）居民经常遭受荷属东印度公司残暴的对待，正在找寻报复的机会，因此，暗中提供给这位法国探险家 20000 株肉豆蔻以及 300 株丁香的苗株。他将它们装上“守护者”号（Vigilant）和“马丁星辰”号（Étoile du Matin）这两艘船，带往位于印度洋的“法国之岛”（Île de

France），也就是现在的毛里求斯岛（Mauritius）。法国人就在该岛栽种肉豆蔻树与丁香树，这些香料树生长得很好。后来，法国人还把这两种香料苗木继续带往东非外海的塞舌尔群岛（Seychellen）和加勒比海地区种植。

法国自然科学院（Académie des sciences）把海外属地成功栽培香料植物一事，视为一项成就，在1772年的年度报告中，曾有如下的记载："我们在这里所要报告的事件，不仅是植物学，还是法国海外贸易的一大进展，而且，我们还可以确定：（……）这位胡椒先生把肉豆蔻和丁香这两种香料的树苗带到印度洋的毛里求斯岛、留尼汪岛（Réunion）及东非外海的塞舌尔群岛，而且培育得很成功。此外，我们还要补充说明，自那时起，南美洲法属圭亚那的首府卡宴港（Cayenne）也开始栽种香料树。"（Fuchs 1797：293）

"胡椒皮耶"的行动不只打破了荷兰人在香料贸易中的垄断地位，还对全球香料种植区的扩张有决定性贡献。类似的情形后来也随之出现：19世纪初期，欧洲大陆包括荷兰在内，经历了拿破仑战争，位于外海的不列颠岛国不仅未受波及，还趁荷兰之危，占领其属地马鲁古群岛达数年之久。英国在占领该群岛期间，把一些香料的苗木运往英国在亚洲、非洲及加勒比海地区的殖民地种植，荷兰对于肉豆蔻和丁香的贸易独占也就彻底终结，不再有恢复的机会。

后来，香料植株的栽种扩散至世界各地。约在 19 世纪中期，法国人在中南半岛，也就是越南和柬埔寨境内，开发大型胡椒农场，其中有几处农场目前已是全世界最重要的胡椒产地。

到了 20 世纪，日本军队在第二次世界大战期间入侵东南亚，并把当地的胡椒苗木交给移民巴西的日本人。这些定居于巴西的日本垦殖者，自 30 年代开始栽种胡椒，境内的胡椒产业因此得以迅速发展，巴西也逐步发展为全球主要的胡椒出口国。

18 世纪下半叶，荷属东印度公司已无法控制胡椒和其他香料的种植区，再加上一连串政治冲突及欧洲人饮食口味的改变，荷兰的香料贸易就此一蹶不振。荷属东印度公司由于无法化解这些经营危机，最后只好在 1799 年 12 月 31 日，也就是 18 世纪的最后一天，宣告破产并解散，荷兰对于亚洲香料贸易的经营也正式画上了句点。

自从 1752 年之后，英国与荷兰之间由于商业利益的冲突而战争不断。在 1780 年至 1784 年之间，两国爆发了第四次，也是最后一次英荷战争。面对极为强大的英国海军舰队，荷兰根本无法招架，幸好身为盟邦的法国派出舰队相助，荷兰才免于毁灭性的战败。根据双方在巴黎签订的和约，战败的荷兰必须把位于印度半岛的殖民地让与英国，并准许英属东印度公司在荷兰所管辖的地区自由地航行和进行商业交易。荷属东印度公司为了维持并保护自身的贸易活动，在军事武装及其他各方面所费不赀，从贸易中所赚取的利润越来越无法支付这些巨额的花费。为了获得较高的报酬，荷兰商人纷纷退出东印度公司，转而投资当时已在欧洲市场运作的自由式贸易。荷属东印度公司的销售和利润，早在17世纪末，便开始持续而缓慢地下滑。当自由经营的贸易商出现之后，该公司的营运状况便急速恶化，就连密集开拓新市场与增加新商品，也无法逆转这个趋势，最后只能以破产和解散收场。

不过，对于东印度公司这种大型贸易公司及其特有的商业独占模式而言，最严重的打击并非来自一群自由贸易商的竞争，而是欧洲烹调方式的改变。现代法式料理滥觞于法国太阳王路易十四在位期间，主要着重于每一种食材的自然风味，拒绝过度使用香料。法国诗人暨文化评论家布瓦洛（Nicolas Boileau，1636—1711）于1665年首次出版的讽刺性著作《可笑的餐食》（*Le repas ridicule*）中，曾经大肆嘲讽欧洲当时普遍的饮食习惯：即便菜肴的风味不同，一律掺入过量的肉豆蔻、丁香、肉桂、胡椒和番红花。（Boileau-Despréaux 1825）此外，这位法国文化界人士当时也在该书中讥笑14世纪由法国御厨所出版的第一本法国料理书《泰勒凡食谱》（*Le Viandier de Taillevant*），以及它所收录的那些古食谱。这股新的法国美食潮流越来越受到法国厨师的认同，因此《泰勒凡食谱》最后便乏人问津，走向绝版的命运。这股强调食物自然风味的美食潮流，后来还席卷了法国以外的欧洲地区，造成香料需求的大幅减退。后来，欧洲人只有在需要特定而明确的调味效果时，才会少量使用香料。比起其他种类的香料，只有胡椒没有受这种饮食风潮的影响，欧洲人对于胡椒的消费只有些微的萎缩。自此，胡椒一枝独秀，成了餐桌上标准的调味品（Freedman 2008：220）。

尽管欧洲的东印度公司试图操控市场，例如，借由烧毁过剩的香料来限制供给量，却仍无法阻止因为需求减少而引发的香料价格暴跌。后来市场上出现越来越多自由买卖的商人，他们不必像东印度公司那样，为海外属地的基础建设和驻守军队而付出大笔的款项，因此，他们所经手的商品买卖能享有较高的利润，遂逐渐在欧洲市场和海外产地取得竞争优势。

## 纽约曼哈顿与肉豆蔻：一个历史上的误判

荷属东印度公司不惜使用激烈而血腥的手段，来巩固与维持它在香料群岛的贸易垄断局面，不过，最后却让荷兰人做出一项历史上最大的误判。

荷兰人为了维持在马鲁古群岛的优势，于1623年对驻防于安汶岛的英国军队展开残忍的屠杀行动，以逼迫英国人退出马鲁古群岛。不过，英国人并没有就此罢休，他们为了能够直接取得昂贵的肉豆蔻，依旧占领着班达群岛南方最小的岛屿——伦岛（Pulau Run）。荷属东印度公司认为，英国人据有伦岛这个肉豆蔻产地，会损及荷兰在肉豆蔻交易中的独占地位，因而视英国人为眼中钉。该公司的军队后来趁着英军驻守的空窗期登陆伦岛，一迳铲除岛上所有的肉豆蔻树，暂时屏除这个商业竞争对手。不过，伦岛仍是英国属地，对于荷属东印度公司的香料垄断仍旧是个威胁。

在这段时期，英国人与荷兰人的敌对不只在亚洲东部，它们在北美洲也处于对立状态。荷兰人当时占有哈德逊河的一个小岛，并在岛上修筑“新阿姆斯特丹”（New Amsterdam）这个军事要塞。经过英荷两国数次的交战，这座要塞最后于1664年被英国人攻占。

当1667年英国与荷兰双方进行和谈时，两国海外殖民地的归属问题也列入交涉议程，其中还包括一些对谈判整体无关紧要的议题，即英属伦岛与荷属新阿姆斯特丹的问题。由于肉豆蔻当时是珍贵的香料，荷兰着眼于肉豆蔻贸易所带来的庞大商机，因而认为，生产肉豆蔻的伦岛比新阿姆斯特丹还要有价值，便向英国提议：如果英国愿意把伦岛让渡给荷兰，荷兰就以哈德逊河中的小岛新阿姆斯特丹作为交换。

英荷两国于1667年7月31日签署《布雷达条约》（*Treaty of Breda*），确定了这项殖民地的交换，当时他们都认为这项条约有利于双方。荷属东印度公司特别看重这项条约的签订，因为，该条约可以确保该公司在香料贸易中的垄断优势。不料一百多年过后，法国探险家兼植物学家“胡椒皮耶”在马鲁古群岛当地住民的协助下，成功取得大量的肉豆蔻和丁香树苗，而且还在印度洋的毛里求斯岛栽种成功。法国人用这种不光彩的偷盗行为，终结了荷属东印度公司在香料交易中的垄断地位。随着香料贸易的没落，伦岛这个肉豆蔻的原产地也渐渐失去了其重要性，如今它不过是印尼数不胜数的岛屿中的一座小岛，早已被世人遗忘。

“新阿姆斯特丹”被英国人改名为“新约克”[①]，由于后来不断地发展而繁荣兴盛，情况与东南亚的伦岛恰恰相反。“新约克”最早的城区就在哈德逊河的那座小岛上，也就是今天众所周知的曼哈顿（Manhattan）。曼哈顿是目前全球金融投资活动的中心，然而，讽刺的是，它的崛起竟源于一项极为错误的利益估算。

---

① New York，即中文惯用的译名“纽约”。

## 航海的劫掠与贸易的失败：胡椒市场后来的角逐者

葡萄牙人、荷兰人和英国人在亚洲贸易的成果也引来其他欧洲政权的觊觎，希望能参与这一利润丰厚的贸易活动。法国太阳王路易十四把新成立的法国东印度公司（Compagnie Française des Indes Orientales）交由他的财政大臣柯尔贝尔（Jean Baptiste Colbert，1619—1683）管理，并于1664年授予该公司亚洲贸易的特许权，占领地区的所有权，和以法国国王之名对当地行使的统治权。（Glachant 1965：32）

法国东印度公司刚成立时，首发船队于1668年抵达印度，不过，对于参与印度胡椒贸易而言，早已错过了时机。几家先到亚洲的东印度公司，早就瓜分了这块市场。法国东印度公司由于无法与当地君主缔结长期的商业特惠条约，因此，必须用昂贵的价格和辗转的采购方式从当地商人手中取得香料。后来，法国东印度公司于1725年协助当地统治者成功地打败英国人，而在马拉巴海岸的马埃（Mahé）获得特惠贸易待遇。在1774年出版的《欧洲人在印度的商站设立与商业活动的历史哲学与政治》（*Histoire Philosophique et Politique des établissement & du commerce des Européens dans les deux Indes*）这本书中，对于法国支援当地政权作战的结果有详细的描述："法国人所给予的军事援助后来获得当地统治者很多的回馈，这位君王分给法国一块殖民地，其中包含 6000 名当地居民。他们一共栽种有 6350 棵椰子树、3967 棵槟榔树和 7762 株胡椒。"

法国东印度公司后来的贸易活动转而以纺织品为主，该类商品也成为公司最重要的利润来源，香料买卖则退居次要地位。然而，从长期看来，法国东印度公司所获得的商业成功却是短暂的，其获利盈余的状况并没有持续出现。该公司直到 1794 年仍在印度进行商业活动，最后于 1826 年正式解散。

就连北欧的丹麦也曾参与东方贸易：在 1616 年至 1840 年之间，丹麦先后成立了三家公司，专门从事亚洲航海贸易。丹麦人在亚洲经商的早期便已经和南印度纳雅克王朝君王在其都城坦贾武尔（Tanjore）达成协议，而且在印度半岛东南科罗曼德海岸（Coromandel Coast）的特兰奎巴（Tranquebar）成立了分公司。虽然印度的东南海岸不出产胡椒，特兰奎巴却很快地发展成重要的香料集散地。胡椒从西南的马拉巴海岸经由陆路被运往东南海岸的丹麦商站。在荷属东印度公司和英属东印度公司之后，就数丹麦的东印度公司在胡椒贸易上最为成功。该公司能获得商业成功，主要得归功于丹麦在欧洲各国发生政治冲突时，所采取的中立策略。丹麦船舶挂着象征政治中立的丹麦旗帜出海航行，就连在亚洲也不会卷入战事，而且，还接受来自敌对双方的货物。亚洲发生地区性冲突时，丹麦人有时还会扮演调停者的角色。

自从改信新教的荷兰独立之后，其经济发展便快速领先比利时北部由哈布斯堡王朝统治的荷语区。安特卫普、根特（Gent）、奥斯滕德（Ostende）是比利时荷语区最重要的城市，这些城市的商人为了奋起直追，便以大西洋沿岸的海港奥斯滕德为名，共同出资成立了“奥斯滕德公司”（Ostender Kompanie），希望能成功地参与亚洲贸易，顺利地和这股经济脉动接轨。为了请求维也纳哈布斯堡王朝的神圣罗马帝国皇帝查理六世（Karl VI.）颁予该公司经营许可证，这些商人不辞辛劳地奔走，最后终于在 1722 年年底取得查理六世所颁发的许可证，该公司的正式名称也改为“神圣罗马帝国奥斯滕德公司”（Kaiserliche Ostender Kompanie）。

“神圣罗马帝国奥斯滕德公司”在成立的那年，便派出一支探险船队远航到印度半岛东北方的孟加拉，取得了胡格里（Hugli）地区统治者的通商许可。然而，奥斯滕德公司的努力却遭到已在当地扎根的英属东印度公司和荷属东印度公司的不断阻挠，迟至 1727 年 7 月该公司才获得经商许可，在加尔各答北方位于胡格里河岸的班吉巴札[①] 成立自己的贸易站。

① Bankibazar，即现在的伊恰普（Ichapur）。

在加勒比地区收获的胡椒、辣椒和多香果
来源：西蒙·德弗里斯（Simon de Vries），1670 年

总的来说，奥斯滕德公司后来的发展并不如丹麦的东印度公司。它在印度的商业经营并不顺利，不仅要面对实力强大的贸易竞争者，还必须向孟加拉藩王（Nawab）缴纳高额税金。为了公司的生存，他们必须一再地把船舶的货舱出租给一些从事自由贸易的商人及英属东印度公司。最后该公司因为无法负荷庞大的商业竞争压力，于1731年正式解散。该公司在班吉巴札的商站后来被英属东印度公司接收并继续经营（Nagel 2007：136—138）。

一些奥斯滕德公司的投资人在该公司解散后，转而参与瑞典东印度公司的海外贸易活动。鉴于奥斯滕德公司在印度遭逢挫败的商业经验，瑞典东印度公司决定专注于从事中国的茶叶贸易。这项正确的商业策略让该公司在18世纪后半叶大获成功，取得可观的利润。

意大利半岛对于亚洲贸易的尝试只能以惨败来形容：“热那亚东印度公司”（Compagnia Genovese delle Indie Orientali）成立于1647年，而人们至今仍不清楚，该公司是否曾派发海船前往印度。日耳曼地区也曾尝试参与亚洲贸易，同样也不了了之。1754年，“普鲁士孟加拉公司”（Preussische Begalen Kompanie）在威悉河（Weser）注入北海的港口埃姆登（Emden）成立，日耳曼与印度之间的贸易活动确实持续了几年，然而，该公司的经济规模始终无法具有市场竞争力。

尽管“神圣罗马帝国奥斯滕德公司”以失败收场，奥地利地区的商人对于东方贸易仍跃跃欲试。一位日耳曼与荷兰的混血商人波尔兹（Wilhelm Bolts，1739—1808）早年曾受雇于英属东印度公司，有丰富的印度经验，他在18世纪后期于亚得里亚海北岸的的里雅斯特港（Triest）发起一家亚洲贸易公司。哈布斯堡王朝的神圣罗马帝国皇帝约瑟夫二世（Joseph II.）于1775年正式颁给“的里雅斯特东印度贸易公司”（Ostindische Handelskompanie in Triest）经营许可证。不过，这家公司在印度的经商活动不断遭到英属东印度公司的阻挠，只有米索尔王国[①] 的苏丹阿里（Hyder Ali，1722—1782）同意的里雅斯特贸易公司在其境内设置三个流动的贸易站。

此外，的里雅斯特东印度贸易公司还占有安达曼海的尼科巴群岛（Nicobar Islands）。该群岛现在隶属于印度，然而，在1778年至1790年这十几年间，却是奥地利的属地，当时，奥地利当局还派六名士兵驻守该群岛。当最后一位士兵于1783年过世后，哈布斯堡王朝并没有派员前往递补遗缺，于是该群岛处于无人戍守的状态，后来，当局干脆把尼

① Mysore，位于现在印度半岛西南卡纳塔克邦南方。

科巴群岛让与丹麦和英国。的里雅斯特贸易公司的商业活动范围局限于印度，面临对手激烈的竞争以及缺乏母国战舰的保护，一直无法拓展贸易，而且该公司自成立以来，也从没有盈利。鉴于此况，哈布斯堡王朝的神圣罗马帝国皇帝约瑟夫二世在1785年便决定不再延长其经营许可证，该公司随后也就解散了。（Nagel 2007：142）

这些后来才加入亚洲贸易的东印度公司，并没有成为母国在当地展开长期殖民统治的起点，只有法国东印度公司是唯一的例外。法国由于东印度公司的经营而在印度半岛占有一小块殖民地，其中包含五个商贸据点：除了前面提到的印度马拉巴海岸的马埃之外，还有东部位于加尔各答北方30公里的河港香德纳格（Chandernagor）以及雅农（Yanaon）、本地治里（Pondicherry）和加里加尔（Karaikal）这三个东海岸的海港。这些城市至今在法国仍以“印度的商店柜台”（Comptoirs des Indes）著称，直到1954年，也就是印度独立七年之后，它们才脱离法国的殖民统治。（Nagel 2007：127—130）这些法国旧殖民地依旧洋溢着法国风情，以印度东南海岸的港口城市本地治里为例，那里的警察仍戴着法国军帽（Képis），这种顶部扁平的帽子总让人联想到巴黎的宪兵；它的居民也还跟殖民时期一样，每天都会在面包铺里购买法棍面包（Baguettes）。

大型海外贸易公司及相关的商业垄断完全终结于 19 世纪初期。这些大公司的解散和取而代之的自由贸易，让胡椒不再扮演数百年来促使欧洲在世界中崛起的角色。

这种转变也对欧洲的香料零售产生巨大的影响：从前香料只是少量地在药房贩售，而且价格非常昂贵。自从东印度公司被一群自由贸易商取代之后，香料输入欧洲就变得通畅无比，而且，所输入的香料基本上售价都比较便宜。当欧洲的药剂师们认识到，再也无法长期保持以往在贩售香料中所获得的利益与特别的地位时，他们便干脆宣称，香料是一种危害健康的物品。这些药剂师还在一些不肖医师的助阵下，试图为这项说法提出证明，最糟糕的是，他们后来所散布的谣言还充满种族歧视的论调：生活在热带香料产区的人类都是未开化的野蛮人，他们可以自由使用香料，光是这项事实就能清楚地证明，香料是一种不利于人体健康的产品（Hansi 1997：73—74）。所幸的是，当时欧洲药剂师与其医师盟友发动的宣传行动并没有产生持续性效应，无法阻挡人们的香料消费。

在接下来的 19、20 世纪里，胡椒与其他香料的贸易经历了一场彻底的转变。人们后来也在全世界许多类似马拉巴海岸气候条件的地区，广泛地栽种和培育胡椒。由于农业技术的改良，有些新兴产椒国每年胡椒的总产量甚至高于胡椒的原生国度——印度。

印度马拉巴海岸的柯钦，于1997年成立“国际胡椒交易所”以进行全世界的胡椒买卖，那是全球唯一的胡椒交易所。跟从前一样，胡椒仍是香料买卖中最大宗的商品，约占香料交易总值的20%至30%。由于胡椒在世界各地广泛栽种，出口商很多，人们今天能以平价买到胡椒。

从事胡椒生产与买卖的农民和商人，仍试着通过一些植椒区所达成的协议，或一些胡椒商之间的约定，来拉高胡椒的交易价格，希望胡椒贸易能重新恢复往日的辉煌。这些市场买卖的操纵或许能对交易价格产生短期效应，然而，所有交易垄断的努力很快便不敌现代化的市场机制。从前的香料贸易充满冒险与奇遇，现在则是数字与统计的客观商业活动。19世纪以后，胡椒的历史已不再充斥着人类的权力与贪婪，反倒因为人们喜欢用胡椒做餐食的调味料，而让胡椒再度成为热门的商品。

## 胡椒与其他香料消费的历史年表

**公元前**

| | |
|---|---|
| 50000年 | 最早的考古学出土物显示人类使用香料。 |
| 4000年 | 出土物证实印度的胡椒栽种。 |
| 3000年 | 苏美尔人在陶板上所留下的楔形文字证实，当时人类已使用丁香；埃及在建造胡夫金字塔时，主事者会让建筑工人嚼食香料，以补充体力。 |
| 1500年 | 在远东、印度和小亚细亚之间，已被证实有香料贸易的出现。 |
| 1000年 | 阿拉伯半岛北部的纳巴泰人控制了印度与阿拉伯半岛之间的香料贸易。 |
| 600年 | 中国哲学家孔子在《论语》中推荐，姜是一种保健药物。 |
| 500年 | 胡椒通过波斯商人辗转输入欧洲。 |
| 400年 | 古希腊医学家希波克拉底认为，胡椒具有治疗疾病的功效。 |

331 年　埃及兴建亚历山大城，此外，该城还是亚洲香料的转运枢纽。

80 年　亚历山大城被纳入罗马帝国的版图，并成为西方的香料贸易中心。

40 年　希腊航海家希帕鲁斯发现信风行船的关窍，此后，罗马的船便开始直航南印度，为罗马帝国与马拉巴海岸的直接贸易揭开了序幕。

公元

1 世纪　罗马巩固了与印度马拉巴海岸的直接贸易，而且，这种双边贸易持续到公元 4 世纪。

40—70 年　在《红海沿岸的航行》这份文献中，对于东方贸易路线与沿途转运点有详细的描述。

170 年左右　罗马颁订香料的进口关税。

300 年左右　罗马出版阿比修斯（Apicius）的《关于烹饪的艺术》（*De Re Coquinaria*）这本古食谱集最早的版本。

408 年　西哥特王国国王亚拉里克一世（Alarich I., 370—410）率兵包围罗马城，并索求 3000 磅胡椒。

4 世纪　阿拉伯商人再度加强对于香料贸易的掌控。

| | |
|---|---|
| 641 年 | 伊斯兰世界的领袖哈里发欧麦尔率军攻占亚历山大城，西方与印度马拉巴海岸的贸易就此完全落入阿拉伯人的手中。 |
| 8 世纪 | 欧亚的香料贸易几乎完全停顿下来。 |
| 9 世纪 | 中世纪欧洲市场的香料供应依赖于犹太商人。 |
| 10 世纪 | 威尼斯人与热那亚人从阿拉伯人手中取得亚洲香料的货源，再转手卖给其他欧洲地区的批发商。 |
| 1100 年 | 返乡的十字军自东方携回胡椒，欧洲各地的人们才有机会认识这种香料。 |
| 1179 年 | “胡椒商同业公会”，即香料商同业公会，在伦敦成立。 |
| 1181 年 | 威尼斯人战胜热那亚人，并垄断香料贸易。 |
| 1415 年 | 为了开辟通往印度的新航路，葡萄牙航海家亨利王子在萨格里什成立一所航海学校，为葡萄牙培养航海人才。 |
| 1492 年 | 哥伦布为了另辟通往印度的航路而往西航行，最后发现了美洲。 |
| 1498 年 | 葡萄牙航海家达伽马驾船绕过非洲大陆，成功抵达印度。此后，威尼斯人便无法再垄断欧洲的香料贸易。 |

| | |
|---|---|
| 1505—1506 年 | 韦尔瑟和富格尔这两个日耳曼地区的富商家族派出 3 艘香料商船加入葡萄牙舰队，一道前往印度。 |
| 1509—1515 年 | 葡萄牙已掌控了阿拉伯海、波斯湾以及通往香料群岛的航路。 |
| 1519—1522 年 | 葡萄牙航海家麦哲伦的船队在西班牙皇室的资助下往西航行，不只成功到达香料群岛，还完成了人类历史上的首次环球航行。 |
| 16 世纪 | 葡萄牙控制了印度的香料贸易，欧洲各地的香料销售大部分则交给荷兰和日耳曼商人经营。 |
| 1580 年 | 西班牙开始统治葡萄牙，随后西班牙迅速地抬高香料价格，并解除荷兰香料商人的代理合约。 |
| 1595 年 | 第一支荷兰船队启程前往香料群岛，随后的船队也紧接着密集地出航。 |
| 1600 年 | 英属东印度公司在英国成立。 |
| 1602 年 | 几家荷兰的预备公司合并为荷属东印度公司。 |
| 自 1600 年起 | 葡萄牙人被排挤出香料群岛和马拉巴海岸。 |
| 1670 年 | 荷属东印度公司的权势达到最高峰，尽管已经垄断了肉豆蔻和丁香的贸易，却仍无法掌 |

| | |
|---|---|
| | 控胡椒的买卖。 |
| 17 世纪 | 荷属东印度公司和英属东印度公司为了争夺香料贸易的主导权而爆发武装冲突，荷属东印度公司最后占了上风。 |
| 1730 年左右 | 为了维持香料在欧洲市场高昂的价格，荷属东印度公司往往烧毁大量香料。 |
| 1770 年 | 法国的“胡椒皮耶”暗自把肉豆蔻和丁香的树苗从东南亚的安汶岛带往印度洋的毛里求斯岛栽种，从此打破荷属东印度公司对于香料贸易的垄断。 |
| 自 1750 年起 | 法国料理拒绝过度使用香料，欧洲的香料消费也因而快速下滑。 |
| 1799 年 | 荷属东印度公司解散。 |
| 19 世纪 | 香料贸易转由自由贸易商接手；香料已在原生地以外的地区广泛栽种。 |
| 1999 年 | 越南超越印度成为全世界胡椒产量最高的国家。 |

## 胡椒的价值：关于金钱与地位

葡萄牙在1500年左右开始从事亚洲香料贸易，在此之前，胡椒在欧洲的市场价格居高不下。长期以来，欧洲几乎只有少数的富裕阶层，如贵族、高阶神职人员与富有的市民，才有能力购买这种香料。由于胡椒是昂贵的商品，早在古罗马时代，这种香料就已是商业买卖的支付工具，在中世纪时期，它甚至是一种有效的货币。古罗马时代后期和中世纪时期的欧洲人如果能储存一定数量的胡椒，通常就不需为了支付关税、赋税、嫁妆、租金及贿赂而担忧。

罗马城因为收取胡椒贸易的高额关税而变得富有，不过，从政治的角度来说，当时欧洲的中心已存在许多问题，城池并不稳固。当西哥特王国国王亚拉里克一世于公元408年围攻这座名满天下的富裕之城时，被围困的罗马城只能乖乖地支付高额的赔偿费以换取西哥特王国的撤军。亚拉里克一世所要求的这笔赔偿金，除了银器与丝织品之外，还有5000磅黄金以及3000磅胡椒（Turner 2005：86）。这项协议虽然让罗马人感到屈辱，不过，还算是不错的妥协方式，毕竟胡椒和黄金无法喂饱饥饿的罗马人。亚拉里克一世在拿到这些奇珍异品后，也信守与罗马人的约定，如期撤军，不过，他很快就对自己从罗马城拿回的战利品感到不满意。公元410年，他再度挥军南下，进攻罗马，这是他第三次出兵罗马。除了贪求权力与财富之外，亚拉里克一世这次出兵攻打罗马城的主要动机，是为了解决食物短缺的问题："西哥特王国的国王从罗马城所带回的战利品确实满足了人民的虚荣心以及对于奢侈品和黄金的渴求，然而，这些珍贵的物品毕竟无法让他的子民填饱肚子。"（Wolfram 2001：163）亚拉里克一世这次率兵攻入罗马城，还让士兵在城内大肆掠夺三天之久。据称，他们这次所搜刮的胡椒数量是两年前所拿到的三倍（Hansi 1997：53）。

古罗马的博物学家老普林尼曾在他的著作中透露，黑胡椒是当时市场上价钱最划算的香料，1磅胡椒的售价是4第纳里[①]，相当于一个工人两天的工资。然而，随着时间的演变，胡椒在公元300年前后的市场价格，已经比二百二十年前高出约30倍（Turner 2005：73，85）。在这个时期，欧洲的

①第纳里（Denari）为罗马帝国所发行的小银币。

香料消费已是社会金字塔顶端一小圈权贵阶级的特权。虽然，香料所代表的社会声望随着市场价格而节节高升，香料的社会价值却不能只归因于它的买卖价格：香料就如同所有来自东方的物品一般，如丝绸和珍珠，还带着一种奢华与独特的象征。由于香料的客观和主观价值的升高，欧洲人自5世纪以后，更懂得利用香料所引发的关注，来制造友好的政治氛围，以促进国家之间的关系。

匈奴部族因屡次与欧亚大陆东端的大汉帝国交战失败而开始向西迁移，最后还入侵欧洲地区。阿提拉王（Attila，406—453）在位时，匈奴部族进入全盛时期。公元449年，东罗马帝国皇帝狄奥多西二世（Theodosius II.，401—450）为了防止匈奴王阿提拉再度侵犯国境，便派马克西米努斯（Maximinus）出使匈奴。当时马克西米努斯和他随身的传讯员普利斯可思（Priskos）曾尝试用胡椒和珠宝取悦阿提拉的妻子："马克西米努斯和普利斯可思当时身负外交重任，他们为了降低匈奴王的敌意，亲自献上许多珍贵与精美的礼物。由于阿提拉王不是好应付的对手，这项外交任务也显得特别艰难。"（Heather 2007：363；Turner 2005：87）

同样地，天主教教会自公元5世纪以后，也开始对东方精美的货品产生兴趣，而不再像过去一样，一味批评消费亚洲奢侈品是沉沦于物质的罪恶。因为，这个时期的欧洲大部分地区已基督教化，人民已信仰上帝，香料的拥有与使用能让教会神职人员的社会地位不落于俗世的贵族之后。在拜占庭帝国掌控香料贸易期间，欧洲要取得香料并没有什么困难，不过，欧洲与印度之间的双边贸易却在7世纪中叶落入阿拉伯和犹太商人的手中，而且，只有犹太商人能自由穿梭于基督教与伊斯兰教这两个相互敌对的世界之间。由于欧亚贸易的萎缩，东西方的商品流动几乎全靠犹太商人的买卖与运送，当时输入欧洲的香料数量很少，因此，欧洲的香料价格非常昂贵。

以香料做捐款、缴租金，或是进口香料可以免除关税的做法，不只受到教会的欢迎，还让民众形成一个普遍的印象：来自东方的珍品应该献给上位者。从公元10世纪开始，由于威尼斯垄断香料贸易，所有欧洲市场的胡椒粒都无法逃脱被威尼斯城课税的命运，威尼斯商人也借此机会，不断抬升胡椒的交易价格。欧洲各地的香料商为了牟取利润，便把胡椒的售价进一步提高，甚至是威尼斯进货成本的七倍。此外，一些欧洲商业城市为了节省贸易成本，给予能缴付一定数量胡椒的商人免除关税的优惠待遇。例如，在日耳曼地区的一些城市，商人只需缴付1磅胡椒，就可以完全免除关税："纽伦堡与最重要的商业中心，如法兰克福和科隆，这几个城市的商人如果要到他城做买卖，只要入城时缴付1磅胡椒，就无须再缴纳关税，这种相互豁免关税的做法很有名。”（Fryde 1997: 96）同样地，胡椒在威尼斯也很好用，1 磅胡椒就可以搞定一个税务员。对于当时的商人而言，胡椒就跟货币一样，是一种便于支付与收受的媒介。

在当时的欧洲，有钱人都乐意用高价购买胡椒这种奢侈品。贵族和成功人士会通过胡椒消费这种挥霍钱财的方式，展现与巩固自己的社会地位。富裕的商人只要拥有代表财富的胡椒，就可以把女儿嫁到社会经济实力较好的阶层：“有香料嫁妆的新娘，有时会比只有杜卡特金币的新娘，拥有更好的婚嫁机会。”（Hansi 1997: 54）

此外，欧洲当时最具声望的权贵阶级为了让婚礼更具社交意义，往往会在婚宴料理中，慷慨地使用大量香料。根据历史文献的记录，1468 年，法国勃根第公爵“大胆查理”（Karl der Kühne von Burgund, 1433—1477）在他第三次婚姻的喜宴上就用了 380 磅胡椒（Küster 2003: 194）。就连皇室的日常饮膳方面，象征社会声望的香料消费也很惊人：1300 年左右，英格兰国王爱德华一世（Edward I.,1239—1307）每年在胡椒上的花费，相当于当时一位伯爵的年收入。在这个特例中，我们还必须注意，是相关的香料商共同创造了英格兰宫廷如此惊人的香料消费，因为，过半数英国宫廷的胡椒支出都进了热那亚商人的口袋（Turner 2005: 134）。

高额的香料花费不只由于这些异国辛香料很昂贵，当时香料供给量不足也是香料价格居高不下的原因。不论是勃根第公爵“大胆查理”、英王爱德华一世或是其他的欧洲贵族，当这些显贵在举办宴会时，如果把大批的随从、仆役以及受邀的宾客（再加上这些宾客的随从）合计在一起，用餐的人数往往高达数百人。为了准备这种大型的宴会，必须有大批人力投入厨房烹饪的工作，这些人员动员起来，就像是一支料理部队（Scully 1995：84）。

平民百姓既没有钱财，也没有显赫的权位，无缘于奢侈的香料消费，特别是昂贵的肉桂、丁香和肉豆蔻这几种香料。胡椒的情况则完全不同，它的价格在中世纪晚期一直在滑落。当时胡椒确切的价格到底是多少？1 磅胡椒的价值可等同于多少劳力或物品？

从印度到欧洲的香料由于沿途受到税收与转手买卖的层层剥削，价格也就不断攀升。当胡椒辗转运达威尼斯时，已十分昂贵，1 千克的交易价格相当于现在的 80000 欧元（Storbeck 2006）。我们虽然无法从相关的文献资料得知，如此高昂的胡椒价格确切发生在什么时候，不过，根据专家们的推测，它应该出现在中世纪早期，因为，香料商在中世纪晚期不太可能获得这样高额的利润。不过，我们还应该考虑到，这个具有夸大之嫌的胡椒报价可能是指更珍贵的番红花，因为，“胡椒”这个词语在欧洲当时的日常用语中，经常被当作所有亚洲香料的代名词。在欧洲中世纪后期，尽管一些政治与市场因素曾促使胡椒价格短暂上扬，但胡椒整体的跌价趋势确实持续了数百年之久：13世纪中叶以后，1磅胡椒在欧洲市场的售价相当于一位农业劳动者工作一周的所得，由于当时胡椒的价格不断滑落，五十年后的售价只有原来的一半。（Turner 2005：138）

从事欧洲中世纪生活费用研究的经济史学家门罗（John Munro）曾比较1439年伦敦消费物品的价格，其中包括香料的价格与手工业的平均日薪。1磅胡椒只比一位手工业师傅两天的工资要高出一些，1磅姜的价格则比两天的工资要少一些。1磅肉桂约等于三天的工资，购买1磅丁香则需要四天半的工资。如果一位手工业师傅想要购买1磅番红花，至少得花上一个月的收入。（Freedman 2008）由此看来，胡椒价格虽然不便宜，但还是平民百姓消费得起的调味料。

无论如何，当时的欧洲人如果有积存的胡椒粒，在进行一些交易时会很方便：人们在市场可以用两把胡椒换得一头牛外加半只绵羊（Vives 2010：43），用几颗胡椒粒就可以换取大量谷物或其他食品。当时的农民阶层如果取得胡椒粒，会倾向于把它们储存起来，而不是放进研钵里磨成胡椒粉享用，因为，在购买或备办高价的物件时，都是用胡椒粒作为支付工具。从中世纪开始，大部分欧洲地区的人民都使用胡椒或其他香料支付土地的年租金，就连土地的买卖也几乎都使用胡椒的重量来计价。下面这个例子就是胡椒价格尚未崩落之前，欧洲人购买不动产的情况："高吉先生（Henricus Gaugy）把雷福汀克洛夫特（Leftingcroft）的一块牧草地卖给一位日耳曼富商托伊通尼克斯（Terricus Teutonicus），成交价是 10 马克（相当于 6 英镑 13 先令 4 便士）外加 250 克胡椒……"（Fryde 1997:184）

当时欧洲的不动产承租和买卖都是用胡椒来缴付相关的款项，这个源自中世纪的交易习惯一直保留到 20 世纪：当英国王储查尔斯王子于 1973 年受封为康沃尔公爵时，他在册封仪式上曾献给女王一些象征性贡品，即 100 先令银币、一对公狗和母狗、一副白色手套，还有各 1 磅的胡椒和茴香[①]。很明显，欧洲传统所规定使用的胡椒数量早已失去其市场价值。因此，在现代西方用语中，"胡椒租金"（peppercorn rent）也指便宜的租金，甚至在法院的判决中，"胡椒租金"，即象征性金额，其支付被认为具有缔结契约的效力。举例来说，联合国自 1979 年以来，每年以 1 先令，也就是现在的 7 欧分（Eurocent），象征性地向维也纳市政府承租位于多瑙河岸

①参照 The Duchy of Cornwall, http://www.guardian.co.uk/news/2000/may/17/netnotes?INTCMP=SRCH[15.08.2011].（作者注）

的维也纳国际中心（The Vienna International Centre，通称 UNO-City），这1先令就是所谓“胡椒租金”。

难道香料被欧洲人当成奇珍异宝，只是因为它的市场价值？从历史的发展来看，这个问题的答案应该是肯定的：当胡椒的交易价格开始下跌时，欧洲社会的权贵阶级也对胡椒逐渐失去兴趣。葡萄牙人在15世纪初期展开与印度的直接贸易，并采用积极的价格策略投入欧洲的香料市场，导致后来欧洲胡椒价格的暴跌。在初期阶段，欧洲市场对于葡萄牙所提供的较为低价的胡椒，仍持一定程度的怀疑，因为葡萄牙人数百年来，一直都以进口一种产自西非的假胡椒（“乐园籽”，曾是广受欧洲人喜爱的胡椒替代品）而著称。随着时间的推移，葡萄牙后来成功取代威尼斯的地位，成为香料贸易的新霸主。由于胡椒在欧洲各地的售价明显地便宜了许多，近代欧洲的上流社会便不再用这种香料来展现自己的社会地位、成就与财富。在接下来的数百年间，欧洲人在烹调食物时，使用香料的情况已变得比较节制而合宜（相较于从前欧洲贵族夸张的香料消费），人们会在菜肴中添加胡椒粉，不过，却是适量地撒上：当胡椒的价格还很昂贵时，欧洲每人每年的胡椒消费量只有16—18克（Vaupel 2002:43）。随着胡椒的平价化，欧洲消费胡椒的人口也大为增加。在一般市民的烹饪食谱中，胡椒早已是常用的调味料。

海外地理大发现让欧洲各政权为了直接取得并独占香料货源而相互竞争，一直到18世纪晚期，亚洲香料的争夺对于欧洲人而言，都还是一项值得从事的冒险行动。自从19世纪贸易市场自由化以后，香料的供给便开始增加，价格也随之下跌。“从前，热带殖民地的香料对欧洲人而言，既珍贵又奢侈，从此便成为日常使用的调味料”（Teuteberg 1999:289），彻底失去了往日尊贵的光环。尽管胡椒的消费已无法为人们带来社会声望，但人们对于胡椒这种调味料的喜爱，依旧不减当年：就现代烹饪而言，胡椒或许看似平常，却是大多数地方菜不可缺少且喜欢使用的调味料。最近几年，胡椒突然在德国热门起来，德国每人每年的胡椒消费量从2002年的230克，快速上升到2006年的360克，在短短的四年间，胡椒的消费增长率就已超过50%[①]！不过，我们究竟在谈论哪一种胡椒？只要人们有心寻求料理的变化，就会知道，胡椒产品有许多种类和等级，胡椒在品种、品质与价格方面有很大的差异，例如，市场上摆售的廉价胡椒（通常已经磨成粉状）、稀有而价昂的野生胡椒，以及一些有机栽种的胡椒品种等。现在优质胡椒的购买与消费还是社会地位的象征吗？关于这个问题，我们在此暂且不做讨论。根据我们的观察，除

① Vaupel 2002: 44; Schelling, Peter: Kein Wunder, dass der Schwung jetzt da ist. 2007年4月15日刊载于德国《世界报》（http://www.welt.de）。（作者注）

了消费者的购买力之外，对于食品品质的新意识也会让消费者愿意购买稀少而昂贵的胡椒。

胡椒罐
来源：大英博物馆

## 胡椒的药效：关于身体的保健

印度是胡椒的原生地，在辣椒被从美洲热带地区引入印度之前，印度人使用的辛辣调味料一直都是胡椒。胡椒这种香料对于印度半岛的饮食养生有很大的贡献，早在很久以前，印度的民俗医疗就已清楚这一点。印度传统的阿育吠陀[①]疗法会用胡椒治疗一些身体的病症，例如，消化不良、恶心、呼吸道疾病、伤风感冒、发热以及贫血；在消炎与创伤处理方面，胡椒也同样很有效果。印度四大吠陀经典之一的《阿闼婆吠陀》[②]成书于公元前2世纪后期，书中还提到，胡椒的疗效源自神明所赐予的神秘力量：

"第6卷第109首——胡椒可以治疗伤口

---

①阿育吠陀（Ayurveda），梵文音译，意为"生命的知识"。

②阿闼婆吠陀（Atharva-Veda）或译作"禳灾明论"，在四大吠陀经典中，最晚集结成册，其内容以巫祝及祭祀的祷词与颂歌为主，此外还记录多种病症、创伤以及草药。

胡椒可以治疗被射击与戳刺的伤口。依照众神的指示：'这种植物有能力保住生命！'

当它们被创造出来后，便走出来，对他者说道：'只要我们发现人们还活着，他们就不会受到痛苦与危害。'阿修罗（Asuras）把您埋进土里，众神再把您挖出来。胡椒可以治疗风与气（在体内）所引起的疾病，也可以治愈被射击性兵器击中所造成的伤口。"（Müller & Bloomfield 2004：21—22）

当然，胡椒的医疗效果与纯粹的超自然魔力并不相关。现代的科学研究已经证实，胡椒中的胡椒碱（Piperin）这种成分确实具有杀菌的特性[①]及一些其他的疗效：降低血压、缓解风湿症状、抑制癌细胞生长并改善脑部功能[②]。

从疗效来说，荜拨（长形胡椒）由于胡椒碱的含量高于黑胡椒，药效更为强烈，因此，在印度传统的阿育吠陀疗法中非常受重视。在该医疗体系中，不论是单方或复方药剂，荜拨都是最常使用的植物性药物之一[③]。混合等量的干姜、黑

---

① Siewek，F.：Piperin，RD-16-02526（2011），in：Bornscheuer et al.，RÖMPP Online [Online]，Version 3.12.[März 2011]，http://www.roempp.com [15.08.2011]；也请参照 Vaupel 2002：47。（作者注）

② Buscher，H.-P.：http://www.medicoconsult.de/wiki/Piperin [15.08.2011]；Caldecott，T.：http://www.toddcaldecott.com/index.php/herbs/learning-herbs/318-pippali [15.08.2011].（作者注）

③ Caldecott，T.，网络资料：关键词 Pippali。（作者注）

胡椒与荜拨的辣味草本药方“三辛剂”（Trikatu），其梵文的字义是指“三种香料”（Monier-Williams 1994：458），是一系列阿育吠陀药方的底剂。“三辛剂”除了具有三种辛香料的疗效之外，也能在复方药剂中强化其他药材的药效。就连欧洲中世纪的医学文献也曾提到印度的“三辛剂”：“一些来自印度的药丸……由于它们对于人类的助益就如同父母一般，因此，在印度语中被称为‘父母丸’。以下是这种药剂的成分：tirpola（三种水果）、tirqota（三种香料）、tangargayad（硼砂）、ras（水银）、u-bis（荷花植物）、gindek（硫黄）与 arhertal（砷）。”（Patai 1994：217）

西方人在很早以前就已知道，生长于印度的胡椒对于人体有疗愈的功效。古希腊医学家希波克拉底于公元前 5 世纪所出版的《希波克拉底文集》（*Corpus Hippocraticum*）是西方第一本医学手册。在这本古医书中，希波克拉底已经谈到一种由长形胡椒、醋和蜂蜜所调配而成的印度传统药方，可以治疗妇女专有的病症。（Vaupel 2002：31）同样地，圆形胡椒也是治疗各种不同症状的药品：“希波克拉底于古希腊时代曾推荐人们在侧胸刺痛时，不论是在疾病初发或剧烈疼痛的阶段，都使用胡椒进行治疗；此外，人们为了处理破伤风的问题，在喝温热的鸡汤前，会先撒入胡椒；遇上肺部疾病时，会服用胡椒来祛痰；妇女难产时，会饮用加有胡椒的葡萄酒；当人们处于歇斯底里的精神状态时，胡椒也有镇静安神的作用；装置于子宫下垂或尿失禁妇女阴道内的子宫托（Mutterkränzen），经常会导致体内异物感染，用胡椒混合其他配料，再塞入这种人工装置中，便可以预防感染；使用混入胡椒与海狸香① 的水漱口，可以缓解牙痛。”（Dierbach 1824: 156ff.）

古希腊哲学家兼科学家狄奥弗拉斯图（Theophrastos von Eresos,371—287 B.C.）在公元前 287 年以 85 岁高龄离世。他为欧洲留下了一部植物学代表著作，其中也有关于胡椒的片段，他写道："长形胡椒远比圆形胡椒更具药效，两者都能暖身……"（Theophrasts Naturgeschichte der Gewächse 1822:355）不过，这位大师并没有在书中比较长形和圆形胡椒在功效方面的细微差别。当天气变冷时，胡椒不只可以内服，还可以用于外敷，以发挥暖身的效果。举例来说，俄国士兵在 1812 年严冬为了抵抗拿破仑军队的进攻，还把胡椒粒塞入长靴中，以达到保暖的效果，避免在酷寒的户外冻伤。（Requena 2008: 9）不过，这件发生于 19 世纪的战争逸事，至今仍没有实据可以证明它的真实性。关于这项传言，我们倒是认为，当时塞入军靴里的，可能不是胡椒，而是辣椒：辣椒植物中的主要成分辣椒素（Capsaicin）具有

---

①海狸香（Castoreum）是从海狸的性腺分泌物中提取的一种香精，具有清热解毒、通经止痛等功效。

发热功效，人们现在仍将其用于膏药中。此外，市面上贩售的胡椒粉防身喷雾剂（pepper spray）之所以具有热辣效果，也是因为额外添加了辣椒素。

即使希波克拉底已经离世约五百年之久，古人依旧相信并沿用一些在《希波克拉底文集》里所记载的药方。古罗马学者老普林尼在公元80年左右，曾在他的巨著《自然史》中，多次赞扬胡椒在药效方面的优点，而且还特地收录了一些相当罕见的、其他民族所使用的胡椒药方，比如："波斯人如果发热持续到第四天时，会喝下一种使用第纳里币六分之一重的蛇皮及等重的胡椒所泡制出的药液。"（Plinius Naturgeschichte 1765, II: 582）

若要谈到胡椒及其他香料所带给人们的生活享受，大概就数那些掺入许多蜂蜜的甜味香料酒了！这种酒精饮料在古罗马时代被称为"调味酒"（conditum paradoxum）或"木尔森"（Mulsum），是一种能促进食物消化的开胃酒或是流行的佐餐酒。直到中世纪中期，这种蜂蜜香料酒在阿尔卑斯山以北的欧洲地区都是广受欢迎的药饮，为了向西方历史上最知名的医生希波克拉底致敬，当时的欧洲人称这些甜药酒为"希波克拉斯"①。古罗马的"调味酒"或"木尔森"后来发展

①希波克拉斯（Hypocras）是以白葡萄酒为基酒所浸泡而成的香料酒，在日耳曼地区又被称为Claret。（作者注）

成德语区的热香料甜酒（Glühwein），是一种添加糖与香料的热红酒，现在通常会在圣诞节来临前的节庆市集中现煮现卖。在中世纪的诸多相关配方中，胡椒已经不是这种甜味葡萄酒热饮的必要配料，然而，依据发明这种酒精热饮的古罗马厨师阿比修斯的原始配方，胡椒不仅是必要的材料，其用量甚至还超出其他的香料。

这种甜酒类饮料的疗效是否只是当时的人们追求口感享受的托词？这就不得而知了。不过，根据流传下来的文献记载，当时所有品种的胡椒以及加有胡椒的香料酒都被认为具有壮阳的效果，这也是它们广受人们喜爱的原因。欧洲中世纪曾出版一本草药手册《马瑟·弗罗里度斯》（*Macer Floridus*），根据专家推测，其编写成书的年代应该在 11 世纪，其中记载着一种可以增强性能力的配方："把荨麻籽放入葡萄酒中浸泡，这种酒液便有促进性能力的作用；如果把荨麻磨碎，再加入蜂蜜与胡椒调成膏状，拌入葡萄酒喝下，这种配方所产生的壮阳效果甚至会更强烈。"（Mayer 2003: 214）

在中世纪的欧洲，除了异国的香料和本土的草药之外，胡椒也被视为一种药物，是所有药房和许多药剂处方固定使用的药材。德国邻近捷克的古城班贝格（Bamberg）曾在 9 世纪末 10 世纪初出版《解毒药集》（*Antidotarium*）。这本药方手册所收录的51份处方中，就有35份把胡椒列为使用材料。（Vaupel 2002：38）就连蜜制的胡椒粒和荜澄茄[1] 也可以在药房买得到，在大餐过后嚼食，可以帮助消化并维持口气清新。

印度人通常会用荜拨来治疗胃部不适，而且，这种药物治疗法既简易又方便。17世纪荷属东印度公司的派遣员诺伊霍夫（Johan Neuhof，1618—1672）曾针对荜拨的用途和使用方法做如下描述："这种胡椒跟圆形胡椒一样，会对舌头和喉咙造成强烈的辛辣刺激。人们不会用这种胡椒做餐食的调味料，而是拿来治疗身体的不适症状，而且大多是用在解毒方面。荜拨在这方面有很好的疗效，因此，它的售价比其他种类的胡椒贵。印度人在治疗慢性胃病时，会把一份荜拨的粉末调入饮用水中服用。"（Neuhof 1669：338）

古代的欧洲人已经知道，胡椒不仅能促进肠胃消化，还能治疗肠胃发炎。中世纪时期的欧洲人，甚至是古罗马时代接受学校教育的孩童就已经知晓，可以使用添有胡椒的药剂，来舒缓食用腐坏食物所造成的身体不适："请把胡椒、盐巴和芸香带苦味的叶子放在一起捣碎，然后再混入纯葡萄酒中……当你喝了这种香草酒，就能把胃部不好的、未消化

①荜澄茄又称爪哇胡椒，这种带尾的胡椒粒还含有胡椒碱以外的有效物质。

的食液以及致病物质清除干净。”(Mayer 2003: 180)《马瑟·弗罗里度斯》这本草药手册出版数百年后，19世纪从事非洲研究的德国学者巴特(Heinrich Barth, 1821—1865)于1853年从西非寄出的一封信件中，曾依据这本古药典的药方，建议收信人如何在旅行中注意个人保健：“当我觉得身体不舒服时，我会把洋葱的切片和一大把黑胡椒放入味道酸甜的罗望子汁里拌匀，如果可能的话，不妨再加些蜂蜜。事实上，人们已经证实，这种药饮配方非常有益于身体的舒适与健康，对于每一位前来非洲的旅人，我都会急切地向他们推荐这种调制简便的保健饮料。”(Barth 1854, Bd.30: 368)

胡椒的效用众所周知，关于胡椒的谣言也因此而起，其中曾流传过一种说法：中世纪，欧洲人会用胡椒粉来掩盖肉类开始腐败时所散发的臭味。人们也经常引用16世纪日耳曼讽刺作家费沙特(Johann Fischart, 1545—1591)的著作内容来证明这种说法的真实性。根据费沙特在书中的描述，人们当时喜欢把胡椒粉“撒在味道难闻的肉类上”(Küster 2003: 192)。费沙特确实曾在他的著作中提到黄色胡椒(Fischart & Rabelais 1594: 77)，不过，我们却认为，当时他所谓“黄色胡椒”很可能是指辣椒。在他的年代，辣椒已经被引入欧洲，这位日耳曼作家有好几次在他的书中提到“西班牙胡椒”。

此外，欧洲也出现了反驳上述说法的论点：胡椒作为高价位的奢侈品，只有较富裕的社会阶层才有能力消费，因此，这些胡椒消费者也绝对有能力购买新鲜的肉品，根本不需要拿胡椒粉来掩盖腐肉的臭味。（Scully 1995: 84；Beck et al. 2003:228；Katzer & Fansa 2007: 210）至于比较贫穷的人民，则更倾向于把珍贵的胡椒粒用在其他用途，而不是把它们磨成粉状，撒在腐败的食物上。况且胡椒在这段时期不只是医疗药物和烹饪调味品，如同我们在前一章所指出的，这种香料当时还是一种资产。到底古代的欧洲人是否习惯于在肉类开始腐坏后，使用胡椒来掩饰它的臭味？关于这一点，至今仍没有明确的答案。不过，我们可以确定的是，胡椒除了多样的医药用途外，还能延长食物的保存期限（Katzer & Fansa 2007: 210），在冰箱发明之前，这种特性当然是一项很棒的优点。

胡椒如今是一种广受喜爱的调味料，人们对其医疗保健功效的重视程度已远不如中世纪时期。尽管现代人普遍漠视胡椒的疗效，胡椒却仍不失为一种优良的保健药品，比如，一些现代医学药剂的制作，至今仍在使用胡椒碱；至于传统医疗方面，至少在原生地印度，胡椒依旧扮演着数千年来的医疗角色。当人们因为喉咙不适或情绪紧张而出现咳嗽症状时，我们在印度的一位旧识古波塔（Arati Gupta）

荐一种混合姜末、黑胡椒和蜂蜜的甜膏配方（请参照 343 页所介绍的“姜味胡椒蜂蜜糖浆”）。这种传统的胡椒药剂不仅有效，而且很美味，人们在服用时，往往会忘记它是一种药品，而把注意力转移到它的美味上，这也是我们接下来要进入的主题。

## 纯粹的享受：胡椒成为“香料之王”的过程

很少有香料能像胡椒一样，对全世界的美食产生如此长久且持续不断的影响，胡椒也因此被誉为“香料之王”（当然，胡椒有时也必须跟番红花竞争这个宝座）。胡椒能具有如此重要的意义，大概是由于人们在时间推移的过程中，逐渐发现了胡椒的多重用途。胡椒是医疗的药品、宗教的祭品、地位的象征、流通的货币，当然，对于人们而言，它还是一种纯粹的美味享受。胡椒是现在最大众化的香料，比起其他的地区和国家，胡椒对于欧洲的料理史显得特别重要。我们在讨论胡椒的历史时，应该侧重欧洲的部分，不过，首先让我们把焦点放在远方的亚洲：

荜拨如何让印度料理的口味更加精致？关于这一点，我们不是很清楚。印度现存最早的胡椒食谱其实比较像一剂药方，也正因为印度人认为胡椒有助于食物消化，有益于身体健康，而且容易获得，因此，自从他们发现胡椒是一种可食用的植物，便一直把它作为佐餐的香料。虽然，辣椒如今在印度的咖喱类料理中也是辣味的来源之一，但是，我们不能说，辣椒在印度美食中的重要性超越了胡椒。不辣的印度料理通常不会添加辣椒，却很少有不加胡椒的。在印度，只有耆那教（Jainismus）和佛教的信仰者或瑜伽的修习者会避食具有刺激性的胡椒：所有会造成身心刺激、焦虑或疏懒的食物都不会出现在他们的菜单上。除去这些宗教和修行不谈，胡椒是印度香料艺术最根本，也是最重要的部分。印度家家户户的厨房里总是会有一盒调配好的什香粉[①]，由多种香料混合而成的什香粉是印度料理的万用香料，至于其他的香料大多依料理的不同，再以什香粉为调味基底，做个别的添加。印度什香粉并没有固定的配方，它会依每个家庭不同的料理传统而出现不同的配料组合，不过，胡椒总是其中不可缺少的香料。

胡椒在中国料理中的角色及分量与印度并不相同：虽然中国人最迟从汉朝开始，也就是从公元前200年以来，已经在菜肴中添撒胡椒，然而，胡椒在中国料理中一直都不是重要的调味料。这种辛香料在中国比较受冷落，并非因为受到后来引入的辣椒的排挤，而是由于许多中国美食调味本来就

①什香粉（Garam Masala）是印度料理中最基本、最普遍的综合香料。

不依赖胡椒的气味。胡椒在膳食中不受重视，不是因为中国人不注重料理的美味：中国厨师（特别是宫廷的御厨）掌握特别的刀工技巧、繁复的调味艺术并懂得善用丰富的本地与外来进口的食材，因此，中国料理很早便发展成全世界最精致的美食之一[①]。（Wilkinson 2000：625）

胡椒在中国料理中使用不多的情形，或许部分可以归因于印度佛教信仰在中国的盛行，不过，这种说法并不是很具有说服力，因为，即使中国虔诚的佛教徒和僧侣遵行一些饮食的禁忌，仍无法削减一般人对于辛辣料理的喜爱以及辣椒的广泛使用。总之，中国人就是比较偏爱辣椒这种辛香料，特别在中国中部与西部省份的料理中，它还扮演主要的调味角色。此外，这些地区的居民还会使用花椒、豆瓣酱、蒜和姜来调理餐食，相形之下，胡椒也就显得不重要了。如果真要使用的话，通常人们会采用白胡椒。南方的粤菜，由于调味比较精细，口味不重，比如港式点心，大部分口味都比较清甘，就更少使用胡椒了。把牛肉或鸡肉放入热锅中，加入青椒和腰果快炒，再撒上一些粗磨的黑胡椒粉或白胡椒粉，这道热菜味道确实辣得好吃，是少数几道由胡椒担纲主角的

①中国汉代宫廷的御膳房为皇帝、皇室及其随从所备办的饮食，必须与一国之君的尊贵地位相称，因此，需要很多人手，一共有 2300 名师傅，他们分别属于 21 种正式的职务。（作者注）

中国料理之一。

在栽种胡椒的东南亚地区，人们经常把鲜采的绿胡椒粒放入炒锅中拌炒，或是调入咖喱及其他酱料中；至于经过干燥处理的胡椒，其种类与等级繁多，每个产地的胡椒产品都不同，不论是长形或圆形胡椒，都被人们普遍应用于美食料理中。当然，东南亚菜系的风味并不只有胡椒的气味，各式各样使用新鲜或干燥的香料、香草植物及带有香气的植物根部所调制出的酱料也广受喜爱。在岛国日本，胡椒在传统的料理中完全派不上用场，日本人如果想在食物中获得辛辣的口感，用本地出产的芥末或水蓼（欧洲有些地区会把水蓼叶制成胡椒盐使用）辛辣的叶片调味就够了。当然，日本现在的烹饪习惯也受到西方的影响，因此，大部分日本家庭的厨房台架上都放有胡椒罐。

对于欧洲人来说，所谓“东方料理”总是菜色丰富并带有诱人的香气，一点儿也不清淡无聊。许多欧洲的食谱集或美食方面的文章都认为，“东方料理”就像“一千零一夜的享受”一般。当然，所谓“东方料理”也存在许多根本的地区差异性，如波斯、阿拉伯、地中海东岸和北非这些区域，都各有独特的烹饪艺术，不过，这些伊斯兰教地区的料理都有一个共通点：从很久以前，南亚及东南亚所出产的各种香料就已经出现在当地的市集中，从前的人们就跟现在一样，经常使用形形色色的香料来料理食物。在丰富的香料供给基础上，各地区也发展出自己的烹饪风格，汇聚成多样的东方美食。

伊朗的波斯料理着重温和的口感，而非呛辣的元素，这种调理食物的方式与印度北方菜系相似。波斯人喜欢在餐食中添加各种不同的香料，或者有时只用番红花或香草植物做调味。生活在波斯湾地区的阿拉伯人则偏爱辣椒的辣味和带有果香的酸味，此外，这些阿拉伯国家的人民还喜欢使用阿拉伯综合香料（Baharat）来烹调肉类料理。这种综合香料类似印度什香粉，而且也跟什香粉一样，没有固定的配方。至于地中海地区的料理口味，则以本土多样的香草植物以及肉桂、丁香、芫荽、肉豆蔻、胡椒等香料为主。北非地区的料理特别喜欢掺入大量的香料，摩洛哥综合香料（Ras el hanout）大概是撒哈拉沙漠以北地区配料最复杂的综合香料之一，而且还能把所有香草以及上等香料的气味统合得很好。摩洛哥综合香料除了含有一些平常惯用的辛香料之外，还会使用各式各样的真胡椒与曾被欧洲人用来替代昂贵胡椒的"假胡椒"：圆形胡椒、长形胡椒、荜澄茄、乐园籽、多香果、塞利姆胡椒、僧侣胡椒、粉红胡椒以及卡宴胡椒。到目前为止，我仍未取得摩洛哥综合香料的标准配方，当地每一位香料调制师傅在混调这种香料时，都拥有独特的创新空间，每一位师傅也都对自己独有的秘方守口如瓶。

欧洲的料理史自古至今曾出现一些不同的潮流。在古希腊罗马时代与中世纪时期，欧洲厨师们在做菜时，总是大量而挥霍地使用昂贵的香料，有些料理甚至由于调味品过多而令人难以下咽。当东方料理的调味习惯在欧洲越来越受欢迎时，欧洲人才开始检讨历来在菜肴中过量使用香料的荒谬做法。其实，欧洲人做一道炖肉或肉酱（Pastete）所使用的辛香料种类仍比不上印度咖喱或摩洛哥国菜——塔吉陶锅料理（Tajine）。古代的欧洲人偏好在辣味菜中放入蜂蜜、水果干和坚果，以烹调出想象中的东方风味。然而，这种美食的奢华也曾受到一些古罗马的有识之士的质疑："在这些人士眼中，光是饮用冰凉饮料和栽种芦笋就意味着人们在一个颓废时代里迷失了。"（Thüry & Walter 2001：13）对于这些主张生活简朴的人来说，胡椒的消费大概也是一种迷失吧；早在公元纪元开始之前，罗马料理就已经频繁地使用胡椒，罗马帝国的学者老普林尼曾在他的著作中描述公元1世纪的罗马人不断增加胡椒使用量的情况：

"胡椒竟如此受人们的喜爱，这实在令人感到惊奇。一方面，人们受到胡椒气味的诱惑；另一方面，胡椒的消费还能为个人带来社会声望。在这里，广受欢迎的食物既不是水果，也不是莓果，而是来自印度的胡椒，而且，令人不解的是，光是它本身的苦味就很讨人喜欢。究竟谁是第一位愿意率先品尝胡椒料理的人？”（Plinius Naturgeschichte 1764, I.: 510）

根据相关专家的推测，罗马的胡椒消费并不是由当时的名厨阿比修斯带动的，虽然这位美食家很善于用胡椒做料理。现存年代最久远的古罗马食谱集，名义上就是由阿比修斯撰写的。在这本食谱集后来的版本中，一共记载了大约 500 种菜品，当时的出版者已经无法考证原作的书名，因此就给这本食谱集冠上“关于烹饪的艺术”这个题名①。在这本食谱集所记录的数百道菜品中，有 482 道料理会用上胡椒，也就是说，在全书所收录的食谱中，有 80% 左右的料理需要使用胡椒。由此可见，胡椒在古罗马时代受重视的程度遥遥领先其他香料（Vaupel 2002: 34；Thüry & Walter 2001: 36）。虽然《关于烹饪的艺术》这本古食谱集没有完整地再现原著的内容，至少我们知道，当时颇负声望的学者老普林尼已经知道有一位名叫阿比修斯的大厨“是所有享受奢华生活的罗马

①阿比修斯大约生于公元前 25 年，逝世于公元 40 年。人们至今仍无法确认，这位厨艺大师是否这本古食谱集的作者，流传下来的手抄本也无法完全保证是源自阿比修斯生存的年代。这是由于当时欧洲人在抄写这些食谱时，很可能把其他不相关的食谱也一并收录进来，后来这本古食谱集中的所有食谱都被当成是阿比修斯编写的。（Thüry & Walter 2001: 19ff.）此外，19 世纪德国作家库尔博在他的著作中所写下的见解，也值得我们参考：“现存以阿比修斯为著者的美食著作，从表现风格看来，其撰写的时间应该比阿比修斯的时代要晚许多。”（Külb 1840: 1029）（作者注）

人中，最为恶劣的贪欢者”。（Plinius Naturgeschichte 1764，I.: 425）

老普林尼会口出恶言地攻击阿比修斯，可能是因为他自己根本不喜欢胡椒。在流传下来的古食谱集里，除了少数几道调制综合香料的配方外，通常不会写上香料的用量，因此，人们无从指责阿比修斯在料理中过度使用胡椒。亲爱的读者，为了让您明了当时的食谱有多么简略，我在这里列出一道古食谱的内容作为例子：“煎肉：把肉块用水冲洗过，放入已加热的平底锅内，然后再倒入一些咸味的香料葡萄酒酱汁（Oenogarum）煎熟。把煎好的肉块盛入盘内时，也把酱汁一并舀入，最后再撒上胡椒。”（Maier 1991: 169）

显然，阿比修斯在食谱中并没有说明调味料的用量，因为，当时他所传授厨艺的对象是专事烹饪的厨师，他们的专业能力已足够判断胡椒的用量（完全符合现代人的习惯）。在欧洲的历史上，人们曾经流传着一种说法：罗马人的菜肴都撒满了香料！这种说法到底从何而来？或许这正是当时的实情，有阶级意识的东道主为了展示自己的财富，慷慨地撒下大把的香料；或许这是那些对于奢侈消费充满敌意的批评者，为了让社会道德不致崩坏，刻意公开渲染权贵阶级挥霍的形象；又或者这是一些想要拥有银制雕塑胡椒罐的人们所散布的谣言。在乡村地区，那些生活节俭的老百姓大多无缘体会撒上胡椒粉的餐食是什么滋味，因为他们长期以烹煮粥食果腹，使用的调味品都是树林或田地中生长的香草植物。

直到中世纪时期，欧洲人对于异国香料的基本态度并没有太大的改变：有人享用它们，有人想得到它们，有人则畏惧香料所带来的效应。一些隶属于严格的天主教教团的修道院，尽管物资储备很丰富，但僧侣们为了灵魂的纯净（或更多心灵的自由），宁可用“盐巴和饥饿”为餐食调味。（Turner 2005: 267）然而，欧洲一所修道院所保存的一份15世纪后期的财务收支账簿的手稿却显示，当时并非所有的修道院都是在饮食上严于律己或节俭的。我们在这本账簿的收支记录上发现，该修道院当时大量使用番红花、姜、胡椒、肉桂、豆蔻皮及其他香料。在这份保存下来的修道院文献中，还有一道姜饼糊（Lebzelt-Mus）食谱，其奢华的程度非常引人注目：这道姜饼糊所使用的材料除了杏仁奶酪、砂糖，以及番红花、姜、肉桂、为面糊提供绿色色泽的欧芹这些辛香料之外，还有金箔和银箔[①]。

无论如何，中世纪时期的香料稀少而珍贵，它们除了用于料理调味之外，还有一些其他的用途。古希腊医学理论曾

① Kochbuchhandschrift der Universitätsbibliothek Graz, Nr. MS1609, Rezept 183, http://www-classic.unigraz.at/ubwww/sosa/druckschriften/dergedeckteTisch/Kochbuch_186134/index.html#/14/[15.08.2011].（作者注）

提出“体液”（Körpersäfte）这个概念，也就是说，合适的饮食可以维持人体生理运作的平衡。这个古希腊的保健观念深刻影响了后世欧洲人的健康意识。香料不管作为食物或药物，都有益于身体的健康，只要经济能力可以负担，请医师用香料配制药剂，或请厨师用香料烹调餐食，都是保持家人健康的方法。中世纪早期流传下来的料理食谱很少，以下所要介绍的是中世纪晚期英国国王理查二世（Richard II.）的宫廷御厨用中世纪英文所编写的料理书《烹饪的艺术》（*Forme of Cury*）。这本书出版于14世纪末，该编撰者曾在文中提到，其中的全部食谱已经过国王御医的认可与同意。（Scully 1995: 42）负责香料调味的御厨必须依赖宫廷药剂师的专业意见，这种情况就跟当时大多数富有的家庭一样，在购买香料做料理烹饪时，都会先咨询药房的意见。至于其他吃不起香料的家庭，则取用野外生长的莳萝、月桂叶、欧芹、罗勒与花朵，为菜肴增添可口的香气。（Scully 1995: 30）

引人注意的是，理查二世在位时所出版的这本宫廷料理书，其中有一些食谱和数十年前法国皇室御厨所出版的第一本法国料理书《泰勒凡食谱》所收录的食谱，在内容上有许多雷同之处。例如，当时英国宫廷会使用面包、高汤、醋、胡椒和盐巴这些材料来调制胡椒酱；而法国御厨只是在相同配方的胡椒酱里，额外添加了姜和未成熟的酸葡萄榨汁。

（Pegge 2008：79；*Le Viandier de Taillevent* 1967：34）英国理查二世的御用厨师在编写《烹饪的艺术》这本料理书时，应该没有看过当时已出版的法国《泰勒凡食谱》。欧洲宫廷会出现类似的食谱，可能是由于欧洲皇室经常通婚、交换利益或馈赠礼品的缘故，皇室之间的交流让他们的美食出现一定程度的相似性，我们也从这些古料理书中得知，当时欧洲上层社会流行什么样的美味料理。

在 14 世纪的法国《泰勒凡食谱》中，我们还发现了当时这位御厨所建议使用的一系列香料。依据目前留存较早期的版本，这些香料分别是：姜、肉桂、丁香、乐园籽、荜拨、豆蔻皮、综合香料粉（可惜的是，我们无法进一步获得关于这种香料粉的细节资料，它很可能是当时的法式四味辛香粉[①]）、肉桂花、番红花、南姜和肉豆蔻（*Le Viandier de Taillevent* 1967：34,109）。在《泰勒凡食谱》比较晚期的版本中，有些食谱会用圆形胡椒取代长形胡椒，不过，依旧沿用香料做重口味的料理调味。《泰勒凡食谱》所使用的香料种类，在现代人的眼里，都是平常而普通的辛香料，其中比较受瞩目的是，在各道食谱所列出的辛香料中，姜的出现最为频繁，胡椒出乎意料只被零星地使用。这本法文古料理书还

① Quatre épices，这种综合辛香粉是用肉豆蔻、姜、丁香与胡椒这四种香料调制而成的。

收录了很多酱料的配方，这些酱料似乎不局限于取悦人们的口感，它们还着意于人们视觉的愉悦，这是由于当时的欧洲人已开始重视菜肴所呈现的色彩，经由添加某种香料或香草植物，让美食表现出特定的颜色效果：有番红花的黄酱，含有杏仁粒和姜的白酱，含欧芹的青酱，添有肉桂、丁香和肉豆蔻的棕色酱汁以及加有动物血液、适合病人食用的暗色酱汁。除此之外，还有一种以醋为基底的腌泡酱汁，而且所添加的香料种类最为多样，有欧芹、鼠尾草、姜、肉桂花、荜拨、丁香、乐园籽、番红花及肉豆蔻。（*Le Viandier de Taillevent* 1967: 32—33；Pegge 2008: 79—82）

当时欧洲宫廷的御厨都依菜色而自行斟酌香料的用量。若以现代料理的标准看来，当时菜肴中所调入的香料量是否过多？由于相关史料的缺乏，这个问题我们无从回答，不过，中世纪晚期意大利那不勒斯的一位大厨所提出的建议，却很值得玩味：他当时直指，人们在烹调餐食时，应该有节制地使用香料。他还在一份自己编写的食谱上清楚说明香料的用量：30颗胡椒粒、5或6颗丁香、5或6片鼠尾草叶和1片月桂叶（Scully 1995: 84）。

文艺复兴时期的意大利名厨斯卡皮（Bartolomeo Scappi, 1500—1577）于1570年出版料理书《欧贝拉》（*Opera*），这本经典的料理书一直被视为西方料理史的里程碑。我们从该

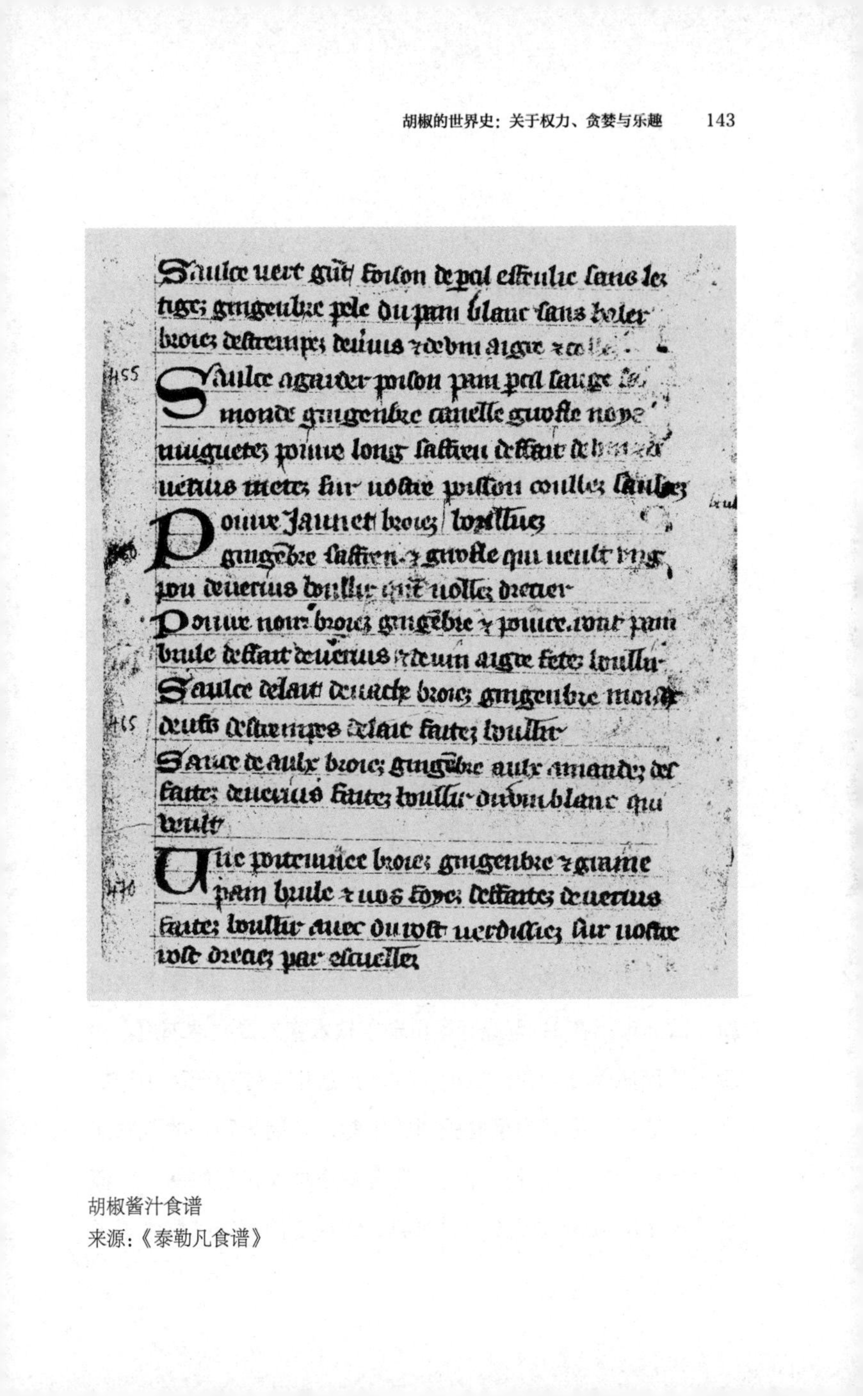

胡椒酱汁食谱
来源：《泰勒凡食谱》

书的内容得知，这位聪明而周到的烹饪大师总是以美味与细腻的感受作为料理食物的最高原则。这些烹饪原则当然也适用于香料的使用，斯卡皮确实比中世纪的厨师更懂得掌握和运用各种香料的特性。在《欧贝拉》这本料理书中，只有肉桂的使用率高于胡椒（大多数的情况是把这两种香料搭配在一起，肉桂加胡椒是当时流行的调味组合），不过，胡椒还是很热门的调味料，在 900 道食谱中，约有 550 道会用到胡椒。（Scully 2008：60）斯卡皮还在该书中推荐大家使用一种甘味综合香料粉，他认为，家家户户的厨房里都应该储放这种已研磨好的香料粉，以备不时之需。（请参照 328 页所介绍的“斯卡皮甘味香料粉”）

中世纪结束后，欧洲近代（包括近代早期）大肆使用香料烹饪的现象已经减少许多。当然，这种饮食与调味习惯的改变并非欧洲文艺复兴所促发的立即式转变，而是逐渐形成的美食趋势。

饮酒习惯的改变大致可归因于当时欧洲一项技术的创新：欧洲市场在 16 世纪开始出现以软木塞封口的玻璃瓶。在使用玻璃瓶储存葡萄酒以前，欧洲人通常会在葡萄酒中添加香料，这不仅是因为家庭医师的推荐，还因为香料的气味能掩盖木制酒桶破损导致桶内的葡萄酒腐坏所出现的酸味。覆有软木塞的玻璃瓶确实让葡萄酒的储存与酒液的品质改善了许多，后来欧洲人便不再需要用香料为葡萄酒调味。（Turner 2005：116）人们至今仍可以在德语区的圣诞节市集上喝到好喝的热香料甜酒，就连在今天，这种节庆期间所贩售的热饮并不会采用上好的葡萄酒制作，不过，以香料调味的葡萄酒却以这种方式存续至今。

欧洲厨师调制酱汁的方法也开始出现创新。17世纪法国最知名，也最具影响力的主厨德拉凡（François-Pierre de La Varenne，1618—1678）被后世誉为“高级法国料理之父”。他在《法国厨师》（*Le cuisinier françois*，1651）这本料理书中，简化食材的种类，选择培根、黄油及本地生长的优质香草调味，而甚少使用来自异国的香料，如丁香、肉豆蔻和肉桂。酱汁勾芡的方式已不再使用泡软的面包，而改用蛋黄、奶酪和油煎面糊。这位料理大师会在蔬菜炖肉（Ragout）和肉酱料理中使用香料，就跟现代的烹饪一样。德拉凡的《法国厨师》被认为是欧洲第一本烹饪教科书：他用简单的法文清楚地描述烹饪的方法与程序，就连各项食材的用量也写得很清楚，这些优点更加凸显出这本食谱集与前辈大师的料理著作的差别。（Civitello 2011：145；Freedman 2007：224）

德拉凡的《法国厨师》问世不到十年，另一位法国名厨皮埃尔·德隆（Pierre de Lune）也出版了他的料理书《新厨师》(*Le nouveau cuisinier*, 1660),其中许多食谱需要用到“香草束”[①]。皮埃尔·德隆的调味方式自成一格:料理的辣味来源往往是一撮胡椒,此外,他还喜欢用少许的柠檬汁为料理添加酸味。特别是柠檬汁的使用后来还对南欧料理产生一定程度的影响。比方说,这位法国大厨曾在一道传统意式浓汤(Soupe de la terre)的食谱中,建议使用松露炖肉杂烩(Trüffelragout)、法国布里奶酪(Brie)、柠檬切片和柠檬汁这些食材,最后再放入鸡冠来点缀汤面。附带一提,这道料理并没有使用胡椒[②]。

一连串来自新大陆的食材与嗜好品,让一些讲究生活的欧洲人开始把注意力从亚洲的香料上转移开来。美洲殖民地把巧克力、咖啡、烟草、多香果、辣椒、番茄、马铃薯和火鸡输往欧洲,欧洲人刚开始对于这些食材显得有些迟疑,不过,这些食材对于欧洲料理的影响却是不断持续的。与此同时,欧洲料理的调味趋势也普遍转向温和的口味,贵族和富裕的布尔乔亚的饮食差别也开始消融。食谱集的编写不再只是服务王公贵族,也会以平民为对象,知名的法国大厨马

---

①香草束(bouquet garni)常见于法国料理,它的制作方式是用棉线把香料和香草捆成一束,配料的组合并不固定,不过,通常都包括葱、月桂叶、百里香和欧芹。

② Zotter, H.: Rezept- und Zutatenliste zu Pierre de Lune, http://www.uni-graz.at/1cuisinier.pdf[15.08.2011].(作者注)

锡亚洛（François Massialot，1660—1733）的料理书《皇室与布尔乔亚的新美食》（*Le nouveau Cuisinier royale et bourgeois*）便是一例。（Turner 2005：301）人们对于亚洲香料的态度也出现很大的转变：从前，贵族阶级是香料的主要消费者；当欧洲的香料贸易达到巅峰时，一般的家庭都能轻易取得这些异国的香料。香料在欧洲沦为普通的商品，不再是社会地位的象征，在烹饪中过量使用香料已是过时而粗拙的手法，会遭人取笑。香料在欧洲料理中虽然已退出流行，胡椒却还能屹立不倒。《布尔乔亚的美食》（*La cuisinière bourgeoise*）是一本18世纪的畅销料理书，1746年至1769年间，曾数次再版，其中的蔬菜炖肉食谱曾简单地建议读者如何为料理调味："如大家所知，加盐巴是绝对必要的，胡椒的用量则可以减少一些。"（*La cuisinière bourgeoise* 1767：350—351）此外，作者还特别推荐一种混合肉豆蔻、豆蔻皮、丁香、姜、胡椒、肉桂和芫荽的综合香料粉，不过，只能用于书中明确记载需要使用的料理。

此外，《布尔乔亚的美食》的作者还建议大家去杂货店购买这种综合香料粉，因为它的价格比药房的售价还要便宜。在这个时期，人们虽然习惯到药房购买香料，不过，情况却很快地发生了转变：自1777年起，巴黎正式把药房和杂货店分成两种不同性质的商店，在欧洲其他地区，药剂师也从生活杂货的贩售中分离出来，单独成为一个专业行业。随着各国东印度公司贸易垄断的瓦解及欧洲香料市场的自由化，一些专门经营殖民地商品及香料的商人让当时专门贩售香料的药剂师逐渐失去优厚的收入。由于香料销售大幅下滑，药房老板的利益受到严重损害，便设法破坏人们对于香料的消费，他们甚至还伪造科学证明，让当时的人们相信，香料会危害人类的身心健康。（Hansi 1997: 74）再加上欧洲殖民国家当时对于远方殖民地的生活习惯，包括当地的饮食及所使用的调味料在内，弥漫着一些贬抑的观点，这如雪上加霜，让香料消费更加低迷。生活于18、19世纪之交的法国律师兼美食哲学家布里亚－萨瓦兰（Jean Anthelme Brillat-Savarin，1755—1826）曾说道："告诉我你吃什么，我就能知道，你是什么样的人。"从这个名句中，我们可以清楚地看到当时欧洲人的偏见。（Brillat-Savarin 1947,1: 2）

难道欧洲人不再用异国香料烹调料理？当然没有，不过确实减少了许多。布里亚－萨瓦兰，这位法国美食哲学家曾出版一本著名的美食著作《味觉的生理学》[1]，虽然这位美食大师在该书中主张，香料不具备为料理调味的价值，但我们却从书中描述得知，当时法国猎人在阿尔卑斯山区的多菲内

① 《味觉的生理学》（*La Physiologie du Goût*），该书中译本的书名为《厨房里的哲学家》。

（Dauphiné）打猎时，总会随身带着盐巴和胡椒。如果他们捕射到大而硕肥的云雀（Lerche），会先把羽毛拔除，再把随身携带的盐巴和胡椒撒在鸟身上来生吃，而且吃起来应该很美味才是。（Brillat-Savarin 1947，1：49）跟布里亚－萨瓦兰同一时代，还有一位知名的烹饪大师卡雷姆（Marie Antoine Carême，1784—1833），他曾先后在欧洲几个皇室担任御厨。他在自己的料理书《19世纪的法国烹饪艺术》（*L'art de la cuisine Française au dix-neuvième siècle*）中，曾对香料做如下的表述：香料对于菜肴的调味仍具有价值，而且不会危害人体的健康，人们应该少量而充满灵感地使用它们（不过，香料通常都被过量使用），而且胡椒的选用顺位应该是白胡椒优先于黑胡椒。在欧洲古代料理（cuisine ancienne）经常派上用场的姜、肉桂和芫荽，已几乎或完全被现代料理所摒弃；此时美食家卡雷姆却成功地树立了一种独特的美食调味风格，他在书中关于香草植物的章节里，特别提到欧芹、山萝卜和茵陈蒿；大蒜、红葱头和洋葱，对于他来说，也是很棒的调味料。（Carême 2008：lxj—lxij）这本经典法国料理书的标准版本迟至1833年才正式出版，当时卡雷姆已不在人世。

在卡雷姆过世数十年后，奥地利出现了第一本美食畅销书《南德料理》（*Diesüddeutsche Küche*），这是一本由19

世纪奥地利女性美食家卡塔琳娜·普拉托（Katharina Prato，1818—1897）所编写的食谱集，至今仍是德语区料理的经典之作。普拉托在这本食谱集中，对于香料的看法和卡雷姆相近："添加香料可以改变食物原先的味道，不过切记，用量一定要适中，不可以过量。人们也可以依照自己的喜好，不使用香料，或是有选择性地使用香料，换句话说，人们在调理食物时，应该选用适合的调味料来搭配食材。至于洋葱和欧芹，则是烹饪中经常会用到的辛香配料。"（Prato 1895：44）普拉托还建议读者们该如何使用肉豆蔻、豆蔻皮、丁香和番红花这些亚洲香料。至于胡椒这种最大众化的香料，她认为只适合用于调理蔬菜炖肉和肉酱，此外，辣椒和多香果这些原产于新大陆的辛香料，也适用于这两种料理。

在欧洲料理史中，香料的调味艺术确实曾大放异彩。现代料理对于香料的使用早已有所保留，只有在特定的场合和

Pasteten=Gewürz ist eine Mischung von etwas Thymian, 2 Lorbeerblättern, 1 Esslöffel voll Petersilie, 2 Esslöffel voll Schalotten und 2 Zehen Knoblanch. Man schneidet es fein zusammen, stößt dann 8 Gramm Pfeffer gröblich, 16 Körner Neugewürz, etwas Stein=Anis, Muscatnuss und Ingwer aber fein, und gibt etwas Limonenschalen dazu, verreibt es im Mörser gut mit den geschnittenen Kräutern und verwahrt es in einem verbundenen Glase zum Gebrauche auf.

卡塔琳娜·普拉托的馅饼调料
来源：《南德料理》

节庆才会应景地使用某些香料。胡椒蛋糕、蜂蜜蛋糕、胡椒坚果糕饼（Pfeffernüsse）和德式姜饼[1]，这些源自古希腊罗马时代的香料糕点，已成为现代欧洲人美食传统的一部分。举例来说，我们现今在德语区的圣诞市集上仍可以买到一种叫作"胃的糕饼"（Magenbrot）的传统甜点，顾名思义，这种甜饼具有促进胃部消化食物的作用。由于这些传统的香料甜点有助于提高人们的健康与舒适感，因此一向由药房和修道院负责制作，后来在中世纪晚期，经营蜂蜜的商人（Lebzelter）也加入了制作行列。欧洲传统糕饼的名称经常出现"胡椒"的字眼，不过，在制作时往往不使用胡椒（这可能是因为从前的欧洲人会用"胡椒"这个词语来泛称所有的香料）。比方说，欧洲曾有修道院于1688年发行一本料理和医药手册，该手册所记录的各种大量使用香料的食谱中，只有"步兵糕饼"（Musketierbrot）在材料上使用了胡椒，当然它的制作也用到丁香、肉桂、姜、肉豆蔻和柠檬这些配料。（Ein Koch-und Arzneybuch，1688：8）

约在一百五十年过后，奥地利美食家普拉托在她的"胡椒糕饼"食谱中，建议大家使用柠檬、姜和肉桂，而胡椒并没有入列。在香料甜点的部分，这位对于德语区料理影响深

---

① Lebkuchen，德国传统的圣诞节糕饼。

远的女性美食家则主张，人们在制作“胡椒坚果糕饼”时，应该使用肉桂、多香果、丁香、姜和柠檬皮。普拉托还是遵循绝大多数食谱的做法，不使用胡椒，“胡椒”虽然出现在名称上，不过，在这里却是指香料。（Prato 1895：476，526，701）由于从前欧洲的香料很贵，人们只有在节庆期间才舍得使用，以德语区为例，现在该地区的人民还是跟以前一样，一闻到肉桂、丁香和姜的味道，脑海中便会立刻浮现出圣诞树的影像。

在英国，饮食中过度使用香料的情况又与欧陆国家不太一样：伦敦东方研究所（London Oriental Institute）的印度学教授阿诺特（Sanford Arnot）早在1831年便从丰富而多样的印度料理中，挑出一些食谱，翻译成英文，好让一些在殖民地生活较久的英国人，包括一些所谓“老印度人”（当时已经退休的英国殖民地官员的自称）回到欧洲时，能够继续享受印度料理所带来的东方式奢华与生活的喜悦！①

20世纪初期，英国人所谓“殖民地乡愁”（das koloniale Heimweh）开始获得缓解：在英国本土陆陆续续出现一些咖啡馆，为那些定居在英国的印度和孟加拉水手提供咖喱饭。

① Arnot 1831：3—4；此外，阿诺特在该书中还遗憾地指出，当时处于既摩登又颓废时代的白人妇女对于烹饪与美食这类女性专属的活动领域，总显得缺乏兴趣。不然，她们就可以在当地跟印度人学习他们的烹饪艺术了。（作者注）

到了20世纪40年代，当时殖民地独立运动尚未揭开序幕，怀念大英帝国昔时荣光的英国人爱上了印度料理，印度餐厅便在英国如雨后春笋般地出现。许多留学英国的印度学生也察觉到英国餐饮业的印度热所隐含的商机，纷纷留下来经营餐馆，经过几十年的努力，他们终于把咖喱料理塑造成印度国菜。①

印度咖喱在欧洲其他地区的餐饮市场也同样大获成功，只是时间上略延迟一些。不过，早在19世纪上半叶法国名厨卡雷姆就已在自己所编写的食谱集中收录了数种印度酱汁。一本出版于1935年的德国料理书也谈道，咖喱这种印度综合香料“可以为平淡无味的菜肴带来一种舒服而辛辣的口感”，作者接着还提醒大家，不宜过量使用咖喱。（Zäck 1935：50）除了咖喱之外，这本料理书还推荐一种厨房必备的综合香料粉，由胡椒、多香果、肉桂、肉豆蔻、丁香和姜这几种香料混合而成。德国人会把这种综合香料粉撒入味道浓郁的蔬菜炖肉或棕色的酱汁和汤中。

总之，欧洲人的餐食不能没有辛辣味的调味品，除了

① Collingham 2006：217ff. *Robin Cook' s Chicken Tikka Masala Speech: Extracts from a speech by the foreign secretary to the Social Market Foundation in London*, http://www.guardian.co.uk/world/2001/apr/19/race.britishidentity [15.08.2011].（作者注）

盐和胡椒之外，雀巢食品公司生产的美极（Maggi）系列调味料也是他们厨房中的必备品。此外，许多欧洲国家都栽种了外来的辛辣作物，如辣椒（Chili）、意大利小辣椒（Peperoncino）和彩椒（Paprika）。胡椒在20世纪的欧洲依旧是很热门的调味料，每年的胡椒进口量及每人的胡椒消费量仍在持续增加，并没有跟其他香料一样，备受欧洲料理的冷落。在两次世界大战期间，由于物资缺乏，德国市面上便出现了粉末状的胡椒盐产品。（Vaupel 2002: 43, 49）一般说来，已磨好的现成胡椒粉并不是什么上等货，至于它对胡椒交易会产生什么影响，我们将会在接下来的章节中继续讨论。无论如何，或许是战争时期的艰难让胡椒粉成了厨房或餐桌上的必需品。其实，早在1850年以前，人们就已经发明了胡椒粉，不过，到底是谁最先把它摆在餐桌上的呢？现在已无法考证，我猜想，应该是一名意大利的餐厅服务生吧！

## 为健康干杯：香料酒的过去与现在

在16世纪以前，欧洲人都把葡萄酒储放在容易裂损的木桶里，而不是金属或玻璃瓶罐中。由于存放条件不好，当时的葡萄酒很容易变酸，为了调和葡萄酒的酸味，欧洲人不仅会在葡萄酒中添加香料，还特别喜欢调入蜂蜜，让葡萄酒喝起来甘甜可口。古希腊医学家希波克拉底曾指出葡萄酒在养生保健方面的功效。他认为葡萄酒是一种良药，经由内服或外敷，可以有效地缓解许多生理不适。欧洲人是为了纪念希波克拉底这位古代伟大的医生，而称香料酒为希波克拉斯酒吗？还是由于希波克拉底发明了滤净香料酒所需的筛滤布，所以香料酒才以他的名字命名？关于这一点，我们目前还无从知晓。

在古代的欧洲，这种用香料调味的葡萄酒，其制作过程相当烦琐。从古罗马美食家阿比修斯的“诡异的葡萄酒”（Paradoxer Wein）这道酒谱看来，这位当时鼎鼎大名的厨师前后需要花费两天的时间调制这种香料酒。他在第一个工作日，会先把不到5千克的蜂蜜和1升多的葡萄酒搅拌加热，等它沸腾后，再捞除酒液上的浮渣与泡沫，然后加入一些葡萄酒，这个过程必须重复进行许多次。隔日，才把110克胡椒、几克乳香和月桂叶、番红花与带籽的椰枣撒入蜂蜜葡萄酒中，然后再倒入10升葡萄酒并充分搅拌均匀[①]。为了让出门在外的旅者也能享受这美味的酒精饮品，阿比修斯当时建议外出的旅人使用一种方便随身携带的胡椒蜂蜜膏，当他们想要饮用这种甘味香料酒时，只需倒入葡萄酒拌匀，便可以享用。这种蜂蜜香料酒随后迅速地在阿尔卑斯山以北的欧洲地区广泛流行，受到当地人民的喜爱，或许正是因为旅行在外的罗马人吧。

在欧洲的中世纪时期，香料酒所使用的香料配方并不固定，人们会依当时所能取得的香料种类而机动地调整香料酒的配方。大约在14世纪末期，希波克拉斯酒已在欧洲出现各种不同的配制方式：在14世纪法国宫廷的料理书《泰勒凡食谱》中，希波克拉斯酒的泡制需要肉桂、丁香和乐园籽这几种香料。法国中世纪的《主妇指南》（*Ménagier de Paris*）及英国理查二世的御厨所编写的《烹饪的艺术》还添增了其他配料，如姜、南姜、肉豆蔻或豆蔻皮、荜拨、甘牛至、小豆蔻和甘松，并经常用蔗糖取代蜂蜜，而且还特别加强了肉桂的味道。

玻璃酒瓶的使用改变了人们储存葡萄酒的方式，也使

---

①欧洲某些地区的人们至今仍把蜂蜜调入添有香料的白葡萄酒中。葡萄酒加入蜂蜜后酒液会变得清澄，因此，它后来在日耳曼地区又被称为Claret，这个词语有“清澈”的意思。（作者注）

葡萄酒的品质提升许多。由于葡萄酒的酸味不复存在，无须再为葡萄酒增添香料气味与甜度，香料酒也就不再是欧洲人的日常饮料。不过，这种古早的酒精性饮料却从未被人们遗忘。希波克拉斯酒在瑞士是非常受重视的传统饮品，现在的瑞士人还是跟过去一样，大多使用肉桂、丁香、肉豆蔻和小豆蔻来制作他们的香料酒。特别是在圣诞节前的四个星期（Adventszeit），在人们准备过节的这段时间，瑞士人特别喜欢喝香料酒，就跟其他地区的欧洲人喜欢喝热香料甜酒一般。以下是三种自制香料酒的配方，也可以直接饮用，不必加热：

**中世纪英国料理书《烹饪的艺术》所记载的希波克拉斯酒的香料配方**

90 克 肉桂

90 克 姜

1.5 克 甘松（或月桂果）

各约 8 克 南姜、丁香、荜拨、甘牛至、肉豆蔻、小豆蔻

各约 3 克 乐园籽、肉桂花

以上所有的材料都必须研磨成粉并充分混匀，然后调入葡萄酒中。（Pegge 2008：102）

### 19世纪德国浪漫主义诗人、画家施皮茨维格（Carl Spitzweg，1808—1885）的希波克拉斯酒配方

施皮茨维格的配方基本上仍依循着瑞士希波克拉斯酒的传统配方：不使用胡椒，而是把香料与其他材料混调在一起，因此，他的配制方法值得在此一提："先把2品脱法国勃艮第产区上好的香贝丹红酒（Chambertin）倒入陶罐中，然后再放入1.5磅砂糖、少许柠檬皮和肉桂、1颗丁香、12粒甜杏仁（捣成粗粒）、6个豆蔻皮及0.5盎司新鲜的柚花（Pomeranzenblüte）。随后把陶罐封紧，静置二十四小时。然后把泡制完成的香料酒倒入滤袋内滤净，最后再装入瓶中存放。"（Wichmann 1979）

### 当代热香料甜酒的配方[①]

5大匙 砂糖

1颗 橘子

2升 优质红酒

各2大匙（可自由取舍）葡萄干和杏仁粒

2朵 干燥的木槿花

3个 小豆蔻荚果

①本配方由作者于维也纳经营的芭贝特香料暨美食图书专门店（Babette's Spice & Books for Cooks）提供。

3条 荜拔

1朵 豆蔻皮

1茶匙 丁香

1茶匙 多香果

5朵 干燥的玫瑰花苞

1个 八角

3条 肉桂条

1茶匙 肉桂花

把橘子对切两半，再把所有的香料装入一个大型茶叶滤袋里。锅中放入砂糖，炒成金黄色的焦糖后，拌入橘子和敲碎的杏仁颗粒，再倒入葡萄酒并放入香料包和葡萄干。为了避免烧煳，请以小火加热并搅拌。烹煮热香料甜酒时，至少要让酒液沸腾15分钟，最后在上桌前再放入部分葡萄干和杏仁颗粒。如果热香料甜酒放在保温盘的时间比较久的话，就得先把橘子和香料袋取出，以免浸泡过久而使酒液变苦。

(feinen französischen Küche [illegible]).

Hypocras.

Hypocras sanspareil à la Duchesse Morceaufriand-Lichense.

Man gibt in einen Krug 2 Pinten feinen Bourgogner Wein (Chambertin), anderthalb Pfund Zucker, etwas Zitronenschale, 1 Gewürznelke, etwas Zimt, ein Dutzend süße grobgestoßene Mandeln, 6 Muskatblüten und 1/2 Lot frische Rosmarinblüten, verstopft den Krug recht gut und läßt ihn 24 Stunden stehen, alsdann seiht man den Gewürzwein durch den Filtriersack (chausse) und gießt ihn in Flaschen.

施皮茨维格的希波克拉斯酒配方

来源：《施皮茨维格最爱的菜肴》（*Spitzwegs Leibgerichte*）

# 胡椒属的辛香料

Die Pfefferpflanze und ihre essbaren Sorten

现在我也要享用胡椒，这种珍贵的香料具有健胃的功效。它有两个种类：圆形和长形。

旅行日志（1669）

荷属东印度公司派遣员诺伊霍夫

des Drogues, Livre VII. 191

CHAPITRE I.

*Du Poivre.*

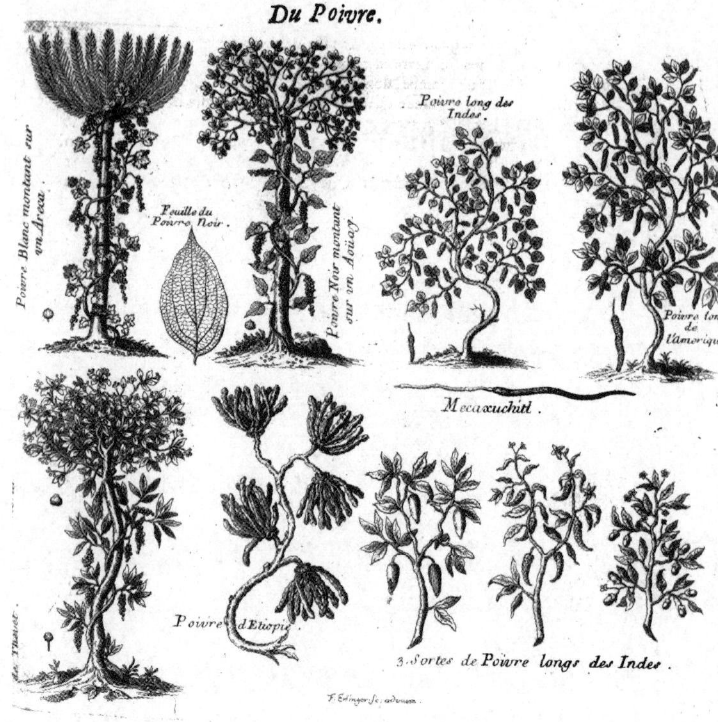


LE Poivre blanc est le fruit d'une plante rampante, qui a ses feüilles en tout & par tout semblables à celle de nos groseilles, aprés lesquelles naissent des petites grappes garnies de grains ronds, verts dans leurs commencemens, & qui étant murs deviennent d'une couleur grisatre.

Comme la plante du Poivre ne peut se soûtenir d'elle-même, les habitans des lieux la plantent au pied de quelques arbres, comme des Areca, des Cocos, ou

真“假”胡椒

来源：皮埃尔·波梅（Pierre Pomet），《药物通史》（*L' Histoire* générale des Drogues simples et composés），1735 年

胡椒的种类繁多，不是只有调味用的胡椒而已：胡椒科（Piperaceae）植物在植物分类学上属于胡椒目（Piperales），胡椒科一共有5个属及3600种左右的植物，其中以胡椒属（Piper）和草胡椒属（Peperomia）此二属的植物家族最为庞大，它们目前在全世界分别约有2000种和1600种品种[①]。我们在餐食中经常使用的胡椒便是胡椒属植物。

胡椒科植物属于泛热带植物，适合生长在温暖潮湿的地区。由于胡椒科植物的种类繁杂，各种类间的特征也各异，通常只有受过专业训练的植物学家才有办法在野外辨识出胡椒科植株：它们有些是低矮的灌木、有些是高耸的乔木，有些还是草本植物；胡椒科植物从一年生到多年生都有，有些挺拔于地表，有些则无法独立生长，必须缠绕或攀附他物。有些胡椒科植物扎根于土壤中，有些则是寄生植物，专门依赖其他植物（宿主）提供生长所需的养分。胡椒科植物通常花朵小而颜色淡，没有花梗，小花连生在花轴上，呈穗状花序，因此，大多数胡椒科植物的叶片都比花朵来得醒目。穗

①至于其他3个属多柱椒草属（Verhuellia）、齐头绒属（Zippelia）、鞭胡椒属（Manekia），就目前植物学的资料而言，一共只有10种胡椒植物被归于其下。（作者注）

条在小花脱落后，会出现成串的浆果，如果是黑胡椒植物，就会结出一颗颗排列紧密的胡椒粒。胡椒科草胡椒属植物还包括许多多肉植物。由于生长环境的雨量不稳定，为了对抗干旱，植物某些部分的组织会特别肥大，以便储存生长所需的水分，因此，这类植物通常会有多汁、厚实又好看的叶片。许多草胡椒属植物因为具有观赏价值而受到花卉市场的青睐，有些种类还是中药材。

尽管胡椒科植物种类繁多，但是只有少数几种胡椒植物的果实、叶片或根部具有烹饪调味或医疗的作用，而能够征服世界各地料理的品种则寥寥可数，其中当然少不了黑胡椒！至于白胡椒、绿胡椒和红胡椒虽然颜色与气味与黑胡椒不同，却都源自相同的植物果实，只是加工方法不同罢了。许多地区的人们还喜欢使用不那么普遍的胡椒属辛香果实来烹饪菜肴（有一部分是近期再度流行起来的），如荜拨、荜澄茄（爪哇胡椒）及一些野生的胡椒种类。有些胡椒属的辛香作物甚至只有少数人知晓，或仅在某个小范围流行，不过，它们都是本章要介绍的对象。胡椒属的辛香作物有许多不同的种类，在美食和医药方面的作用也不一样，在讨论这些辛香料之前，首先，我们应该介绍，什么是唯一的“真正的胡椒”。

## 真正的胡椒：黑胡椒种

一般人都认为，学名为“胡椒属黑胡椒种”（Piper nigrum）的植物才是真正的胡椒。它是一种多年生的木质攀缘藤本植物，适合生长于热带和亚热带气候及湿润并富含矿物质的土壤里。黑胡椒种植物原生于印度半岛的马拉巴海岸，这个南印度地区还曾挖掘出人们最早使用胡椒浆果作为香料的出土物。这些相关的考古学证据指出，当地居民最迟在公元前两千年前，便已经开始栽种并利用这种作物，而一直到现在它还是全世界最重要的植椒区之一。在公元1世纪至10世纪期间，胡椒作物的栽种也随着亚洲内部的贸易活动而在东南亚扩散开来。在欧洲地理大发现之后，亚洲的胡椒植株还被输往非洲的法国殖民地，并且顺利地培育成功。至于幅员辽阔的巴西，算是全球最新的胡椒产区，这个南美洲国家迟至20世纪30年代才开始大规模种植胡椒。非洲中西部的喀麦隆所出产的胡椒以绝佳的风味闻名于世，境内潘嘉河

（Penja）谷地所栽种的优质胡椒，对于多数美食行家而言，是不折不扣的胡椒极品。

## 植物性状与栽种

荷属东印度公司派遣员诺伊霍夫曾在亚洲停留三年，他于1669年发表的亚洲旅行日志中，曾对黑胡椒这种辛香作物有详细的描述：

“圆形胡椒播种或栽种的地方，特别是在马六甲、爪哇、苏门答腊，都不会远离海岸，它们不是攀附着槟榔的树干往上长，就是顺着插地的木桩盘绕而上，就像欧洲的葡萄藤依着桩柱生长一般。如果人们还用木灰或粪便施肥，它们就会更茁壮，长得比桩柱还高，枝叶与果实就跟啤酒花或土耳其豆（Türkische Bohnen）一样，都朝下垂挂着，生命力也同样地坚韧顽强（……）如果人们把胡椒粒播入肥沃的泥土中，这颗种子会很快地发芽且茁壮生长，该苗株在一年内便能果实累累；如果播在贫瘠的土壤中，生长与结果的速度就会比较缓慢；如果没有施肥，土壤的生产能力还会逐年丧失。胡椒藤与常春藤的叶子类似，叶片中间的主叶脉下凹，许多相连的小叶脉则向两边散开（……）结实时，成串的胡椒果穗会布满整株胡椒藤，它们不只出现在枝条的中段，也挂在顶端的藤梢上（……）”（Neuhof 1669：337）农民栽种胡椒时，总是用木桩支撑胡椒藤，藤株的高度最多5米，为了方便采收，大部分的椒株高度都维持在3—4米。野生种的胡椒可以盘绕10米高的树木，直达其树冠。树木的树冠能为底下的胡椒株提供荫蔽，保护它们不受过度曝晒的伤害，因而能结出美好的果实。人们可以用胡椒粒培育出幼苗，也可以采用较快速的扦插法来进行胡椒株的繁衍。植株在栽下三年后，才开始结出果实，通常一株胡椒藤的寿命最多三十年。超过十五年的椒株，生产力会从2.5—3千克的平均收成量（在合适的气候与充足的水分条件下）开始逐步下降。

对于料理调味很重要的胡椒，就是从胡椒藤结出的球形浆果加工而成的。胡椒的花朵很小，呈穗状花序，在手指长的穗条上最多可有150朵小花密聚着。花谢了之后，胡椒果便开始成形生长，果实熟成的过程需要6—8个月。浆果的颜色会随着成熟度而发生变化：先由绿转黄，然后变成橘色，最后，胡椒果会出现熟透的鲜红色。胡椒果实在成熟的过程中，会出现特有的辛辣味。这种辣味源自胡椒碱，当胡椒的浆果愈趋成熟时，果核所含带的胡椒碱会越来越多，外围果肉的甜度也随之增加。因此，刚从椒株采下的未成熟的绿色胡椒粒，味道相对不呛辣，闻起来还有一股清新的青草味；成熟的胡椒粒辣度比较高，同时还带有一种令人愉悦的果香。

胡椒藤的果穗上，每颗胡椒粒的成熟度不一样，颜色也不一样，看起来很好看，也很有趣。某些胡椒产品的浆果原料必须动用人工采收，以便在果串上摘选出成熟度合适的胡椒果。所采收的胡椒果会被加工成市面上贩售的绿胡椒、红胡椒、黑胡椒或白胡椒。胡椒产品的不同除了取决于果实的成熟度之外，胡椒果采收后的加工处理方式，也是决定“胡椒属黑胡椒种”的果实会成为哪一种胡椒产品的重要原因。

## 黑胡椒

欧洲历史上关于黑胡椒加工处理的说法，一再出现谬误，就连荷属东印度公司派遣员诺伊霍夫也搞不清楚胡椒的熟成与加工的过程。他曾经在自己的著作中说：“胡椒的浆果起初是绿色的，成熟时，才会转为黑色。成熟的胡椒果经过阳光的曝晒而干缩，黑色的外皮才出现了皱纹。”（Neuhof 1669: 337）

14世纪摩洛哥探险家伊本·白图泰（Ibn Battuta, 1304—1377）曾在亚洲游历多年，熟悉印度的马拉巴海岸。他当时对当地黑胡椒的生长及加工过程做了如下的观察描述：“马拉巴地区是胡椒之乡，胡椒是当地居民最重要的资产。胡椒植株的外形与葡萄藤相似，人们会在椰子树附近种植胡椒藤，好让藤株能依附着椰子树攀爬而上，这就像栽种葡萄时，要为它们架设支撑藤蔓的格架一样。胡椒藤不

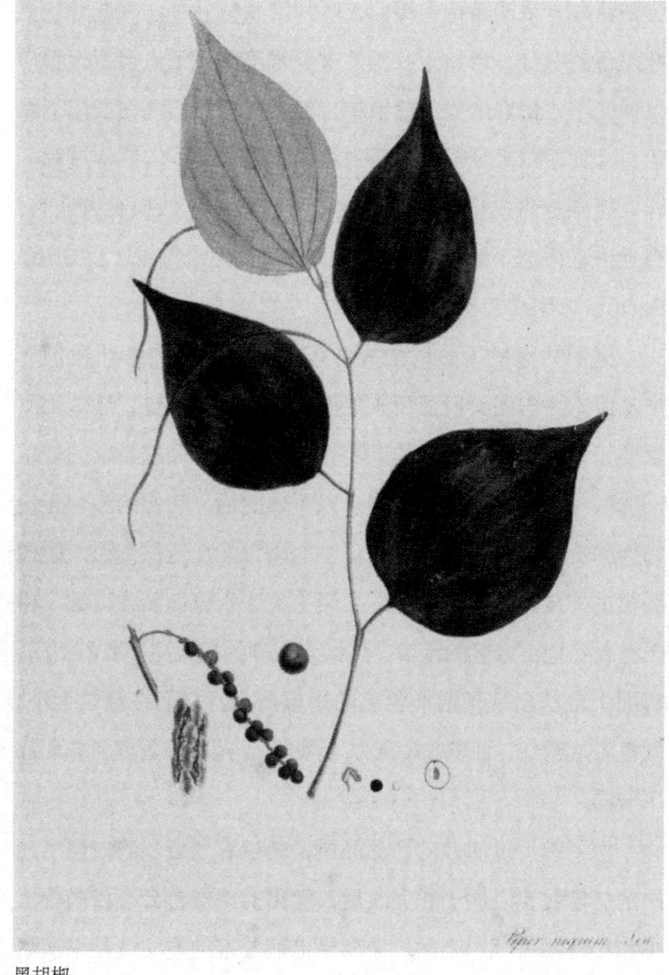

黑胡椒

来源：药典插图，19世纪

会抽新芽，果实与莓类相似，叶片则状似马耳，有些叶子更像黑莓的叶片。当秋天收割的季节来临时，工人会把一串串果穗割下，摘取上面的胡椒粒，然后再把它们铺在太阳下曝晒，直到胡椒果变干、变黑为止，就跟葡萄干的制作过程一样。胡椒粒表皮也因水分蒸发而出现皱褶。如果有人认为，当地人在阳光下曝晒的是葡萄干，那就大错特错了！”（Ibn Battuta 2010: 116）

至于胡椒粒采收时的成熟度如何？相关的细节我们无法从伊本·白图泰所留下来的资料中得知，不过，这似乎不重要了。因为，黑胡椒的果实如果没有事先经过特别的处理（例如，用沸水烫过），直接予以干燥的话，它们的颜色无论如何都会转成黑色，这是果皮中的酶自然反应的结果。胡椒果粒的外皮不只会转黑，还会因为失去水分而转硬变皱。由于世界各地植椒区的土壤、气候及栽种的胡椒品种各不相同，市面上也就出现了形形色色的胡椒产品，它们在颗粒大小、颜色（从锈红、深棕、深灰以至黑色）、辣味与香气各方面都不一样。

为了维持黑胡椒的产品品质，胡椒农场会采收成熟度相同的胡椒粒，以便干燥完成后，卖出的胡椒粒会有相同的大小和一致的香气。当然，最简单也最普遍的方法就是采摘胡椒藤上青绿的胡椒果原料，来加工成黑胡椒干粒。只要穗条上已经有几颗变黄的胡椒粒，而其他仍是未成熟、尚带有硬核的绿浆果，便可以把该穗条割下。人们把胡椒粒从穗条上摘下后，依照传统分类方式来处理胡椒粒，首先工人们会把它们平铺在一张大而坚固的网子上，然后会在上面赤脚踩踏，好让这些胡椒粒掉入下面另一层筛网中，现在这个筛选的过程有时也会改用机器完成。

除了阳光曝晒的传统干燥方式外，胡椒粒的干燥程序也会在有空调的室内或热风炉内进行，以大幅降低各种环境风险与劳力需求。刚采收的胡椒粒若要放在阳光下晒干，就需要人力持续注意现场的情况：胡椒粒必须平铺在大张的帆布或细网上，每一颗所接受的光照都应该相同，而且不能让它们发霉，还必须防止害虫或其他动物污染胡椒粒，此外，在夜间或恶劣的气候条件下，必须用大帆布覆盖住这些胡椒粒，以免受潮。

从胡椒藤上采收下来的浆果必须经过干燥处理，使其水分含量降至16%，而大部分的胡椒产品则仅有12%的含水量。椒农会亲自用目视和其他感官检验已干燥完成的胡椒粒：他们会把手伸入胡椒堆中，让胡椒粒滑过手指，用手的触觉去感受胡椒粒是否达到应有的干燥度与硬度。接下来是挑除异物的步骤，也就是把胡椒堆中的石粒、枝梗、昆虫以及生长不良的、低品质的胡椒粒[1] 挑除。尽管胡椒农场会使用大型筛网或滚盘来筛除胡椒粒中的杂质，但专业而仔细的目测检查仍无法被机器取代。

已干燥完成的胡椒粒会因为加工厂的规模、机械化程度和销售量的高低，而出现不同的储藏方式：业者在出货前，可以把胡椒干粒随便地堆放在一个没有管理的空间里，也可以把它们做成一包包的真空包装产品。储存胡椒最需要注意的是，保护它们不受到虫害、污染、过量的日照，特别是湿气的损害。这些保存原则也同样适用于自家厨房的胡椒。

## 成熟的红胡椒

成熟的红色胡椒香气浓郁，味道虽然比较辛辣，却很润口，因此，这种熟度较高的胡椒粒售价也比较贵。红胡椒粒的大小比一般的胡椒粒要大，颜色呈棕色，在行家的眼中，这些外在的特征都是红胡椒的品质标志。举例而言，印度马拉巴海岸的代利杰里（Tellicherry）所出产的上等胡椒，就是采用晚收的胡椒粒制作而成的，当地人会在胡椒果转成橘

---

①低品质的胡椒粒外皮通常是淡色，也就是所谓“淡色浆果”。这类胡椒粒由于发育不良，内部呈空心状态。在国际交易市场上，胡椒产品依等级的不同，所允许掺入“淡色浆果”的比例也不同。关于胡椒品质等级的细节，请参照后文“黑胡椒种的栽种地区和产品种类”。（作者注）

色时，也就是在熟透前，把它们从胡椒藤上摘取下来。

红胡椒留在胡椒藤上的时间最长，会碰到较多的状况，例如，天气的变化和病虫害的侵袭，而且需要付出更多的人力：采收工人必须亲手拣摘同一熟度的胡椒果，一颗颗地取下，不像采收未成熟的绿色果实，可以成串地割下。浆果的甜度越高，就越容易腐烂，不过，所加工完成的胡椒产品，香气更显浓郁。由于红胡椒在熟成、采收与加工过程较易蒙受损失，这方面的风险成本当然会反映在市场价格上。红胡椒虽然售价比较昂贵，然而确实很美味，胡椒的爱好者总是乐于捧场。

由于上述种种采收前可能出现的风险，因此，市面上较少出现这种成熟的红胡椒产品。为了保留并维持红胡椒粒讨喜的红色，人们大多会把这些成熟的胡椒果放入醋或盐水里保存，不过，这种浸泡处理法也有缺点：无法保存红胡椒粒原有的果香。优质的红胡椒干粒是经由各种不同的干燥处理过程所加工而成的：如果人们想要让红色的胡椒果在干燥过后仍保有漂亮的表皮颜色，就必须先把这些熟透的胡椒粒放入沸水中烹煮，用高温破坏外皮的酶，如此一来，外皮的色泽就不会转黑，就可以成功地保住原先的红色，然后再予以干燥，产品的制作便顺利完成。不过，红胡椒经过热煮后，果实中一些芳香物质会遭到高温破坏，丧失原有的美味。如果消费者重视红胡椒的香气甚于亮丽的颜色，不妨选用那些没有经过前置加工处理、采收后直接放在太阳下晒干的红胡椒产品。这些成熟的红胡椒粒经过阳光曝晒后，颜色会变成棕色，有时它们的色泽甚至与黑胡椒粒没有差别。这种带有果香的棕色红胡椒非常值得一尝，它融合了辣味与果实的甜味，为人们提供一种特别的味觉经验，是调味料中难得的美味。

### 白胡椒

虽然不常在市面上看到成熟的红胡椒，不过，我们在日常餐食中经常使用另一种成熟的胡椒，也就是白胡椒。白胡椒所使用的胡椒粒原料，在采收时已几乎或全部呈熟透的红色，将其去皮后，就成了白胡椒。

按照传统加工白胡椒的方法，采摘下来的胡椒粒会被装入大型亚麻袋中，并浸泡在静止或流动的水中。待胡椒粒的外壳泡软后，会和果肉松脱开来，人们就能轻松地把它们剥除。在没有机械化设备的胡椒园里，这道脱除胡椒外皮的程序大多是让雇工入池，踩踏这些已浸软的胡椒粒。

然而，这类非现代化手段生产的胡椒产品却隐含着一些食品安全的问题：把刚采收的胡椒粒放入水中浸泡后，其水分含量很高，接下来用赤脚踩踏的处理方法，很容易让这些胡椒粒受到霉菌和细菌的污染。虽然，传统方法中胡椒粒白色的果肉在阳光的曝晒下，颜色会更加亮白。然而，先进的现代技术确实有助于胡椒加工的简易化：比方说，酶的使用可以加速胡椒果松脱其外皮，然后还可以借助机器轻松地把外皮去除。至于其他白胡椒的加工方法就比较有争议：例如，用机器削除干燥的黑胡椒粒外皮，乃至为了让胡椒变成白色而用化学物质进行漂白处理，不过，使用这种方式生产的白胡椒产品，恐怕无法获得消费者的认可。

## 欧洲历史上一些关于白胡椒的说法

从前的欧洲人曾对白胡椒有一些误解：16 世纪日耳曼生理学家福克斯（Leonard Fuchs，1501—1566）从未到过印度，却在 16 世纪前叶发表的植物绘图中，把黑胡椒和白胡椒画成是同一株植物所结出的两种不同的果实，这个错误可能是由于当时相关信息的匮乏。跟他同时代的葡萄牙犹太医生兼植物学家达欧塔（Garcia da Orta，1501—1568）则表示，这两种胡椒分别是两种不同品种的植物所结出的果实。更匪夷所思的是，达欧塔在印度生活的时间超过三十年，应该有许多的时间和机会亲自在当地检验这项植物学的事实。然而，他却在一份关于印度药用植物的论文中错误地写道，黑胡椒和白胡椒这两种植物在结果之前，外观上并不容易区分，情况就跟欧洲的红葡萄藤和白葡萄藤一样。（da Orta 1913: 372—373）

当欧洲开始广泛种植美洲引入的红辣椒（Chili）时，知识界还出现一个对于白胡椒更大的误解与混淆：日耳曼医生乌芬巴赫（Peter Uffenbach，1566—1635）运用古希腊医学家狄奥斯库里得斯（Dioskurides，40—90 A.D.）所流传下来的医学知识，于 1610 年编写出一本药草书。他在该书的胡椒插图中，把胡椒的果实缀饰在两个不同品种的辣椒植物上。

他还在该书中表示，白胡椒是采用荚果内不成熟的胡椒粒制成的。

17、18世纪之交，日耳曼旅行家温特盖斯特（Martin Wintergerst，1670—1728）晚年在他的旅行纪实《一些地中海、北海、锡兰和爪哇的旅行见闻，1688—1710》(*Reisen auf dem mittelländischen Meere, nach der Nordsee, nach Ceylon und nach Java 1688—1710*）中，曾写下一些他所到过的地区和国家的第一手观察，这些描述终于让欧洲人明白，究竟白胡椒的制作是怎么一回事，虽然书中相关的内容并非完全无误：

“我在这里已经全部观察到白胡椒是如何生长的，然而，我们欧洲人还在糊弄自己，认为白胡椒是取自胡椒株上白色的果实，其实白胡椒的白色是加工而来的。人们摘取胡椒藤上黑色的胡椒果，把它们放入沸水中烫软，胡椒果黑色的外皮就会从果肉上松开。在被移到太阳下曝晒之前，人们会先把这些外皮已经松开的胡椒果放在一张用铁丝所编成的细孔网格上，用不断挤压的方式除去浆果的那层表皮，最后网内只留下白色的胡椒粒，再经由日头晒干后，就成为干硬的白胡椒粒。至于胡椒是如何发育生长的？我想，这方面大家大致上都已明白。人们栽种胡椒的方式几乎跟啤酒花及葡萄一样，唯一的差别只在于胡椒藤的生长并不需要人们特地架设

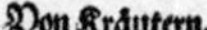

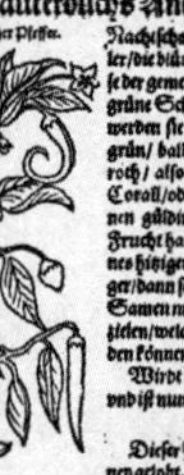

乌芬巴赫书中关于胡椒的章节

来源：乌芬巴赫的药草书，1610 年

桩柱，因为，它们可以自行盘绕着树木，向上生长。胡椒果看起来很像红醋栗，当它们成熟时，色泽是绿色的，在晒干之后，胡椒粒就会转成黑色。”（Wintergerst 1712: 81—82）

## 绿胡椒

绿胡椒是未成熟的胡椒浆果，料理中所使用的绿胡椒，在理想的情况下，应该是刚采下的新鲜货。在胡椒产区，人们很容易买到现采的绿胡椒。在如今进口胡椒的西方国家中，大商场的美食部门或某些专售亚洲食品的市场都会贩售新鲜、未经加工处理的绿胡椒。大部分的绿胡椒就跟欧洲的红醋栗一样，人们都是成串地采收与买卖的。

如果要人为中止绿胡椒粒自然变黑的进程，就会使用类似红胡椒的处理方式：把绿色胡椒果放入盐水或醋汁中腌泡，如此一来，它们就不会在后续的干燥处理时转黑，并且还可以保存绿胡椒的颜色和浆液。浸泡在盐水或醋液的绿胡椒粒，其大部分的气味虽然可以保留下来，但是也会受到盐水的咸味或醋液的酸味影响，而让绿胡椒粒无法再恢复浸泡前那种原味的新鲜度。我们也可以用水煮的方法来处理采收下来的绿胡椒，这种煮热处理法就不会让胡椒果的颜色和风味产生太多的改变。除此之外，还可以采用极高温加热、急速干燥和冷冻干燥法来处理绿胡椒粒。特别是经过急速干燥法和冷冻干燥法所处理过的绿胡椒，其表皮光滑，不起褶皱，唯一美中不足的是果实结构较易碎裂，比较不耐挤压。

不过，由于椒农自有的小型加工厂并没有先进的机械设备，上述这些采用现代技术处理绿胡椒的方法，对于他们来说，实在行不通。在胡椒产区，人们处理新鲜胡椒粒的方式还是跟从前一样：把它们从胡椒藤上采下后，便直接运往市场贩售；或是依照传统的方式，把它们曝晒成坚硬的黑胡椒粒，然后再拿到市场上售出。

## 香气

为什么市面上的胡椒产品会这么多，它们之间该如何区分？其实胡椒跟橄榄油很相似，它们的产品特色都取决于果实内所含有的芳香物质。此外，产区的土质、气候条件、栽种方法及原材的处理方式也会对该地区的胡椒或橄榄油产生某种程度的影响。就香气和滋味而言，胡椒产品之间存在着很大的差异性：黑胡椒尝起来就是跟绿胡椒不一样，甚至黑胡椒之间也经常因为产品等级和产地的差别，而出现不同的口感与气味。

“胡椒属黑胡椒种”的果实所含带的多种芳香物质已经过研究和证实，相关的专家甚至研究出这些物质在绿胡椒、黑胡椒和白胡椒中的组合比例。我们一向乐于援引专家的研究成果，因此，我们在这里要暂时离题，把讨论的内容转到化学领域：

黑胡椒的平均含水量为 12.5%（白胡椒为 13.5%）。脱水的黑胡椒则含有醚萃取物 9.1%（白胡椒为 8%）、芳香油 2.25%

（白胡椒为 1.5%）、含氮物质 12.8%（白胡椒为 11.9%）、胡椒碱 7.5%（白胡椒为 7.8%）、哌啶（Piperidin）0.6%（白胡椒为 0.3%）、树脂 1.05%（白胡椒为 0.35%）、酒精萃取物 10.3%（白胡椒为 9.1%）、淀粉 36.5%（白胡椒为 56.8%）、纤维素 14%（白胡椒为 4.4%）、灰分 5.15%（白胡椒为 1.9%）。胡椒碱、胡椒新碱（Piperanin）和次胡椒酰胺（Piperylin）是胡椒主要的辛辣成分。胡椒本身的油脂会带来热辣的气味与口感，如果我们的口腔热觉感受器受到这类刺激，就会感觉到辣味①。

胡椒碱的辛辣只限于味觉，胡椒特有的香气则源自胡椒粒的芳香油，单萜烯类碳水化合物（Monoterpen-Kohlenwasserstoff）是这类芳香性油脂的主要成分②，它们也出现在其他形形色色的香料和香草植物中：

---

① Siewek, F., Pfeffer, RD-16-01324（2003）in: Bornscheuer et al., RÖMPP Online[Online], Version3.12.[März 2011], http://www.roempp.com[15.08.2011].（作者注）

②胡椒的芳香油（……）的颜色，从无色到黄绿色都有，我们可以经由蒸馏法从黑胡椒粒萃取出 1.0%—2.6% 香味浓郁的精油，浓度 0.87 至 0.916，溶于 10—15 倍分量的、纯度 95% 的酒精，不溶于水，含 22% 松油烯、21% 香桧烯、17% 石竹烯，此外，还包含水芹烯、柠檬烯、3- 蒈烯，特别是萜烯和倍半萜 [1-3]。Siewek, F., Pfeffer, RD-16-01324（2003）in: Bornscheuer et al., RÖMPP Online[Online], Version 3.12.[März 2011], http://www.roempp.com[15.08.2011].（作者注）

**松油烯**（Pinene）：莳萝、茴香、杉针、芫荽、葛缕子、香桃木

**香桧烯**（Sabinene）：暗色小豆蔻、荜澄茄、青柠、柏树

**石竹烯**（Caryophyllen）：罗勒、葛缕子、奥勒冈叶、迷迭香、肉桂

**水芹烯**（Phellandrene）：莳萝、桉叶、茴香、葛缕子

**柠檬烯**（Limonen）：柑橘类水果

**芳樟醇**（Linalool）：罗勒、姜、肉豆蔻、奥勒冈叶、百里香和肉桂

我们可以用一些形容词来描述胡椒所带有的各种香气："清新的""气味浓郁的""果香味的""柠檬味的""香草味的""树林味的"。以上这些形容词均采借于葡萄酒品酒师在描述酒液浓郁的香气时所使用的词汇。把这些嗅闻到的气味混杂在一起，就是所谓"胡椒味"（pfeffrig）。

为什么我们在形容胡椒的气味时，不直接用"胡椒味"这个词汇？因为，就如同我们在前面提过的，各种胡椒产品都有自己独特的香气。绿胡椒以清新的气味著称，其胡椒碱含量可高达5%，它的辛辣味既润口，又带有果香，此外还混合着些许青草、柠檬和薄荷的味道，不过，用盐水或醋液浸泡过的绿胡椒，并无法保存新鲜绿胡椒特有的精妙香气。因

此，亲爱的读者，当您无法购得新鲜的绿胡椒时，建议您购买干燥的绿胡椒粒，因为这类经过急速冷冻干燥处理的绿胡椒大致保存了新鲜浆果的气味。使用前，把这些绿胡椒干粒放入水中浸泡，等它们变软胀大后，就很像鲜采的绿胡椒果。

由于胡椒果的芳香物质和辛辣度会随着果实的熟度而增加，因此，使用成熟的红色浆果所制成的黑胡椒，从某方面看来，会比用未熟的绿色浆果干燥而成的黑胡椒在气味上显得更强烈。以绿色胡椒粒制作而成的黑胡椒，主要散发着类似百里香和桉树这两种芳香植物的气味，此外，含带柠檬味也是这类黑胡椒的特色。有些种类的黑胡椒会带着一股强烈的矿物味，有些产品会出现甘草和松木的气味。干燥处理过的胡椒粒，其辣味会比鲜采的胡椒粒更为集中，而且，它的辣味还会因为胡椒种类的不同，而出现颇大的差异性。大部分胡椒的胡椒碱含量在4%—6%。以晚采收或熟透的红浆果为原材料制成的黑胡椒，其胡椒碱的含量通常更高，不过，它们也同时带有果实的甜味，因而能在口感上平衡辛辣的刺激。这种熟成的胡椒味道比较温和、润口，依种类的不同，闻起来或有林木的清新，或有花朵的馨香，此外，带有类似成熟的水果或烘炒坚果的香气，也算是这种胡椒的特色之一。

即使是懂得享受美食的人，他们对于白胡椒所特有的香气，也看法不一。这大概是由于真正上等的白胡椒数量稀少且价格较为昂贵，尝过的饕客不多的缘故吧！关于这一点，诺伊霍夫早在17世纪便已在他的亚洲旅行日志中清楚地指出，尽管后人对于他所提到的胡椒产品曾出现一些质疑：

“当胡椒浆果新鲜的绿色外皮被洗去时，会形成一种特别的胡椒品种，也就是所谓‘白胡椒’：它比黑胡椒辣，价格比较昂贵，味道也比较香。印度当地优雅的人士经常以白胡椒代替盐巴使用。(……) 要不是温柔的印度人排斥制作白胡椒的繁复过程，欧洲人所获得的白胡椒早就超越黑胡椒了……”(Neuhof 1669: 337—338)

廉价的白胡椒，特别是那些磨成粉末的产品，大多带有一种奶牛圈的气味，而缺少胡椒应有的天然香气。优质的白胡椒主要带有一种混合了坚果、矿物味的强烈胡椒气味，虽然有时闻起来，会比其他种类的胡椒多了一点儿霉味。黑胡椒的芳香油含量约是3%，而白胡椒只有1%。白胡椒的香气缺少果香与一些温润的味觉成分，不过，好的白胡椒产品尝起来经常会有一股清新的香味。

究竟是白胡椒比较辣，还是黑胡椒比较辣？关于这个问题的答案，不论是受访的顾客或香料商的主观感觉，还是专家的意见，至今仍没有定论。德国汉诺威大学生物学教授库斯特 (Hansjörg Küster, 1956— ) 就认为，已去除外皮的白胡椒“是市面上味道最温润的香料，因为构成辣味的化学物质——胡椒碱，正好存在于胡椒粒表皮的下方”（Küster 2003：192）。另一项来自互联网的资料则指出：“白胡椒的胡椒碱（C17H19NO3）含量高于黑胡椒，因此，辛辣度比黑胡椒还要高。”[①] 卡策尔（Gernot Katzer）是一位奥地利化学家，同时也是香料爱好者，他认为所有品种的胡椒都含有辣味，“其中，以白胡椒最辣，辣度最低的是绿胡椒”，这是由于白胡椒的酰胺（Säureamiden）和胡椒碱（辣味的来源）含量是所有品种的胡椒中最高的。（Katzer & Fansa 2007：215）

亲爱的读者，可能只有您自己才能恰当地回答这个问题，因为在料理烹饪的实践方面，自身的味觉鉴赏能力远比一些学术性讨论更为重要。根据我个人的经验，胡椒实际的辣度完全视个人选择哪一种胡椒产品而定：有些白胡椒产品确实比某些黑胡椒辣，不过，也有些白胡椒的辣度不如某些黑胡椒产品。我们可以把各种胡椒产品所特有的辛辣味，归因于胡椒种类及产地栽种条件的差异性，因为，某种胡椒所独有的气味与口感也可能与培育它的土壤有关。

## 应用

一如我在前面的《纯粹的享受：胡椒成为“香料之王”

---

① Transport-Informations-Service，http://www.tis-gdv.de/tis/ware/gewuerze/pfeffer/pfeffer.htm[15.08.2011].（作者注）

的过程》这一节中所指出的，人类使用胡椒调味的烹饪历史一直具有非常丰富的面向。现在家家户户的厨房都备有胡椒，这已是理所当然的一件事，然而，对于这种再平常不过的香料，我们却往往忽略了它所含带的多样气味。我们在使用胡椒调味时，很少有意识地觉察出这种大众化调味料所特有的芳香，或刻意去强调与凸显它的气味。其实，只要我们懂得选购优质的胡椒并妥善保存，胡椒的气味绝对能令人惊艳。以下是几项购买胡椒的建议：

当您在选购胡椒时，味道尝起来特别好的胡椒，就是最好的产品。如果可能的话，尽量在购买胡椒前，先闻过并尝尝看。储放胡椒时，最好能把它们存入密封的容器内，以杜绝空气中的湿气，并记得把胡椒罐摆在阴凉处，以免受到日光的照射。胡椒产品的包装上通常会注明保存期限，如果能有采收年份的标示，就更理想了！您可以自行决定手边的胡椒要在何时用完，如果您所购买的胡椒是干燥完全的优质胡椒，其香味可以维持好几年，通常不用过于担心保存问题。然而，一些在加工过程中没有完全干燥或消费者没有妥善存放的胡椒粒，却会提早在使用期限之内发霉或变质！所以，每次购买胡椒时，最好不要过量。一般来说，只采买几个月的用量便可，并不需要储备一整年的用量。

我们大致上可以从外观的新鲜度辨别出一些用比较自

然的方式所栽种、采摘和处理的胡椒，当然，这类胡椒的价格也比较昂贵。我个人认为，花多一点儿钱购买这种优质胡椒是值得的，因为经由手工选摘并用阳光晒干的胡椒粒带有更芬芳的香气。关于胡椒的研制，在这里我要顺便说一下：我们应该备有一组研磨的钵臼或一个手握式胡椒磨，养成胡椒现磨现用的烹饪与进食习惯。千万不要贪图方便而购买已经磨好的胡椒粉，因为，胡椒比较细微的馨香会在粉末状态下迅速地飘散消失。对于讲究饮食的人，养成现磨现用胡椒的习惯确实很重要。德国当代名厨兼香料专家侯兰特（Ingo Holland，1958— ）曾说过一句很引人共鸣的话："没有什么事会比需要使用胡椒磨时偏偏转不动它更恼人了！几乎没有！"（Holland 2006：148）

有一种方法可以增强胡椒的气味：把胡椒粒放入平底锅内开火加热（不需用油），稍微烘烤一下，直到这些胡椒粒散发出香味为止。您也可以等到要用胡椒时，再把所需的分量放入平底锅内加热烘香，或是每次需要为胡椒磨添入胡椒粒时，先把它们烘烤过，再放入磨罐内，如此一来，不仅胡椒的香气更为浓郁，还能延长保存期限。

用研钵或胡椒磨所研磨出的胡椒粉质地的粗细，也会影响菜肴的风味：磨得很细的胡椒粉只要少量使用，它的辣味便会穿透整道料理（特别是把胡椒粉撒入料理中久煮时），不过，这种料理的辣味吃起来往往口感不好。粗颗粒胡椒粉质地并不细密，辛辣而香脆的口感会在口腔里引起点状的辣味刺激，它的辣味强度不会盖过其他食材配料的味道，在烹调时，也能经受较高的温度，因此，可以在料理快要完成之前，把粗颗粒胡椒粉添入。如果您要做汤或蔬菜炖肉这类的料理，记得一开始就把胡椒放入，而且应该使用整颗的胡椒粒，而不是胡椒粉。

至于哪一种菜色该搭配哪一种胡椒呢？这方面并没有固定的规则，全凭个人的喜好。就我个人来说，胡椒种类的选择主要以颜色和气味为主，而胡椒的气味更是优先的考量。绿胡椒含有香草植物的馨香，有时还混杂着些许的柠檬香，非常适合搭配新鲜的沙拉或蔬菜、白肉以及一些味道甘甜或有果香的料理。我自己喜欢在一些清淡的料理中放入新鲜的绿胡椒粒，因为，这类调味组合更能表现出绿胡椒精细而微妙的芳香。在法式料理中，一些配料丰富的白酱，不只需要新鲜的黄油（Butter）和鲜奶油（Crème），还经常使用绿胡椒，把这种绿胡椒白酱淋在煎好的牛排上，便是一道经典的法式胡椒牛排（Steak au poivre）。

白胡椒特别适合调制鱼肉料理或蔬菜奶油浓汤所使用的鲜奶油酱汁。有些人喜欢强调白胡椒含有矿物味的优点，我则认为，白胡椒非常适合搭配野味，不论是做成蔬菜炖肉或肉酱，都很美味。我平时会备有一罐用砂糖和水熬煮成的糖浆，里面还加了一些白胡椒粉。在需要自制饮料或甜点时，这种带有胡椒辣味的糖浆，是香草糖粉（Vanillezucker）之外，另一种有趣的调味选项。

通常我在烹饪时，会使用两种胡椒：黑胡椒和成熟的红胡椒。不过，它们所适用的菜色却不一样：红胡椒适合搭配早餐的黄油炒蛋、微辣的奶酪、印度蔬果酸甜酱（Chutney）以及水果或巧克力口味的甜点。黑胡椒在我的烹饪世界中，就几乎没有什么限制，我也不觉得淡色的餐食出现黑胡椒粉的暗点有什么不对劲！简易的香料炖饭（Kräuter-risotto），或是用橄榄油、大蒜和帕玛森奶酪做成的、最简单的意大利面（Pasta），只要再撒上一些高品质的黑胡椒粉，就都是令人回味无穷的美食。就意大利料理而言，不论是冷食、烹煮或烘烤，黑胡椒都是不可或缺的调味料。通常我下厨做蔬菜炖肉、德式家常杂烩汤（Eintopf）和清汤这些德国乡村料理时，会加两茶匙的黑胡椒圆粒一起下锅烹煮。我还会转动几圈胡椒磨，把胡椒粉撒在每天必吃的生菜沙拉上。

或许这也正是您烹调与用餐的方式，或许您还会问：黑胡椒是否还有一些特别的秘密仍未广为人知？在本书后面一系列的食谱中，您可以找到几个相关的烹调建议，不过，我个人倒认为，黑胡椒真正的秘密在于您所选用的产品本身：

市面上贩售的胡椒产品形形色色，品质高低差距很大，对于胡椒爱好者来说，研究每一种胡椒所特有的气味，确实是一种充满乐趣的美味游戏。亲爱的读者，如果您对这种调味料也很挑剔的话，不妨在这里好好发挥自己的嗅觉和味觉，不要放弃品尝任何新的胡椒产品的机会。如果把胡椒粒直接放入口中咀嚼，实在太过呛辣的话，在此建议您，可以在品尝一种新的胡椒时，先把它们撒在一块薄涂黄油的面包上。这样不仅您的味觉与感觉不会失灵，还可以知道如何使用该胡椒，以充分发挥其美味的效果。在后面《部分胡椒产品的品鉴笔记》中，列出了一个小型美食品鉴团队对于各种胡椒种类与产品的一些主观意见，可供您参考。

印度香料市场上的黑胡椒

## 黑胡椒种的栽种地区和产品种类

2007年，全世界胡椒的总收成量大约271000吨（其中，越南占34%，印度19%，巴西13%，印尼9%，马来西亚8%，中国和斯里兰卡各占6%，泰国4%），2009年则上升至318000吨。印度向来是最大的胡椒生产国，印尼的年产量则紧追其后。不过，由于越南持续不断地扩增胡椒栽种面积，其年产量于1999年超越印度，从此稳居龙头宝座。虽然印度跟过去一样，仍是全世界主要的胡椒产区之一，不过由于本身庞大的胡椒内需，对外输出的胡椒数量仅占全世界出口胡椒总量不到10%的比例，甚至部分内需还要仰赖国外进口。越南的情形则恰恰相反，其境内的胡椒消费占总收成量的比例极小，绝大部分都外销出口，而德国则是越南胡椒的最大进口国：越南胡椒在德国的市场占有率远超 50%[①]。

全世界的胡椒总产量于 2003 年攀达高峰，该年全球植椒区一共收成 355000 吨，随后几年，由于受到恶劣天气、储存问题和植物病虫害的影响，胡椒收成量也就跟着减少。

## 胡椒的品质等级及其特征

胡椒品质会受到各种不同因素的影响，不过，仍有少数比较特别的胡椒产品，其产地就是产品的金字招牌：有些规模较小的胡椒产区会通过提升品质来区隔市场，因此非常重视加工处理的细节及合乎自然的生产方式。这些坚持传统栽种方式的植椒区，普遍都能产出高品质的胡椒产品，大部分产品也都能超越法定的食品安全规定。举例来说，非洲喀麦隆的潘嘉河谷地、柬埔寨南部的贡布省（Kampot）以及印度马拉巴海岸的沛绿雅湖（Peryiar Lake）地区所出产的胡椒，都是行家眼中的极品。此外，还有缅甸生产的黑胡椒，虽然它的产量少，市面上不容易见到，但也同样被视为上等货。这些带有特殊香气的胡椒产品，光是包装上产地的标示，就

① 巴西胡椒贸易委员会，http://www.peppertrade.com.br/IPC352007.htm[15.08.2011]；德国香料工业专业协会以及德国进口越南胡椒的相关资料，http://www.gewuerzindustrie.de/presse/pdfs/Marktentwicklung2010.pdf[15.08.2011]。（作者注）

是优质的保证。

规模较大的胡椒栽种区所生产的胡椒产品，通常会附有品质等级的标志，所使用的专有名词也与胡椒粒的品质、状态及洁净度有关。各个胡椒生产国都会自行制定一些相关的食品法规，以规范境内的胡椒生产。为了让国内胡椒产品能达到国际行销水平，这些法规的制定都会参照一些国际组织，例如，国际标准化组织（ISO，International Organisation for Standardization）或美国香料贸易协会（ASTA，American Spice Trade Association），所颁行的食品安全标准。

以下是胡椒产品分级的一些相关项目：

**含水量**：胡椒粒经过干燥处理后，所剩余的水分含量不能超出一定的百分比。不同等级的胡椒对于含水量有不同的规定：等级较高的胡椒，湿度会比较低；等级较低的胡椒，其含水量也不能高于16%。

**胡椒粒的大小**：交易市场不一定会注重胡椒产品的颗粒大小，然而，在顶级的胡椒产品中，例如，印度的“代利杰里特级胡椒”（Tellicherry Extra Bold），胡椒粒的直径不能小于一定的长度。

**没有果核的轻胡椒粒**：有些胡椒的浆果虽已长成一般大小，不过，由于发育不完全，没有果核，因此质量比较轻。

若把一份胡椒放入水中，那些内部呈空心状的轻胡椒粒便会浮出，我们便可根据漂浮在水面上的胡椒数量的多少，判断该胡椒产品的轻胡椒含量。依照相关的交易规定，市场上高级胡椒产品所含有的轻胡椒粒比例必须低于价格较低廉的胡椒产品。

**尚未育成的小胡椒粒**：一份胡椒可以含有多少尚未育成的小浆果？这方面的标准其实是浮动的。每一种胡椒被许可的比例都不一样，完全视该胡椒产品的等级而定。有些高级的胡椒产品会明确规定胡椒粒大小的下限，因此，这些尚未育成的迷你胡椒果就会在筛选的过程中被剔除。

**异物与污染**：在胡椒产品中，异物的存在与含量，不论是生物类或非生物类，都是决定胡椒品质的指标。这些异物包括昆虫（活的或死的）、胡椒粒以外的植物部位、动物的排泄物、小砂石以及尘土等，其含量不能超出一定的比例，因此必须动用人力，亲手把它们挑拣出来。

**发霉的胡椒粒**：即使较低等级的胡椒产品，发霉胡椒粒的含量也会受到限制。通常发霉胡椒粒在低等级的胡椒中所占有的比例，会比在高品质的胡椒中高。

**灰色的胡椒粒**：由于白胡椒的颜色看起来应该洁白而均匀，因此，白胡椒的品质控管特别需要筛除灰色胡椒果，如此才有晋升为优质产品的可能。

**胡椒碱和芳香油**：关于胡椒碱和芳香油的含量，每个国家的规定都不一样。举例来说，印度相关机构已经明确地为每个品质等级设下标准值，至于另一个胡椒生产大国印尼，只规定胡椒产品的胡椒碱和芳香油含量都必须经过检测并标示出来。

**化学品和微生物的污染控管**

消费者最关心的，当然是关于胡椒粒是否受到微生物和化学有害物质（通常来自杀虫剂的喷洒或化学肥料的施放）污染的问题。终端的消费市场可以决定这些污染物含量的界限值并订立管制有害物质的相关规范。尽管胡椒生产者或出口商已经提交一些胡椒产品的相关分析值，进口商或进口国的官方机构仍会经常在产地或消费地做随机检验，再次实行品质的控管。此时，人们所关注的焦点已不是胡椒粒的大小和胡椒碱的含量，而是各种污染物控管的标准。

从另一方面来说，消费者的购买意愿也会影响胡椒的农作方法及产品品质。一些椒农纷纷从事有机栽种，就是为了满足如今人们对于高价、无污染的食品日益增长的需求。然而，关于有机农业，我们还必须思考一个问题：农业生产者若要在包装上使用有机农产品的标志，就必须在申请有机认证时，投入一大笔金钱。这也是柬埔寨贡布地区的椒农所面临的处境。贡布地区的胡椒产品都是由当地的家庭式作坊以传统手工的加工方式完成的，胡椒从栽种到采收都没有使用化学肥料或杀虫剂，胡椒的销售全由地方的合作社负责。如果要让贡布胡椒正式成为有机农产品，当地两百多处胡椒园的业主必须分别花上一笔可观的金钱，为他们的农产品申请正式的有机认证，然而，这些椒农在经济上无法担负这笔花费。此外，优质胡椒不能只出具有机种植的认证，还必须接受我们在前面所逐项列出的品质规范，毕竟它们是很重要的品质指标。基本上，柬埔寨贡布胡椒全程使用人力的栽种方式与细致的加工过程，绝对符合诸多有机农业的生产要求，即使没有获得有机作物的认证也无妨，因为，它的市场价格早已高过所谓“有机胡椒”(Biopfeffer)。

## 世界各产地的著名胡椒产品

### 印度

“代利杰里精选特级胡椒”(Tellicherry Garbled Extra Bold)和“代利杰里精选顶级胡椒”(Tellicherry Garbled Special Extra Bold)这两种胡椒是代利杰里地区两种不同等级的胡椒产品，它们都使用晚采收的胡椒果作为制作原料，其果粒体积较大，而且品质经过严格的筛选，因此精纯度很高。同样地，马拉巴海岸的胡椒产品也分成两级：“马拉巴精选一级胡椒”(Malabar Garbled Grade I)或“马拉巴未精选胡椒”(Malabar Ungarbled)。“精选”(Garbled)在这里意指，干燥后再经过一道筛拣程序所仔细挑选出来的胡椒粒。除此之外，印度还有“沛绿雅湖胡椒”(Lake Preyiar Pfeffer)和“本地治里胡椒”(Pondicherry Pfeffer)，这些胡椒产品很特别，只以产地作为产品名称，并没有等级的区分。这是由于这两个地区所出产的胡椒，一般说来，都相当优质，没有分级的必要。

**马来西亚**

婆罗洲西北部的沙捞越(Sarawak)所出产的白胡椒产品有许多不同的品质等级与价格，其中的极品是“沙捞越乳脂白胡椒”(Sarawak Creamy White Pepper)，接下来的产品等级依序是贴有乳白色标签的“马来西亚标准白胡椒一号”(Standard Malaysian White Pepper No.1)、绿色标签的“沙捞越特级白胡椒”(Sarawak Special White)、蓝色标签的“沙捞越次级白胡椒”(Sarawak faq White)、橘色标签的“沙捞越产地白胡椒”(Sarawak Field White)以及灰色标签的“沙捞越粗杂产地白胡椒”(Sarawak Coarse Field White)。至于黑胡椒产品的分级名称与贴标方式也跟白胡椒一样，只有最高等级的黑胡椒是例外，其名称为“沙捞越天

| 产地与产品种类 | 品质等级 | 生物性异物 | 非生物性异物 | 轻胡椒粒 | 尚未育成或破碎的胡椒粒 | 残留的湿度 | 芳香油含量 | 胡椒碱含量 | 胡椒粒颜色和大小 | 密度克/升 |
|---|---|---|---|---|---|---|---|---|---|---|
| 印度 | | | | | | | | | | |
| 马拉巴部分精选黑胡椒 | 标准 | 1.50% | 0.50% | 15% | 5% | 13% | 1.50% | 2% | 无资料 | 430 |
| 马拉巴部分精选黑胡椒 | 特级 | 0.80% | 0.20% | 10% | 5% | 12% | 2% | 4% | 无资料 | 450 |
| 马拉巴精选黑胡椒 | 标准 | 1.20% | 0.30% | 10% | 4% | 12% | 2% | 2% | 无资料 | 470 |
| 马拉巴精选黑胡椒 | 特级 | 0.80% | 0.20% | 5% | 4% | 11% | 2.50% | 4% | 无资料 | 490 |
| 代利杰里精选胡椒 | 特级 | 1.20% | 0.30% | 10% | 4% | 12% | 2% | 2% | 至少4.25毫米 | 500 |
| 代利杰里精选胡椒 | 顶级 | 0.80% | 0.20% | 5% | 4% | 11% | 2.50% | 4% | 至少4.75毫米 | 530 |
| 印尼 | | | | | | | | | | |
| 白胡椒(如：门托克) | 一级 | 至多含1%发霉的胡椒粒；无虫体 | 1% | 2% | 无资料 | 13% | 根据检测结果 | 根据检测结果 | 白色偏黄，至多含1% 黑色或灰色的胡椒粒 | 无资料 |

一些胡椒产品的等级及其特征

| 白胡椒 | 二级 | 至多含1%发霉的胡椒粒；无虫体 | 1% | 3% | 无资料 | 14% | 根据检测结果 | 根据检测结果 | 白色略带黄色、灰色或棕色，至多含2% 黑色或灰色的胡椒粒 | 无资料 |
|---|---|---|---|---|---|---|---|---|---|---|
| 马来西亚 | | | | | | | | | | |
| 沙捞越白胡椒 | 沙捞越乳脂白胡椒 | 0% | 0% | 0% | 0.01% | 14.50% | 无资料 | 无资料 | 象牙白至少4毫米 | 无资料 |
| 沙捞越白胡椒 | 沙捞越特级白胡椒（绿标） | 0.25% | 0.25% | 0.50% | 无资料 | 15% | 无资料 | 无资料 | 至多含1%黑色或灰色的胡椒粒 | 无资料 |
| 沙捞越黑胡椒 | 特级 | 至多含1%发霉的胡椒粒；无虫体 | 1% | 2% | 无资料 | 12% | 无资料 | 无资料 | 至少4.5毫米 | 无资料 |
| 沙捞越黑胡椒 | 沙捞越产地黑胡椒（紫标） | 4% | 4% | 10% | 无资料 | 16% | 无资料 | 无资料 | 无资料 | 无资料 |
| 美国香料贸易协会的标准 | 关于所有的黑胡椒产品 | 至多含1%发霉的胡椒粒；每磅至多含2只死昆虫 | 1% | 4% | 无资料 | 无资料 | 无资料 | 无资料 | 无资料 | 无资料 |

一些胡椒产品的等级及其特征

然净纯黑胡椒”（Sarawak Naturally Clean Black Pepper）。

### 印尼

在胡椒交易市场上，印尼的黑胡椒大多为楠榜胡椒（Lampung Pfeffer），白胡椒则是门托克胡椒（Muntok Pfeffer）。这两种胡椒产品的名称都与产地有关：楠榜是苏门答腊岛的一省，门托克则是邦加岛（Insel Bangka）的首府。这两个地方所生产的胡椒产品还有品质等级的分类是：比较高级的黑胡椒会标出 ASTA（美国香料贸易协会）字样，次一级的产品则以 faq（次级）做区别；白胡椒的产品等级则依品质高低分为： hand picked（手采）、superior（优等）和 faq（次级）。楠榜地区的胡椒粒是在热带林木的荫蔽下缓慢生长熟成的，是目前全世界最辛辣的黑胡椒之一，其辣度甚至高于门托克的白胡椒。门托克所出产的白胡椒至今仍依循传统的方法加工制作：当地人把胡椒粒放进水中泡软之后，再经由双脚踩压的方式去除胡椒果的外皮，最后将留下的白色胡椒果放在太阳下晒干。

### 巴西

巴西最优质的胡椒产品也是依据美国香料贸易协会所订立的标准进行加工生产的，即“巴西一号”（Brazil 1）和“巴西二号”（Brazil 2）。黑胡椒和白胡椒都使用这些产品名称。

**越南**

越南虽然是现在全世界最大的胡椒生产国，不过，这个国家至今仍未发展出自己的胡椒等级分类系统，而是采用在印度行之有年的那套品质分级制。例如，胡志明市所出产的优质黑胡椒就直接借用印度相同等级的胡椒名称，称为“越南精选顶级胡椒”（Vietnam Garbled Special Extra Bold）。

**喀麦隆**

自 20 世纪 50 年代起，人们才把胡椒引入喀麦隆，在潘嘉河谷地种植这种经济作物。交易市场上所买卖的潘嘉胡椒有白胡椒、黑胡椒和绿胡椒三种，不过，这些产品都没有等级的划分。该谷地的火山灰土壤含有丰富的矿物质，因此，胡椒株所结出的胡椒粒气味浓郁并带有多重的香气。总之，潘嘉胡椒是热带阳光和火山灰所共同孕育出的珍品。

**柬埔寨**

柬埔寨南部的贡布省具有悠久的胡椒种植传统，后来在波尔布特（Pol-Pot）执政时期曾有数十年国际胡椒贸易中断。直到 20 世纪 90 年代，贡布地区所出产的红、白和黑胡椒才重新出现在国际香料市场。随着经济的复苏，贡布椒农开始在平坦的稻田上辟建一处处小型胡椒园。这个地区阳光充足，黏质土壤富含矿物质，因此，贡布胡椒带有一种非常温润的果香风味。贡布地区的胡椒园规模小，均属家庭式经营，完全依照传统的方法生产胡椒，这种生产模式也是贡布胡椒维持高品质的保证。

## 2009年夏天参访柬埔寨贡布植椒区

柬埔寨南部靠海的贡布省是一个充满传奇色彩的产椒区，距离首都金边158公里，依当地的交通状况，大约是三小时的车程。我们从金边出发，乘车行驶在主干道上，希望能尽快顺利地到达目的地。驾车的司机很健谈，他一边开车一边说着许多关于红色高棉（Khmer Rouge）的恶行，包括如何破坏老百姓的胡椒园与内心的期待。在车中听闻柬埔寨这些过往后，我们这些外国人觉得，当地人民经过红色高棉暴政的蹂躏，早就不抱有什么远大的梦想，他们只是务实地看向未来，进行破坏后的重建。当车子快要进入贡布市区时，我们在路上看到一辆载满碎石的货车发生翻车的交通事故，满地的碎石块原本是要修建道路用的。后来我们在贡布市区所投宿的那家旅馆的老板娘告诉我们："这种事每天都会发生，不过，两年后高速公路就可以完工通车了！"当地的胡椒产业也普遍弥漫着一股向前发展的氛围，不过，那却不是新的创造，而是试图恢复过去贡布曾拥有的成就，因为至今贡布胡椒的产量仍无法超越从前。

贡布地区在地理位置上介于海洋和缓丘之间，热带气候非常适合胡椒的生长，贡布胡椒所特有的芳香主要归功于其黏质土壤所富含的矿物质。这个地区的胡椒生产至今仍完全依赖于传统的人工方式。从前贡布地区的人们可以凭借胡椒生产而衣食无忧，不幸的是，蓬勃的胡椒产业后来遭受红色高棉彻底的破坏。不过，贡布的椒农并没有就此放弃，他们在红色高棉政权倒台后，重新栽种胡椒，希望借由不断的努力来恢复往日荣景，目前该地区的胡椒园已有 280 个左右。

贡布地区在 1927 年输往法国的胡椒量已经高达 4130 吨，而当时贡布胡椒的年产量为 8000 吨，换句话说，贡布地区在殖民统治时期输入宗主国的胡椒数量占总产量的一半以上。贡布胡椒首次在国际上获得佳评是在 19 世纪，当时东南亚发生了一件相当传奇但至今仍未被证实的事件：统治印尼苏门答腊北部亚齐（Aceh）地区的苏丹曾是 19 世纪东南亚最大的胡椒生产者，因为不愿把胡椒藤上的胡椒留给荷兰人，他烧毁了自己所有的胡椒园。据说，东南亚的胡椒生产重心因此便转移到柬埔寨南部的贡布省。从那个时候开始，贡布胡椒的种植和买卖便逐渐热络起来。在 20 世纪 70 年代红色高棉执政时期，贡布地区所有的胡椒园被收归国有，园区大部分的土地改种水稻，胡椒的生产几乎停摆，直到今天，贡布的胡椒产业仍没有完全复苏。虽然贡布胡椒如今在国际市场上贵为极品，然而，它的优质只有胡椒的行家知道，贡布胡椒仍没有打响知名度，而且一般的消费者也不容易买到这个地区所生产的胡椒。自 20 世纪 90 年代起，贡布栽种胡椒的传统复兴，不过，它的复苏步调很缓慢。这是由于胡椒这种经济作物的种植需要密集的劳力，而且获利不如种植水稻和蔬菜，当地农民如果想要投入胡椒的生产，不仅要具备种植和加工胡椒的经验，还要有一股追求理想的傻劲儿。

我们在当地结识了农业合作社理事长塔利（Taly），他就是一位具有上述特质的贡布椒农。我们也因为他的引领，才有机会深入贡布省的内陆地区，到磅德拉县（Kampong Trach）实地观察与了解当地胡椒栽种的情况。塔利在磅德拉县拥有规模最大的胡椒园，他一共栽种了360株胡椒藤，每年的胡椒收成量将近900千克，远多于其他椒农家庭平均200千克的年产量。为了参观塔利的胡椒园，我们从市区搭车二十分钟，下车后，再从一个小型农仓步行十分钟，穿越一些稻田和休耕的田地，并经过一条水深未及膝的小河（架在河上的木桥是用几根树干相捆，随意搭成的）才到达。塔利的胡椒园面积确实很大，从我们面前一直延伸到远方地平线所在的那座丘陵。其中大部分都还没有种植作物，只零星点缀着几棵棕榈树。

这片土地从前都栽满胡椒，“我父亲曾经拥有2000株胡椒藤，我要努力恢复这个数量。”塔利有感而发地对我们说道。塔利的胡椒藤看起来郁郁葱葱，不过，相较于周边休耕的稻田，目前栽种的面积其实不大。我们在园内参观时，距离下一次收割绿胡椒果的时间还有好几个月，这些绿浆果主要是以成串排列的方式聚生在穗条上，胡椒藤高 3—4 米，是一种外观类似四季豆的藤蔓植物。园里的胡椒果散发着清新的香气，同时还带有一股呛辣味。塔利对于自己所生产的高档胡椒感到很骄傲，当时塔利为了让我们看看比较成熟的果实，一直在园中走动寻找，我们也才有机会在他的带领下，把将近三分之一面积的胡椒园看个仔细。我们在园内发现了几颗黄色浆果，要等到隔年 2 月，它们才会完全熟透转红。每年 2 月也是贡布地区采收红胡椒果的月份，而且全程皆由人力完成。在此我想跟贡布胡椒爱好者分享一些实地的观察：这个地区的椒农在施肥与防治虫害时，都采用自然的方法与材料，完全没有使用化学物品。难怪塔利会自豪地说："就是因为纯天然，我们的胡椒才能如此美味！"

塔利在他的胡椒园中

## 长形胡椒：荜拨和假荜拨

虽然人们不把长形胡椒当成“真正的”胡椒，但是，就某些方面而言，它却是欧洲人最先认识与使用的胡椒种类。古代的希腊人和罗马人在医药和烹饪方面使用长形胡椒的历史早于圆形胡椒。就史实来说，长形胡椒受欧洲人喜爱的程度与时间长度都胜过圆形胡椒。而且，许多欧洲当代语言中关于“胡椒”的词汇，例如，英文的 pepper 和德文的 Pfeffer，均源自梵文中的 pippal，而 pippal 的梵文字义正是指生长于印度的荜拨。

荜拨（Piper longum）和假荜拨（Piper retrofractum）虽然都被归为长形胡椒，二者有亲缘关系，外观类似，却是两种不同的植物物种。荜拨是人工培植的野生胡椒，从孟加拉国到南印度都是它的产区范围；假荜拨则原生于印尼爪哇岛和巴厘岛。此外，您可能还听过一些长形胡椒的别称，诸如“长条胡椒”（Stangenpfeffer）、“贾柏兰蒂胡椒”

（Jaborandipfeffer）、“孟加拉胡椒”或“巴厘岛胡椒”。当荷兰的殖民地官员在印尼发现长形胡椒时，便打起如意算盘，准备把它运往欧洲，借此大发利市，长形胡椒也因此成了印尼当时重要的经济作物。然而，天不从人愿，比起圆形胡椒，长形胡椒在这个时期已不受欧洲消费者青睐，因此，印尼的长形胡椒在欧洲香料市场上便成了次要的商品。

## 关于“胡椒”这个概念的一些说明

从前的欧洲人惯称香料及所有胡椒科植物的果实为“胡椒”，不论是英文的pepper或德文的Pfeffer，这些字词都源于古梵文的pippal。pippal的梵文字义不仅指涉荜拨的植株，也意指它的长形胡椒果。现今许多印度半岛的语言也还使用pippal及其相关的衍生字词来指称荜拨。pippala这个词和pippal近似，很容易混淆，它是指神圣的菩提树（Peepal）的果实。此外，pippala还另有“感官的愉悦”这层意思。至于“胡椒属黑胡椒种”的真胡椒则与pippal或pippala完全无关。古印度的梵文称黑胡椒种的胡椒为“玛利卡”（marīca），在许多印度新兴的语言中，也沿用“玛利卡”这个词汇来指称黑胡椒。在印尼这个地方，如果有人用餐时想要撒些“梅利卡”（merica），旁人就会递上胡椒给他；柬埔寨人则称胡椒为“玛利可”（marich），与梵文及印尼语的发音近似。

不论是过去还是现在，欧洲语言经常出现许多混淆胡椒和辣椒词汇的现象：欧洲人不只曾用“胡椒”来通称所有的香料，至今仍把原产于南美洲的红辣椒称作“卡宴胡椒”，就连近代所发现的一些非胡椒属植物的辛香果实也以胡椒命名，例如，澳大利亚塔斯马尼亚岛所出产的塔斯马尼亚胡椒（Tasmanischer Pfeffer，学名：Tasmania lanceolata）。除此之外，印度这个胡椒发源地的语言也有类似的语意混淆：在许多印度的方言中，原先在梵文中原意为“胡椒”的词语，现在已转而指称“辣椒”；更古怪的是，“辣椒”这个词竟然也成了“胡椒”的词根。奥地利化学家暨香料专家卡策就曾在他那带有传奇色彩的香料网页上举出一个关于这方面的语言学例子：印度马拉巴海岸的喀拉拉邦以马拉雅拉姆语（Malayalam）为主要语言，“白胡椒”这个词在该语言的字面意义竟是“白色的黑辣椒”。总之，胡椒也好，辣椒也罢，反正它们就是辛辣[①]！

①参照 Monier-Williams 1994: 627（pippala），628（pippali），790（marica）；Katzer，G.:Gewürzseiten，http://www.uni-graz.at/~katzer/germ/Pipe_nig.html[15.08.2011].（作者注）

## 植物性状

荜拨、假荜拨和前面介绍的真胡椒，即“胡椒属黑胡椒种”（Piper nigrum），都是藤蔓植物。它们喜欢生长在黏性土质、有遮阴和潮湿的环境中，是容易木质化的灌木或亚灌木，油亮的叶片呈心形，花朵和果实均生长于花轴上。与圆粒的真胡椒不同的是，这两种长形胡椒的雄性及雌性花轴较短小，而且长得笔直。雌性花轴上的浆果颗粒小、排列紧密，于成熟期茂密地生长，果穗成熟时，看起来就像长状的球果。古罗马博物学家老普林尼也曾提到这种长形胡椒，他当时还误以为长形和圆形胡椒源自同一种植物，而且果实都属于荚果类型：“这种胡椒藤很像我们欧洲的刺柏；……它们的区别在于胡椒果穗被包覆在厚实的小果荚内，而刺柏的果穗则无荚壳包裹。当地人不会等这些胡椒荚果达到一定成熟度而自行裂开，他们会主动剥开这些荚果，再把里面的胡椒果穗掏出并放在阳光下晒干，然后就成了我们所使用的长形胡椒；如果等胡椒荚果成熟后自行爆开，里面露出来的果实就不再是长形胡椒，而是白胡椒粒。”（Plinius Naturgeschichte 1764, I.: 510）

荜拨和假荜拨这两种长形胡椒的差别在香料市场的交易中并不明显，因为，它们都被当成“长条状的胡椒”，市场价格相去无几。就植物性状而言，东南亚所出产的假荜拨，能够借由茎干的附着根（Haftwurzel）而攀缠在其他植物之上，其雄性果穗与叶片都比印度的荜拨大，不过，雌性果穗就相对比较短小，仅3—5厘米长，因此，长度与印度荜拨差不多。

## 生产

人们要等到长形胡椒的果穗成形约两个月后，才能进行采收，此时，穗条上浆果的色泽呈深绿色。在胡椒藤上，这些长形胡椒的果实也跟圆形胡椒一样，颜色会由绿渐转为黄、橘和红色。刚采下的绿色长形胡椒果会在干燥过程中转成深灰或黑色，如果所采收的果穗是橘色或红色，这些接近成熟或已成熟的果穗就会在曝晒后转成黑褐色。通常晒干的过程需要好几天，不过所需的时间也只比圆形胡椒粒稍微久一点儿。等干燥过程结束后，椒农会亲手从成堆的长形胡椒中仔细去除细小的枝柄和昆虫这些杂质。

## 香气

长形胡椒的胡椒碱含量高达6%—9%，因此，其辛辣度高于大多数种类的圆形胡椒。不过，长形胡椒的芳香油含量只有1%，成分也跟“胡椒属黑胡椒种”的胡椒油脂不同。长形胡椒的清新香气中，还带有一种混合了泥土和肉桂味的味道。那种特有的味道在口腔中舒展开来时，我们的味觉和嗅

长形胡椒与圆形胡椒

来源：约翰·诺伊霍夫，荷属东印度公司，1669 年

觉还能同时感受到类似花朵的甜香，以及带劲儿的辣味！在两种长形胡椒中，假荜拨的香气比较精细雅致，不过，只有把这两种产品做直接比较时，其间的味觉差异才会显现出来。

## 应用

在古希腊罗马时代，长形胡椒温润的香气与较强的辣味比后来流行的圆形胡椒更受欢迎。我们从古罗马的名厨阿比修斯所流传下来的食谱集得知，这位赫赫有名的大厨喜欢使用胡椒来烹饪食物，不过，究竟他在数百道食谱中所建议使用的胡椒是圆形还是长形，现在已无从考证。无论如何，阿比修斯的年代正好是圆形胡椒开始挑战罗马料理中长形胡椒的角色与重要性的时期。当时长形胡椒的交易价格比圆形胡椒还要昂贵（Vaupel 2002: 34），这可能是后来长形胡椒受到人们冷落的原因，同数百年前一样，每当黑胡椒在欧洲的市场价格达到顶峰时，就会出现一些较廉价的“假胡椒”。

与圆形胡椒相较，长形胡椒后来逐渐不再受欧洲人青睐，不过，这种辛香料在14世纪的欧洲料理史中仍相当重要。在法国皇室御厨于14世纪撰写的法文料理书《泰勒凡食谱》中，长形胡椒的使用频率高于圆形胡椒；依照两份早期的《泰勒凡食谱》手抄本的记载，在该书所列出的各类香料一览表中，甚至没有圆形胡椒，也就是我们现在所说的真胡椒，

而只出现了长形胡椒和乐园籽。(*Le Viandier de Taillevent* 1967: 34,109)

到了15世纪，相关的史料已显露了当时的美食趋势：在《泰勒凡食谱》比较晚期的15世纪手抄本中，大多数食谱都明确地在内容中提到需要使用长形胡椒这种调味料，然而，在所附上的辛香料列表中，却只写了胡椒，而非长形胡椒（*Le Viandier de Taillevent* 1967: 194)。这是撰写者当时的疏漏，还是意味着长形胡椒在料理中的角色已经越来越不重要？考古学家们在德国北部和东北部出土的众多物件中，曾找到许多当地居民从13世纪初期至18世纪末使用黑胡椒的证据。在前后将近六百年的时间里，这个日耳曼地区却没有留下任何使用长形胡椒的遗迹。(Wiethold 2009: 55)在此还要附带提到曾出现在《泰勒凡食谱》中的乐园籽，欧洲人很早便懂得使用这种“假胡椒”来烹饪菜肴。不过，17世纪后，这种香料也从欧洲料理史中彻底消失了！在一本1767年出版的食谱集《布尔乔亚的美食》中，乐园籽和长形胡椒已经不见踪影，不过，我们却还可以在其中看到其他《泰勒凡食谱》建议使用的调味料[①]。

① *La cuisinière bourgeoise*, p. 327, 1767；这本食谱集特别列出了厨房所需的香料：盐、肉豆蔻、丁香、细研和粗磨的胡椒粉、豆蔻皮、腌制肉类的硝石粉、柠檬、姜、肉桂、芫荽、刺柏果、番红花和芥末；此外，作者还标注了各种坚果、水果干、醋和油等配料。(作者注)

长形胡椒在欧洲北温带已无法恢复在古希腊罗马时代所扮演的料理宠儿的角色。不过，在其他大陆，例如，在印度和北非某些地区的美食传统中，长形胡椒的重要性至今仍未衰减。大部分埃塞俄比亚综合香料（Berbere）和摩洛哥综合香料的配方中，都需要使用长形胡椒。北非料理特别喜欢掺入大量的香料，摩洛哥综合香料大概是撒哈拉沙漠以北地区配料最复杂的香料。这种混合式香料把每一种香草及上等香料的粉末与颗粒的气味统合得很有风味。印度半岛的居民由于偏好辣味料理，因此，长形胡椒在南亚这个次大陆一向广受人们喜爱，不过，后来引入的红辣椒也部分取代了长形胡椒在印度菜系中所扮演的辣味角色。

做料理时该如何使用长形胡椒这种香料呢？当然，您可以用它来取代各种黑胡椒种胡椒的辣味，而且，用长形胡椒所料理出的餐食，还别有一番风味。这种胡椒带有多层次的香气，很适合搭配肉类（特别是野味）、鱼类、味道鲜明的蔬菜、气味浓郁的奶酪以及甜点。不过，必须特别留意的是，磨碎的长形胡椒辣味强劲，在烹调时，若太早放入料理中，味道往往会过辣。因此，如果要把长形胡椒放入菜肴中烹煮，切记不要压碎，最好整条放入，如此不仅不会过辣，料理还会散发出一股淡淡的松脂香。或者也可以在上菜前，用研钵或豆蔻磨碎器把长形胡椒磨成粉状，直接撒在料理上。

# 带尾胡椒

## 荜澄茄（Piper cubeba）

早在13世纪，欧洲人便已知道荜澄茄这种香料。荜澄茄是一种带有果柄的椒果，因此，又被称为“带尾胡椒”（geschwänzter Pfeffer）。由于这种胡椒的原产地在印尼爪哇岛，因而该类胡椒在欧洲也被称为爪哇胡椒（Java Pfeffer，poivre de Java，Javanese pepper），印尼人则称这种带尾胡椒粒为kemukas。约在西方的古希腊罗马时期，荜澄茄便已外销至中国和印度这两个东方文明古国，而且由于拥有类似的气候条件，印度自从输入这种带尾胡椒后，很快便开始自行栽种与生产。至今印尼、印度和斯里兰卡仍是荜澄茄的主要出产国，不过，由于人们对于这种带尾胡椒的需求量不高，因此，全球每年的总产量远远比不上黑胡椒种的真胡椒。

## 植物性状

荜澄茄属于藤蔓植物，其栽培的规模相对较小，大多附带种植于咖啡和可可这类经济作物的农园里。它的藤株最高可以攀至 6 米，外观类似其同属不同种的亲戚“胡椒属黑胡椒种”，然而，它的叶片却比黑胡椒种还要大而长。荜澄茄开花时，白色的小花都借由花柄附着于穗条上，因此花序的排列并不紧密。等到结实和采收后，这些花柄仍留在浆果上，从而形成所谓“带尾胡椒粒”，其直径大小与黑胡椒种的胡椒粒差不多。

## 生产

人们会等到荜澄茄快成熟时，才把它们从果穗上采下，再铺放于太阳下曝晒，直到果皮皱缩硬实，色泽接近黑色为止。如果在采收时不细心处理，晒干之后，荜澄茄的颜色会呈灰色。这些灰色的胡椒粒尽管没有腐败，却属于较廉价的等级，因此，大部分都会被剔除。（Katzer 2007：132）

## 香气

荜澄茄的风味很独特，几乎无法跟其他种类的胡椒做比较。这种带尾的胡椒粒具有多香果温和而略带森林味的香气，此外还混杂着近似百里香、薄荷、鼠尾草以及柠檬的香气。把它们放入口中咀嚼，会出现一种甜中带苦的味道，并散发出类

荜澄茄
来源：《科勒药用植物》（*Köhler's Medizinal-Pflanzen*）

似薄荷和樟脑的清香，而且，这种香气不会立刻消失，它会在口腔里存留一阵子。由于荜澄茄的胡椒碱含量很少，因此，辣度不及其他种类的胡椒。荜澄茄微微的辣味来自其中的荜澄茄素（Cubebin），该物质带有多层次的香气，占芳香油总含量的比例颇高，甚至可达20%（Blum 1999：124）。由于荜澄茄所含有的芳香油容易挥发，原有的苦味若遇上高温会变得更苦，因此，若用于烹饪调味时，不宜开大火或久煮，最好在准备熄火前，或菜肴盛盘后，再撒入这种已磨成粉末的带尾胡椒。

## 应用

人们现在取用荜澄茄，主要着眼于它的芳香油。荜澄茄的精油大多用于香水和化妆品产业，因此，这些产业的从业者也是全世界荜澄茄的主要收购者。荜澄茄原生于印尼，因贸易交流而被输往中国和印度，后来它又经由香料之路被带往阿拉伯世界及欧洲地区。荜澄茄所到之处，都被当地人视为重要的药品，用于治疗胃部与呼吸道的不适症状，还有尿道感染和梅毒。荜澄茄是否能有效治疗梅毒，这个问题我们暂且不谈，不过，由于它具有催情壮阳的效果，在中世纪的欧洲被认为是一种很好的春药，荜澄茄也因而成为热门的香料，当时市面上还出现一种用荜澄茄泡制的香料酒。（Küster 2003：200）在14世纪时，西班牙一位佚名的炼丹术士发明了一种名为 al butm 的万灵药，该药的配方除了需要一些香料，如南姜和檀香木之外，荜澄茄也赫然在列。（Patai 1994: 215）后来，人们还会把荜澄茄秘制成可以让口气清新并能治疗喉咙疼痛的喉糖或是把它掺入芬芳的焚香品和各种蒸馏出的酒液中。从欧洲料理史的角度来看，荜澄茄在中世纪时期最受欧洲人喜爱，它通常被调入蜂蜜口味的甜糕饼中，可惜的是，这种调味品后来逐渐被其他的香料所取代。在印尼菜系里，荜澄茄是某些香料酱以及 gulay 这种咖喱料理的传统配料，然而，在印尼的现代料理中，它几乎不存在了。独独在北非地区，荜澄茄仍是一些料理与综合香料的固定配料，比方说，摩洛哥综合香料。

最近这几年，荜澄茄这种带尾胡椒在欧洲的现代料理中再度流行起来，这是由于一些喜欢尝试料理创新的主厨不希望荜澄茄特有的调味优点一直被埋没。这种罕见的辛香料非常适合调理水果食材，不论人们把这些水果材料做成餐后甜点，或是与肉类或奶酪搭配。此外，荜澄茄也能赋予印度蔬果酸甜酱（Chutney）一种令人回味的口感，对于海鲜和鱼肉还具有提味的效果。凡是综合香料以及采用秋季时令食材做成的餐后甜点中有使用多香果的地方，也都能用荜澄茄代替，不过，使用这种调味料时，应少量使用为佳，因为它的味道比较浓烈。

## 两百年多前出版的一套德文经济百科全书中，关于荜澄茄的描述

“荜澄茄（……）人们口中的荜澄茄是一种香料，圆形有皱褶的果粒外观看起来很像黑胡椒种的胡椒粒，只不过荜澄茄的果实比较小（虽然藤枝上偶尔会长出较大颗的浆果），并带有一条细长的果柄，因此又被称为带尾胡椒或尾胡椒。它的表皮薄而易裂，呈灰色或棕色，通常会有褶纹，不过，有时有的果实表皮反而质地光滑，毫无皱褶。荜澄茄圆粒状的浆果，外黑内白，跟胡椒一样，都带有一种讨喜的香料味，只不过荜澄茄的香气更为强烈，因此更令人垂涎。荜澄茄的植株生长于东印度的爪哇岛上，18 世纪瑞典著名的植物学家林奈（Carl Linnaeus，1707—1778）用他的生物分类法，把它命名为 Myrtus Pimenta（学名）。有些人相信，当地人会先将这些带尾的胡椒粒用水煮过，然后才放在阳光下晒干，如此一来，销往其他地区后，那里的人民就无法利用这些胡椒粒育苗栽种了。其实，人们只要仔细观察这些胡椒粒，就知道这种推测本身非常荒谬。因为外皮的皱褶正是它们曾经在太阳底下曝晒过的证明，如果曾用热水煮过，这些浆果应该跟白胡椒一样会胀大才是。荜澄茄本身的味道，虽然辣中带有苦味，不过，它的气味对于人们很有吸引力，如果当地人真的用滚烫的水处理这

些果实的话，荜澄茄早就失去它的馨香了！

印度出产的荜澄茄都用木箱或粗布袋装着。在交易市场上，荜澄茄论磅贩售，货品分成两种：成熟与未成熟的果实。未成熟的荜澄茄质量轻，外皮发皱，果核小而干缩；成熟的荜澄茄表皮细滑，果核厚实，质量也比较重。新鲜、大颗而厚重的荜澄茄才是优质货。

**价格：**荜澄茄从前在荷兰阿姆斯特丹香料市场的售价为65—70斯图弗铜币（Stüver）。交易时，包装木箱的重量可抵2%的总重量，当场付款的买家，货品重量可以再少算1%。荜澄茄的市场价格后来一直滑落，1748年，它的售价只在11¼至14½斯图弗铜币之间浮动。

**医药治疗：**荜澄茄对于头部保健及一些生理不适的症状特别有效。这种香料有助于增强记忆力，预防中风，并且还能有效治疗晕眩（因此被昵称为“头晕药丸”）和胃部消化机能衰退这些症状。人们会用砂糖蜜制荜澄茄，把这种甘味荜澄茄和未加工的荜澄茄一起放入口内咀嚼，可以让口气清新。此外，还可以到药房购买荜澄茄精油，把这些精油滴在棉花上，再塞入耳内，可以改善耳聋或重听者的听力。”①

---

①以上资料出自 D. Johann Georg Krünitz, Oekonomische Enzyklopädie oder allgemeines System der Staat-Stadt-Haus-und Landwirtschaft in alphabetischer Ordnung, 1773—1858. 还有另一种胡椒属植物也被称为带尾胡椒，参考网页 http://www.kruenitzl.uni-trier.de/[15.08.2011]. 关键字：Cubebe。（作者注）

## 马达加斯加野生胡椒（Piper borbonense）

还有另一种胡椒属植物也被称为带尾胡椒：马达加斯加野生胡椒。这种带尾胡椒的藤株有一个拗口的名称Voatsiperifery，所结出的胡椒果则被称为Malagasy，主要野生于印度洋西南方的马达加斯加岛，此外，还有少部分生长于附近的毛里求斯岛和留尼汪岛。马达加斯加野生胡椒是非常少见的胡椒产品，价格也很昂贵，一直到近期才出现在欧洲的香料市场。人们只有通过特别交易才能买到马达加斯加野生胡椒，这种胡椒有时也被称为“原始林胡椒”（Urwaldpfeffer），不过，也有其他种类的胡椒产品被冠以“原始林胡椒”之名，因此，消费者在选购时，务必注意产地来源。这种野生的带尾胡椒年产量不多，只有1500千克，马达加斯加岛是主要产地，这种胡椒属植物生长于该岛的东南部。

### 植物性状

由于这种胡椒属植物是藤蔓植物，因此，会依附其他树木作为支撑的桩柱，以向上攀长，藤株生长的高度约10米，甚至更高。只有藤上新嫩的枝丫才会长果穗，结果实。马达加斯加野生胡椒的浆果大约呈椭圆形，果柄与果穗相连，因此，果实并没有紧附在穗条上。完全熟透的浆果呈艳红色，而且非常饱满，附连其上的长条果柄看起来就像是椭圆状浆果的一部分。由于这种野生胡椒果的水分含量很高，因此，经过干燥处理后，其重量只有鲜采时的十分之一。

## 生产

果实在适合采收时，几乎已完全成熟。采摘的工作完全依赖人工，既费事又麻烦。为了获得这种昂贵的野生胡椒果，收割的工人必须使用梯子或亲自爬树摘取。摘下的浆果经过日光的曝晒后，有些会变成微红色。由于马达加斯加野生胡椒粒在干燥过程中流失许多水分，因此，这种胡椒产品看起来比荜澄茄还要小，而且外皮更皱。然而，马达加斯加野生胡椒和荜澄茄这两种带尾胡椒确实外观很相似，因此，毛里求斯和留尼汪的岛民也称这种野生胡椒为“土产的荜澄茄”。(Vives 2010: 52)

## 香气

到目前为止，科学界仍未对马达加斯加野生胡椒的芳香成分进行确切的研究分析，虽然无从得知芳香物的化学成分，但我们能从感官获得重要的信息：马达加斯加野生胡椒带有讨喜的泥土味、霉味、强烈的树林香气以及温和的胡椒味，这些气味不仅充分反映了它所生长的自然环境，在类似甘草的温甜味和略带清凉的薄荷味的衬托下，这种大自然的味道就更加强烈。马达加斯加野生胡椒的辣度不及黑胡椒种的胡椒，食用过后，口腔里还会存留它所带来的那种清新和令人愉悦的刺激。

## 应用

在产地以外的地区，马达加斯加野生胡椒并没有烹饪调味的用途，就连在产区，当地人也只是把这种胡椒当成黑胡椒一般，偶尔在菜肴中使用一下。此外，我们也不曾发现使用这种胡椒烹调的经典料理。由于毫无料理典范可供依循，因此，亲爱的读者，如果您有机会取得这种珍稀的胡椒，大可以放胆自由创造，好好享受美食实验的乐趣。如果您想为料理添增一些清新的胡椒味，或者您想在某一道菜肴里加点美味的优质胡椒时，都可以使用马达加斯加野生胡椒。由于这种胡椒无法经受高温，因此，最好等料理完成后，或是上桌时再撒入，而且这种小型的野生胡椒粒只能被磨成粗颗粒使用，粗糙的颗粒能为菜肴增添一点儿香脆的口感。在这里我还要郑重推荐大家，可以用马达加斯加野生胡椒调制蔬菜料理、白肉、新鲜的奶酪以及淋上油醋酱汁的生菜沙拉。如果也能在水果和巧克力上撒上这种粗颗粒的胡椒粉，味道就更棒了！

## 几内亚胡椒（Piper guineense）

几内亚胡椒跟马达加斯加野生胡椒一样，经常被人们误认为荜澄茄。几内亚胡椒也一直以“假荜澄茄”著称，此外，人们还称它为阿善提胡椒（Ashanti Pfeffer）。这种胡椒属植物生长于非洲热带地区，当地居民是这种胡椒的主要消费者。几内亚是几内亚胡椒的产地之一，人们也以此地为该胡椒命名，此外，西非所生产的乐园籽也被称作几内亚胡椒，因此，这个名称在使用上已出现语意混淆的情况。几内亚胡椒的浆果在晒干后，外皮仍光滑没有皱褶，色泽有时略呈红色，有弯曲且较长的果柄附着，所以，就胡椒粒的外观而言，几内亚胡椒更像荜澄茄，而不像马达加斯加野生胡椒。不过，依目前的实际状况来说，由于几内亚胡椒几乎不会出现在香料市场，因此人们在进行交易时，并没有机会混淆这两种香料。

### 植物性状

跟其他胡椒家族的成员一样，几内亚胡椒也会把现有的桩柱或树木当作向上攀长的支撑物。它的椭圆形果实很像马达加斯加野生胡椒，只不过在完全成熟时颜色比较深，是略带红色的近黑色。这种胡椒藤的叶子带有香气，也被人们当成调味料使用。

## 生产

我们很难找到关于几内亚胡椒的产品种类和生产数量的资料，这也大概意味着，这种胡椒在今天的国际香料市场并非重要的交易品。几内亚胡椒即使在产地也很昂贵，这就说明了这种胡椒的采收工作也跟马达加斯加野生胡椒一样，相当有挑战性。

## 香气

虽然几内亚胡椒的气味略似荜澄茄，然而，它并不含有荜澄茄素，而是带有胡椒碱的成分。我们可以想象一下几内亚胡椒的香气，综合了真胡椒和荜澄茄的气味，却没有荜澄茄所特有的苦味。

## 应用

几内亚胡椒的作用与荜澄茄大致类似，能治疗伤风感冒的症状，并且有壮阳的功效。尼日利亚人喜欢用几内亚胡椒藤的叶片烹煮尼日利亚胡椒汤（Uziza，尼日利亚当地还有一种香料植物叫作 Uzazi，是花椒的近缘植物，它的干果看起来很像几内亚胡椒，因此很容易混淆），饮用这道汤品至今仍是当地人民治疗打喷嚏的良方。这种胡椒藤上的青叶也是尼日利亚汤类和杂烩料理的传统佐料，而且，它的价格远比胡椒粒便宜。几内亚胡椒有时也是埃塞俄比亚综合香料和摩洛哥综合香料的配料，只不过长形胡椒或荜澄茄更易被选用。法国的港口城市迪耶普（Dieppe）和鲁昂（Rouen）自14世纪开始，就有来自西非几内亚的船只在此停泊，几内亚胡椒至今仍是这两个港口城市的传统香料（Gayet 2010：158）。不过，现在这两个城市以及其他欧洲地区的特色料理都不使用几内亚胡椒了，欧洲人使用这种调味料，也只是偶尔为之。我曾尝试在欧洲购买几内亚胡椒，却总是买不到，因为欧洲的香料商没有进口这种胡椒产品。亲爱的读者，如果您有机会到非洲旅行，并碰见了这种胡椒，记得要好好把握这个难得的机会，用这种胡椒来一场大胆的料理实验。

## 部分胡椒产品的品鉴笔记

品鉴胡椒需要敏锐的味觉。我们决定在试尝各种胡椒产品时，以水煮马铃薯、白面包、黄油和橄榄油作为搭配品尝的基底食物。此外，现场还必须准备许多饮用水，品鉴员每次品评完一种胡椒后，必须先用水漱口，以抵消前一种胡椒对于味蕾的影响，然后才能继续品尝下一种胡椒。胡椒的品鉴以掌握气味为优先，品鉴员拿到胡椒测试品时，会先嗅闻整颗完整的胡椒粒，然后才是用钵臼研细的胡椒粉。接下来进行的品鉴项目是胡椒的味道：品鉴员会先把整颗胡椒粒放入口中咀嚼，然后再把用研钵磨好的粗颗粒胡椒粉撒在面包或马铃薯上品尝。同一批胡椒会因为搭配食物的不同，而让味蕾形成不同的感受。如果把胡椒粉撒在较甜的面包上，胡椒的辣味就会显得比较温和，如果胡椒粉搭配的是不甜也不咸的马铃薯的话，胡椒的味觉特色就更突出。那么，人们在品鉴胡椒时，该选用哪一种基底食物作为搭配呢？胡椒品鉴时，基底食物的选择往往来自直觉，其中一部分是在品评气味时，品鉴员自己心里就有谱了，不过，大部分都是在测试味道时才决定的。在这里留下胡椒品鉴笔记的团队是我们私下自行组成的，虽然成员们在许多方面看法大致相同，但是每个成员对于辣味的接受度却非常不同。以下是我们这个团队针对各种胡椒产品的特色所归纳出来的品鉴笔记：

**爪哇的荜澄茄**

嗅觉与味觉的联想：香草植物的气味（百里香）、薄荷味（桉叶！）、树林味、泥土味、温和的辣味、强烈的苦味、秋天的气息，在口腔中留下持久的清香。

适合搭配的食材、料理和饮品：蔬菜、地中海的香草、野味、甜菜根、马铃薯、鲑鱼、南瓜和蕈菇类。

**假荜拔**

嗅觉与味觉的联想：佛手柑、柑橘类果皮、莓类、水果、多香果、焦油味、树林味、强烈而持久的辣味、圣诞节的气息，还有，人们在桑拿房热炉上加水时，水蒸气腾出的味道。

适合搭配的食材、料理和饮品：巧克力、水果、奶酪、蔓越莓、圣诞节的糕点、热香料甜酒。

**荜拔**

嗅觉与味觉的联想：橘皮、樟脑／薄荷、圣诞树的球果、树林、土壤、过熟的水果，呛辣味持久。

适合搭配的食材、料理和饮品：炖肉料理、水果干、热香料甜酒、石榴、无花果、柑橘果酱、奶酪。

## 印度马拉巴绿胡椒

嗅觉与味觉的联想：柑橘、新鲜的香草植物（甘牛至）、薄荷、略带禽畜棚舍的气味、呛烧的辣味。

适合搭配的食材、料理和饮品：匈牙利炖牛肉（Gulasch）、早餐的煎蛋、鱼类、鲜奶油胡椒酱、柠檬、禽肉、蔬菜以及一些甜味的点心和食材。

## 印度马拉巴精选一级黑胡椒

嗅觉与味觉的联想：泥土气/霉味、百里香、肉豆蔻、些微的薄荷味；在味觉方面：橘皮、坚果、辣味强烈而持久（却有愉悦的口感）。

适合搭配的食材、料理和饮品：咖喱、亚洲快炒料理、浓稠度适中的酱汁、德式家常杂烩汤、花生和豆腐。

## 印度代利杰里精选特级黑胡椒

嗅觉与味觉的联想：茶、花朵、酒窖、檀香木、寺庙的气味、些微的霉味、醇厚的口感，初尝温和而尾韵转强的辣味。

适合搭配的食材、料理和饮品：印度香料奶茶（Chai、Masala）、咖喱、白肉。

**马来西亚沙捞越乳脂白胡椒**

嗅觉与味觉的联想：薄荷味、很重的霉味、奶牛圈的味道、味觉的愉悦与清爽、“香瓜”、温和的辣味。

适合搭配的食材、料理和饮品：茵陈蒿、西班牙番茄冷汤（Gazpacho）、香瓜、意大利熏火腿（Prosciutto），也可以随意搭配！

**马来西亚沙捞越标准黑胡椒一号**

嗅觉与味觉的联想：清新的、略带柠檬味、些许的泥土气/霉味。嗅觉方面：香草植物（百里香和罗勒）；味觉方面：甘草、强烈而尾韵持久的辣味。

适合搭配的食材、料理和饮品：意大利料理、意大利面食、番茄、马苏里拉奶酪（Mozzarella）、意大利青酱（Pesto，用芝麻叶调制，风味更佳）、薄片生牛肉开胃菜（Carpaccio）、布瑞达生奶酪（Burrata），一般用现磨的胡椒粉。

**印尼楠榜黑胡椒**

嗅觉与味觉的联想：泥土味、香草植物的味道、莓类和水果的味道、持久的呛辣味。

适合搭配的食材、料理和饮品：亚洲料理（取代红辣椒的佐料角色）、肉类、鸭肉、水果、杏子、油桃以及淋上蜂蜜的无花果。

### 印尼门托克白胡椒

嗅觉与味觉的联想：奶牛圈、“法国的老奶酪”、强烈甚至是灼呛的辣味。

适合搭配的食材、料理和饮品：法式焗烤马铃薯（Tartiflette）、法式咸派（Quiche）、奶酪、梨子、里科塔软式奶酪（Ricotta）和山羊乳奶酪。

### 越南黑胡椒

嗅觉与味觉的联想：薄荷味并略带青草味、“明亮的林中空地”、烘烤的香味、焦糖、蜂蜜、水果、莓类、香蕉以及温和的辣味。

适合搭配的食材、料理和饮品：蜂蜜面包、水果干、水果、酸奶和摩洛哥塔吉锅料理。

### 马达加斯加农场黑胡椒

嗅觉与味觉的联想：鼠尾草味、木材、森林、莓类、成熟甚至是过熟的水果、酸味、醋、水果干糕饼（Kletzenbrot）、甜黑李、密集而温润的辣味。

适合搭配的食材、料理和饮品：榲桲果奶酪（Quittenkäse)、印度蔬果酸甜酱、肉类、奶酪和一般的胡椒。

### 马达加斯加野生胡椒

嗅觉与味觉的联想：气味清新的森林土壤、桉叶、罗勒、姜、巧克力、烘烤过的坚果、肉桂、微苦而尾韵清新温和的辣味。

适合搭配的食材、料理和饮品：杏仁粒、榛果、焦糖、牛轧糖、巧克力、意大利坚果糕饼（Pan Forte)、姜味糖蜜（Ingwer-Melasse)、野味、鸭肉和坚果口味的奶酪。

### 柬埔寨贡布黑胡椒

嗅觉与味觉的联想：泥土味、些微的柑橘味、焦油（Teer)、百里香；起初的辣味短暂而密集，尾韵的辣味则持久、舒服而圆润。

适合搭配的食材、料理和饮品：意大利面食、鸡肉、虾蟹类、匈牙利酸菜牛肉（Szegediner)、紫红高丽菜和甜菜。

### 柬埔寨贡布红胡椒

嗅觉与味觉的联想：橘皮、莓类、成熟的水果、太阳、香甜的水果味以及密集却刺激性不强的、温润的辣味。

适合搭配的食材、料理和饮品：巧克力、水果、草莓、大黄、鳄梨（牛油果）、咖啡口味的甜点、奶酪以及所有口感油腻和香醇的餐饮。

**柬埔寨贡布白胡椒**

嗅觉与味觉的联想：柑橘、薄荷、略带奶牛圈的味道、泥土味、香草味、奶油味、密集而持久的辣味。

适合搭配的食材、料理和饮品：芦笋、脂肪较多的鱼肉、胡萝卜、南瓜、白色的洋葱汤、德式姜饼、肉桂和柳橙。

**喀麦隆潘嘉黑胡椒**

嗅觉与味觉的联想：在鼻腔中显得有所保留、略带酸味、热带水果的味道、莓类、香草植物的味道、矿物味混着胡椒味；起先的辣味温和，尾韵的辣味则持久而呛人。

适合搭配的食材、料理和饮品：异国风味的、含水果的菜肴，金橘、凤梨、木瓜、杧果、红色的莓类和红肉。

**喀麦隆潘嘉绿胡椒**

嗅觉与味觉的联想：柑橘、青草和香草植物的清新气味、青柠和凤梨的酸味、略带地窖的气味以及短暂、密集而圆润的辣味。

适合搭配的食材、料理和饮品：柠檬塔（Zitronentarte）、青柠椰子口味的料理和糕点、印度蔬果酸甜酱、凤梨、百香果以及所有南国风味的餐饮。

**喀麦隆潘嘉白胡椒**

嗅觉与味觉的联想：典型的矿物味、略带霉味和禽畜棚的气味、“雪茄、可可、图书馆”、密集而温润的辣味。

适合搭配的食材、料理和饮品：咖啡、松露巧克力、咸味的焦糖、法式四味辛香粉、鱼类和酱汁。

# 其他的胡椒属辛香作物

除了我们所知道的一些胡椒产品之外，还有其他一些胡椒属植物，它们的叶片、根部或果实也具有各种各样的特性与功效。以下我所列举的胡椒种类，大部分都是产区当地的传统调味料或药品，它们在产区以外的地方并不容易获取。

## 树胡椒（Piper aduncum）或<br>狭叶胡椒（Piper angustifolium）

无论是树胡椒还是狭叶胡椒，实际上它们都是指同一种植物。这种胡椒属植物原生于中美洲，后来也被引入其他热带地区栽种。树胡椒还有一些其他的俗称，如，竹胡椒（Bamboo Pfeffer）、伪卡瓦胡椒（falscher Kawa）、伪长形胡椒（falscher Jaborandi），此外，马替可（Matico）或士兵药草也是这种植物常用的名称，它们都源于一则历史传奇：

从前在拉丁美洲有一位受伤的西班牙士兵，名叫马替可，据说他当时听从一位印第安巫师的建议，使用这种胡椒植物的青叶敷治自己的外伤而得以痊愈，欧洲人也因而发现了这种植物叶片的止血功效[①]。此外，鉴于洋耆草与马替可类似的特性与功效，因此，中南美洲民间也把洋耆草称作士兵药草，不过，洋耆草和马替可实际上并没有近缘关系，它们在植物界分别属于菊科植物和胡椒科植物。马替可的果实呈长条状，也用于烹饪调味，因此，这种胡椒也可以被归类为长形胡椒。

**植物性状**

马替可属于灌木植物，外形优美，具有重要的观赏价值。它最高可生长至 7 米，叶片呈梭镖状，长度可达 20 厘米，略微弯垂的花序会结出密密麻麻的小果粒，外形跟长形胡椒相似。这种胡椒属植物在生长时，并不需要攀爬的支撑物，它的生命力很强，能快速繁殖，每每被引进新的地区栽种，当地原有的植被就会受到它的排挤（Siges et al. 2005）。

---

① Taylor, Dr. L.: Technical Data Report for Matico, http://www.rain-tree.com/reports/matico-techreport.pdf[15.08.2011].（作者注）

狭叶胡椒
来源：《科勒药用植物》

## 生产

在香料市场上，马替可并非热门的交易品。这种植物的果实、根部，特别是叶片都很有利用价值，由于人们大多使用刚采下的新鲜货，因此，马替可的应用一直受限于生长的地域范围。不过，我们偶尔还是可以看到经过干燥处理的马替可叶被做成药草在市面上销售。

## 香气

这种胡椒属植物的各个部分都带有类似胡椒味的浓郁香气，它所包含的诸多芳香物质当中，有部分也跟真胡椒或荜澄茄的芳香成分相同。马替可跟下面我们要介绍的墨西哥胡椒一样，含有黄樟素（Safrol）成分，因此带有些微的大茴香味。不过，马替可并非只为人们带来生活的享受和愉悦，它也是很实用的药用植物，它的成分具有哪些药效，大部分都有相关的科学检测证实。

## 应用

从19世纪前叶开始，欧洲和北美洲的西医界才确认马替可叶（Folia Matico）有消炎和止血的药效，并开始在临床医疗上使用这种药用植物，一些国家的药房至今仍贩售这种草药产品。至于拉丁美洲这个马替可叶的原产地，印第安原住民早已懂得在传统疗法中，有效地运用马替可叶所特有的疗效：这种草药不只是当地民俗医疗者治疗伤口的外敷药，它还是一种内服的药饮。喝下这种青叶所冲泡成的草药茶，不仅能缓解恶心、腹泻、发热、尿道感染及女性月经期间的不适症状，还能增强体力，据说对男性还有壮阳的效果。

马替可的饮食调味用途只限于其生长的地区：马替可的果实在中美洲是人们烹饪餐食的一般性佐料；在墨西哥，人们普遍会把马替可的果实和叶片调入可可饮品中（Seidemann 2005：289）。

## 墨西哥叶胡椒（Piper auritum）

墨西哥叶胡椒（Mexikanischer Blattpfeffer）跟前面介绍的马替可树都原生于中美洲。根据专家的推测，墨西哥古代的阿兹特克帝国在举行献牲仪式时，会使用墨西哥叶胡椒的绿叶（Katzer & Fansa 2007：163），这种胡椒叶被阿兹特克人称为马库兰（Makulan），现在中美洲当地的居民则把这种植物和它的叶片称为“圣叶”（hoja santa）。此外，有些地区还称墨西哥叶胡椒为大茴香胡椒（Anispfeffer）；它的另一个别称“耳胡椒”（Ohrenpfeffer）则与叶片的形状有关，它的植物学学名 auritum 的拉丁文字义就是耳朵。墨西哥叶胡椒是墨西哥料理常见的烹饪佐料，其他地区则着重其外形的观赏价值，因此，它在欧洲可能是园艺中的盆栽植物，而不是菜贩摊上的青叶。

### 植物性状

墨西哥叶胡椒对于环境的适应力很强，大多是灌木，也有一部分是乔木，植株生长的高度可达5米。这种胡椒属植物野生于中美洲、加勒比海以及南太平洋这些热带地区，不过，它也能适应比较低温的环境。它的心形叶片很醒目，约30至50厘米长，表面摸起来略带丝绒的质感，背面则附着许多黏性的树脂小颗粒。它的花朵生长于长穗条上，不过只有在热带地区才会结出果实。墨西哥叶胡椒的繁衍栽培适合采用从母株切下根段做“根插”以及剪下枝条做“枝插”这两种扦插繁殖法。

### 生产

墨西哥叶胡椒并没有出现大规模的人工栽种，人们如果需要其叶片，通常会从野生或自家庭院种植的植株上摘取，干燥过的叶子则很少用于餐食的烹调。由于新鲜的绿叶容易枯萎，不耐运送，因此，只有在产地才能买到鲜采的叶胡椒。

## 香气

墨西哥叶胡椒的叶片香气浓郁，还带有一股强烈的大茴香气味，这也影响了这种叶胡椒的口感：它尝起来带有些许的胡椒辣味，还会让我们联想到甘草、茵陈蒿和泰国九层塔的味道。它的茎部也有调味用途，气味甚至比叶片更为强烈。这些部位所发散出的香气来自植物的黄樟素成分，它占叶片芳香物质的比例高达80%，就如同黄樟根[①]具有高含量的黄樟素一般。后来黄樟被证实对于人体具有毒性，会损害肝脏，因此各国法令已禁止在饮食产品中添加黄樟；鉴于此，我们也应该对于过量使用墨西哥叶胡椒的后果有所警觉。

## 应用

虽然人们对墨西哥叶胡椒出现了一些饮食安全的顾虑，却无法减损中美洲人民对于这种料理香草的喜爱。现在许多墨西哥辣味青酱（mole verde）都使用菠菜作为绿色来源，然而，在这种青酱的发源地，墨西哥东南部瓦哈卡州（Oaxaca），正统的古早配方却是取用大量的墨西哥叶胡椒。作为调味的香草，墨西哥人还会把叶胡椒剁碎或是捣成糊状，以调配酱汁和烹调杂烩料理。由于叶胡椒的叶片面积大，因

①黄樟根（Sassafraswurzel），根汁汽水的主要调味原料。

此特别适合当作各色料理的食材包裹叶：墨西哥某些州的传统玉米饼就是先用这种大型叶片裹覆后，再放入蒸笼内蒸熟。大片的叶胡椒特别适合包覆大条的鱼和大块的肉类，把食材包好之后，放入烤架上烧烤，或是入锅油煎或炊蒸，食物的香气就不会在烹饪的过程中散失。

墨西哥叶胡椒不论用于内服或外敷的治疗，都很有功效：中美洲的传统医师会使用这种叶片治疗外伤、伤风感冒和消化道问题，或者把它当成兴奋剂使用。直到目前，叶胡椒对于产区当地的居民而言，还是治疗皮肤发炎的家庭良药。亲爱的读者，如果您想服用叶胡椒来减缓身体的某些症状，在这里还是要再次提醒您，墨西哥叶胡椒的黄樟素成分会给身体带来副作用。如果您有机会取得墨西哥叶胡椒，不妨用于烹调，来一场充满乐趣的美食冒险。至于药物治疗方面，最好还是使用自己熟悉的家用药品。

## 槟榔胡椒（Piper betle）

槟榔胡椒也被称为蒌叶，它的根部和果实是亚洲某些传统医学所使用的药材。就饮食的享受来说，它的叶片更受人们欢迎，使用情况更为普遍。印度人利用槟榔胡椒，就跟黑胡椒以及长形胡椒一样，都具有悠久的传统。早在公元前六百至四百年前，印度传统医学阿育吠陀的经典医书《妙闻集》(*Susruta Samhita*)便已提到槟榔胡椒，即书中所谓坛布拉(Tambula; Kumar 1999: 20; Monier-Williams 1994: 443)。在现代印度语中，Paan这个词不仅指这种植物，还指涉它的叶片以及叶片所包成的槟榔块，这种印度槟榔光是在印度半岛的消费人口就有两千万(Guha 2006: 90)。在大多数东南亚国家，嚼食槟榔也是传统的生活习惯之一。包裹在槟榔胡椒叶片里面的槟榔果才是槟榔块的主要部分，槟榔果是槟榔树的生果实，槟榔树属棕榈科，与胡椒科的槟榔胡椒在植物学上并无亲缘关系。

**植物性状**

生长于印度及全东南亚地区的槟榔胡椒，一共有数百种之多(Kumar 1999: 22)。就外观与生长条件来说，槟榔胡椒和黑胡椒种的胡椒及长形胡椒相类似。槟榔胡椒新嫩的枝梢会长出心形大叶片，然而，只有雄株的新枝会出现垂弯的长条花序。热带地区温湿的气候、高降雨率以及排水良好的土壤，都是适宜槟榔胡椒生长的环境条件。在野外，槟榔树或椰子树这类高乔木植物可以提供槟榔胡椒荫蔽及攀附的支撑，槟榔胡椒会绕着这些棕榈科植物攀缘而上，最高能达15米。这种植物的栽培宜采用“枝插”的扦插繁殖法。槟榔胡椒藤能为人们带来不错的收成，时间最多可持续四十年。

## 生产

只有热带地区才能让人们在户外栽种槟榔胡椒。由于槟榔胡椒叶向来广受印度人喜爱，需求量很大，因此，古印度人最早在两千年前，便已懂得架构式样简单的温室，让这种经济作物也能在气候条件较不合适的地区发育生长。这种类似茅舍构造的温室是采用天然材料建造而成的，如，木材、竹子、香蕉叶和黄麻，当地农民如今仍在利用这种温室栽培槟榔胡椒。这种温室的面积大多是宽 30 米、长 50 米，能维持室内稳定的温度及高湿度，并可以保护作物不受过多风吹日晒的侵害。印度恒河平原东部的西孟加拉邦是目前全世界最大的槟榔胡椒产区，其中温室的总种植面积约两万公顷。槟榔胡椒的繁殖、苗木移栽与照顾都需要密集的劳动力，这也是由于这种藤蔓植物非常容易受到病虫害侵袭的缘故。印度对于槟榔胡椒叶的需求很大，由于它的收成可以终年持续，并没有限定在某个季节，通常在植后二至四个星期，便能有所收获，因此，这类农园对于农民家庭而言，是一项固定的收入来源。

槟榔胡椒叶留在藤枝上的时间最多能有半年，农民可以根据市场的需求，决定采收的时间与数量的多少，因此，能避免供给过剩而蒙受价格暴跌的损失。槟榔块的制作都是使用新鲜的叶片，因此，槟榔胡椒叶在采收后，原则上不需要经过任何的加工处理。不过，由于这些采摘下来的青叶很容易萎黄而造成园主们不小的损失，因此，他们会尝试使用一些干燥、冷藏或化学处理方法，让胡椒叶获得较好的保存。如果出现生产过剩的情形，从槟榔胡椒的叶片萃取芳香油做工业用途，也是另一种处理方法。（Guha 2006：87—89）

## 香气

槟榔胡椒叶的香气源自它的芳香油，主要含有两种化学成分：一、丁香酚（Eugenol），这种芳香物质也存在于丁香、多香果和肉桂之中。二、桉油醇（Cineol），其清新的香气近似桉叶。通常人们都着眼于槟榔胡椒清新提神、抗菌、收敛及其他保健养生的功效，而较少考虑它所带来的纯粹美味享受。槟榔胡椒的品种繁多，叶片的味道变化很大，从刺激的浓香到温和的清新，从苦味到甜味都有（Kumar 1999：22），该选用何种槟榔胡椒叶，则完全取决于个人的偏好。

## 应用

槟榔胡椒叶是制作印度和东南亚槟榔块的裹叶，因此，至少在印度，人们在许多方面对于槟榔胡椒叶的需求已几近狂热的程度。人们会把剁碎的生槟榔果及各种香料，如小豆蔻、大茴香、芫荽或丁香，放在已抹上石灰的槟榔胡椒叶上，等包裹完成后，再用一根牙签或一颗丁香把包好的槟榔块固定住。槟榔块的包料会依地域及使用场合的不同而变化，有时人们甚至会在槟榔块内放入烟草。如果人们想包出甜味槟榔，里面的用料就应该选用椰粉、香料和甜果冻。

如果只纯粹食用槟榔胡椒的叶片，人们会先把叶脉和叶尖部分摘除，放入口中嚼食时，会把第一口汁液吐出，然后再把剩下的部分嚼烂吞下。摄食这种生叶除了能促进肠胃消化、保持口腔卫生、促进体内血液循环以及消炎抗菌外，古印度的医药文献还提到槟榔胡椒叶有催情作用。

槟榔胡椒叶不只有助于两性之间的情爱关系：在印度这个国家，拿到身份高贵的人士所赠予的槟榔块，还是至高的荣耀与社会认可。（Kumar 1999: 21）除了印度文化之外，请客人吃槟榔从前在阿拉伯地区也是一种迎宾的社交礼仪。摩洛哥著名旅行家伊本·白图泰曾在14世纪初期接受东非摩加迪沙（Mongadishu）一位伊斯兰教长老的接待，他后来在游记中曾如此描述："当地一位伊斯兰审判官陪同我前往苏丹的宫殿，当我们来到宫殿门外时，这位审判官便向一位守门的仆役介绍我是刚到的访客。这位仆役于是走进宫内，把我们的到来通报给苏丹。当他回来时，手上还端着一盘苏丹赠予我们的槟榔叶和槟榔果。”(Ibn Battuta 2010: 48)槟榔块作为社交场合、婚礼、葬礼或宗教仪式的礼敬品，至今在许多国家仍是尊崇与友谊的重要象征。17世纪期间，荷属东印度公司派遣员诺伊霍夫在游历过中国的广东地区后，还在他的旅行日志中谈到中国人嚼食槟榔的社会意义：

“人们如果要外出做比较正式的拜访或问候某人时，手里经常会拿着这类叶片，或用它们和槟榔果及石灰制作包叶槟榔。这种槟榔块在当地象征特别的情谊，因此人们会把它们盛放在木碗中，不论走到哪里，经常随身携带着它们。当地人会刻意把大拇指的指甲养长，以方便剥除绿叶中的叶脉，并在这些已经被剥除叶脉的叶片上涂石灰。需要嚼食包叶槟榔时，他们会先把槟榔果放入嘴里咀嚼，然后再嚼涂有石灰的青叶片。嚼食这种带叶的槟榔时，感觉好像牙齿咬到了沙子。口腔在咀嚼这些叶片后，会出现血红的槟榔汁，人们会先将第一口红汁吐出，再把口中的槟榔块咬碎吞下。

……通常中国人对于异邦的习俗都不以为然，不过，他们后来也从邻国印度学到这种嚼槟榔的习惯。印度的抄写员(Akosta)如果要拜见他们尊贵的主子，通常在路途中就会嚼着槟榔青叶，好让自己有芳香的口气。如果他们不嚼槟榔叶，反而会让自己失去颜面。”(Neuhof 1669: 339)

印度的槟榔业者会在路旁摆售他们包好的槟榔块，由于槟榔唾手可得，地面上经常有红色槟榔汁的污迹残留，影响许多地方的市容整洁。在印度许多城市里，随地乱吐槟榔汁不仅会受到旁人的鄙视，还会引起公愤，这种行为在东南亚的新加坡甚至是法律所禁止的。目前在许多东南亚国家，较年长的人或乡村地区的居民在日常生活中仍保有嚼槟榔的习惯，有些地区只在特定的场合才会嚼食包叶槟榔。现在谁若想在亚洲过着优雅而现代化的生活，就必须放弃嚼食槟榔。口嚼槟榔的习惯不只会染红嘴唇，也会在牙齿上残留深色的牙垢。①

## 卡瓦胡椒（Piper methysticum）

德语区普遍把卡瓦胡椒（Kawa-Kawa）称为“麻醉胡椒”（Rauschpfeffer），这个俗称也透露出卡瓦胡椒实际上是一种另类的嗜好品：太平洋波利尼西亚的岛民会拿磨碎或嚼烂的卡瓦胡椒根部制成卡瓦饮料。依照饮用量的多少，卡瓦饮料会对人体产生镇静、放松或愉悦的作用。鉴于食用卡瓦会出现一些令人不适的副作用，在许多国家中，卡瓦的安全性已出现争议，有的甚至禁止食用卡瓦。尽管如此，大部分

①槟榔果在 2012 年被世界卫生组织国际癌症研究机构列入 1 类致癌物清单。

卡瓦胡椒产地的人民仍旧非常喜爱传统的卡瓦饮料，而且它还如过往一般，在宗教仪式、社会与医疗方面，具有重要的意义与功能。

**植物性状**

卡瓦胡椒的短花序及心状叶片都类似长形胡椒，不过，它却不是蔓生植物，而是可以独立生长至3米高的灌木。阴凉、土壤排水良好、多雨以及高湿度的自然环境是卡瓦胡椒理想的生长条件。它的培育繁殖是靠“枝插”的扦插法，植后四年左右，其可利用的根部便能达到理想的收成状态。卡瓦胡椒有许多不同的亚种，它们的区别主要在于所含有效成分的浓度。

**生产**

根据相关专家的推测，卡瓦胡椒应该起源于新几内亚，然而，由于南太平洋的瓦努阿图群岛（Vanuatu）是目前全球卡瓦根最大的产区，人们都把该群岛当作卡瓦胡椒“正式的”原生地。此外，还有许多太平洋岛屿，如斐济、汤加、萨摩亚和夏威夷群岛，也栽种了卡瓦胡椒这种经济作物，卡瓦根不是就地被消费，就是被外销出口。

卡瓦胡椒在插枝种植后，到了第四年便能有所收获，因为此时根部的大小及有效物质的含量都已达到足量状态。卡瓦根的重量会依亚种的种类以及栽种年数的长短，而有轻重之别，最多甚至可达 50 千克。依照卡瓦胡椒产地传统的处理方式，人们会把新鲜采收的卡瓦主根和副根放入钵臼中捣碎，或放入口中咀嚼，然后再把捣烂或嚼烂的卡瓦糊液冲泡成饮料。这种麻醉性饮料风行于太平洋岛屿区，它的调制方式也存在着地区性差异。人们若要把卡瓦胡椒产品外销出口，会先把卡瓦根干燥，然后再研磨成粉末。此外，卡瓦根的树脂类物质还会被提炼出来使用，至于卡瓦胡椒的其他部分，如叶片或果实，就没有利用价值了。

### 香气

人们取用卡瓦根时，主要着眼于它的功效，而不是它的味道。卡瓦内酯是卡瓦根的有效成分，它是一种树脂类物质，对于人体具有麻醉、止痛和松弛肌肉的作用。卡瓦根的卡瓦内酯（Kavalactonen）含量颇高，甚至高达 20%。至于味道方面，卡瓦根闻起来的味道其实很糟糕，因此，人们在冲调卡瓦饮料时，都会混入椰奶、砂糖或香料来改善卡瓦饮品的味道。

## 应用

对于许多生活在太平洋岛屿的民族而言，饮用卡瓦饮料是传统仪式、宗教和社会活动中不可缺少的部分。这种饮料会让身体陷入迷醉状态，然而最重要的是，它能解除集体的社会焦虑，让人们的情绪平和下来。制作卡瓦饮料的仪式本身，便是社会群体共同经验的一部分：在仪式进行期间，男人和未婚的年轻女人会把卡瓦根放入口中嚼烂，然后全吐入一个大碗内。这种混合唾液的卡瓦糊浆会被冲泡成饮料，并在庄严而安静的聚会氛围中，传递给每一个会众轮流饮用。当人们喝下卡瓦饮料后，会对喧闹的噪音变得十分敏感。许多居住在太平洋岛屿的民族已习惯于通过卡瓦饮料所营造出的愉悦气氛来接待宾客、决定新的部落领袖人选，以及在交涉中达成和平协议。

卡瓦饮料能够让人们放松身心，医生有时也会让情绪不安的婴孩服用含有卡瓦有效成分的药物，此外，它还是人们辛苦工作一整天后，犒赏自己的饮料。现今卡瓦饮料也在太平洋以外的地区大受欢迎，人们会在私人的场合或是街坊的“卡瓦夜店”享用这种带有麻醉效果的饮品，对于许多地区的人们来说，它越来越像是另一种“下班后的啤酒”（Feierabendbier）。卡瓦产地的饮料工业为了拓展市场，深知必须改善卡瓦饮料的味道：瓦努阿图目前已经有卡瓦可乐

（Kawa Cola），这种饮品不仅能够缓解亢奋、促进身心放松，而且没有传统卡瓦饮料那种难闻的味道。

卡瓦对于人体可能造成的副作用，目前仍说法不一。比方说，食用卡瓦可能会导致皮肤起疹子并引发一些过敏反应；过去曾经有病患，因为服用卡瓦胡椒的某些植物部位制成的药剂而出现肝脏严重损坏的现象。卡瓦产品在许多国家并未得到销售许可，有鉴于此，您若想亲身体验这种麻醉性饮料，最好还是自己来一趟南太平洋，在那里，外来观光客都有机会品尝到这种传奇的饮料。

## 假蒟（Piper sarmentosum）和罗洛胡椒（Piper lolot）

假蒟和罗洛胡椒都是槟榔胡椒的近亲，再加上外观相似，因此，它们也被称为“野槟榔”（wilder Betel）。在东南亚全境，假蒟和罗洛胡椒的叶片都是家常料理中经常使用的配料。人们在欧洲如果想用这类叶片做料理调味的话，可以到货品齐全的亚洲商店购买，它们通常被冠以“泰国胡椒草”之名或被直接以泰语称作“刹扑鲁”（Cha Plu），此外，有些园圃还会以盆栽形式销售假蒟这种热带胡椒属植物。

## 植物性状

几乎所有胡椒属植物都喜欢生长在温暖、潮湿、有荫蔽的环境中，假蒟也不例外。假蒟高仅约 50 厘米，茎干挺立，适合生长在保水力强的黏性土壤中，我们经常可以在热带森林的矮树丛里或水源边的湿地上看到它们的踪迹。它的新嫩枝会攀缘生长，有互生的心形叶片及雌雄两性的花穗，所结出的果实看起来像长形胡椒，而且也可以食用。假蒟生长于东南亚的热带和亚热带地区以及印度半岛的几个地区。近期人们也在印属安达曼群岛上发现了野生假蒟。（Mathew, Mohandas & Nair 2004：141 f.）

## 生产

假蒟经常生长于野外，泰国、老挝、柬埔寨、马来西亚和印尼的人民喜欢用它做调味品，因此，这些国家的人民会自行种植这种香料植物，越南人则偏好栽种与使用罗洛胡椒。这两种胡椒属植物的可食部分被采收下来后，并不需要额外的加工处理。特别是从嫩枝上摘下的鲜叶，人们只要把它们捆成小束，便可以拿到市场上贩卖。人们取用假蒟和罗洛胡椒的果实，主要以鲜货为主，不过，如果有需求时，它们也会跟长形胡椒一样被干燥处理。

## 香气

假蒟和罗洛胡椒这两种胡椒属植物的叶片形状类似槟榔胡椒，因此，人们很容易把它们和槟榔胡椒混淆。不过，它们的气味大不相同：相较于槟榔胡椒叶那种浓厚的气味中经常会出现苦味，还略带点药味，假蒟和罗洛胡椒的叶片往往更受人们喜爱，特别是那些质感软嫩、味道清新、看起来油亮的新叶。假蒟叶和罗洛胡椒叶在味道上几乎没什么差别，它们都带有些微的辣味及柔和的苦味，只不过罗洛胡椒的气味要经过煮熟后，才会发散出来。它们的长形果实带有一种特殊的甜味，这也是这两种胡椒属植物的特色所在。

## 应用

东南亚是假蒟和罗洛胡椒的生长区，几乎所有东南亚菜系都会使用这两种胡椒叶作为配料，因为它们能赋予餐点某种独特的味道。人们在欧洲很难买到这两种胡椒叶，因此，它们在一些专为欧洲人编写的亚洲料理食谱中，往往被略去不谈。

泰国的街边会贩卖一种非常受欢迎的点心，叫作“一口香”( Miang Kam )：它是把多种配料，如虾米、花生、椰丝、新鲜的辛香料，包裹在假蒟叶或罗洛胡椒叶里，再淋上特调酱汁的一种泰式美食。老挝人会把这两种胡椒叶切为碎末，用于菜肴的调味，此外，它们还是当地许多沙拉的常用配料。在马来西亚的娘惹料理[1]中，许多经典菜色必须使用这类叶片，比方说，生活在马来半岛的居民会把鱼肉蘸上椰浆，用这两种胡椒叶包裹，然后放入蒸笼内蒸熟，或是把这两种香叶混入叻沙口味的料理中。

在越南菜系中，罗洛胡椒的叶片最常被用作烧烤或蒸制料理的裹叶，例如，越式串烧牛绞肉卷。如果您在欧洲的亚洲商店中看到这类有趣的叶片，不妨利用这个难得的机会，用它们烹调一道地道的亚洲料理，或者来一场属于自己的美食实验，比方说，用菠菜来搭配这些香叶！

假蒟和罗洛胡椒也跟许多胡椒属植物一样，具有养生保健的功效：它们的叶片含有高比例的类黄酮（Flavonoiden），因此，具有抗氧化和消炎的作用，它们在现代医学中虽然不重要，却是很好的家庭止痛良药。此外，它们还富含 β－胡萝卜素，所以，食用这两种胡椒叶还有益于身体健康。

---

①娘惹料理是中国移民和马来人通婚的后代融合中国菜系和马来菜系而形成的菜肴。

# 非胡椒属的辛香料：假胡椒

Falsche Pfeffer

如果胡椒罐里的胡椒用完了，对于现在的欧洲人来说，要充填胡椒并不是什么难事，人们已经不需要像从前那样，拿一天的工资到药房购买胡椒，或是用半只绵羊来换得一小份胡椒。胡椒在亚洲产区一直都很容易取得，而且是人人都能负担的日常消耗品，相较之下，胡椒从前在欧洲却是价格昂贵的奢侈品，从古希腊罗马时代到近代，胡椒跟许多来自远方异国的香料一样，一直都很昂贵，因此，农民或从事手工业的一般消费者如果要使用胡椒，辛苦挣来的金钱就会消失大半了！

由于胡椒在欧洲的价格很昂贵，为了让菜肴尝起来有好吃的辣味，在收入有限的情况下，一般家庭负责烹饪的主妇经常会使用一些胡椒替代品来料理三餐（而且从美味的角度来说，不见得逊色）：长形胡椒、荜澄茄以及一些非胡椒属植物的辛辣果实，如西非的乐园籽、地中海地区的僧侣胡椒以及后来从中南美洲进口的多香果和“卡宴胡椒”（即辣椒）。不管怎样，欧洲传统美食所使用的调味料是多样化的：欧洲的香草植物和调味料为各地方的传统料理提供广泛的香气与美味的基础。一些珍贵的异国香料，例如最重要的肉桂、丁香、肉豆蔻和姜，只出现在贵族、修道院和富裕的市民阶级的食谱集和医药书中。不过，欧洲人对于胡椒的兴趣却一直是欧洲料理史的发展主轴，而且没有地域与社会阶级的差别。是否出于这个缘故，在欧洲语言中，许多香料都带有胡椒的名称？是否也因此，胡椒这个词汇在古代欧洲经常被当成所有香料的总括性名词？

早在古罗马时代晚期，假胡椒产品便已出现在香料市场上，这些非胡椒属植物的辛辣果实虽然不是胡椒，至少都还是真正的香料，是香料商试图调出类似胡椒味道的一些怪异混合品。有些香料商在混合香料方面，显得很有创造力，有些则根本是违法的行径。现在我们已经无从得知，当时到底有多少生意人在香料交易中借由伪造胡椒欺瞒消费者，成功累积了一些资产。无论如何，真正的胡椒在当时是相当珍贵的商品，任何想要造假的人，应该心里有数，一旦恶行被揭露，通常必须面对相当严厉的法律制裁。

## 仿冒胡椒以牟取暴利

“生意人会在纯胡椒中添入胡椒粒的外壳、带尾的荜澄茄和芫花有毒的干莓果，或把面粉和胡椒粉混在一起，做成一颗颗人造胡椒粒，或再把这些假胡椒粒用煤灰染黑，借此鱼目混珠，获取不当的利益；特别是磨成细粉的胡椒产品经常被掺入其他粉末，而出现成分不纯的现象。”（Rock 1911：204）

以上的描述是1911年欧洲香料市场的情况。由此可见，胡椒造假的情形自古希腊罗马时代以来，并没有改变许多。约在公元元年前后，用胡椒调味的菜肴成了罗马城的美食风尚，当时长形胡椒的售价是圆形胡椒的四倍，通常一个罗马家庭的长形胡椒存量为40克，大约相当于一位罗马军团士兵四天的薪饷。（Thüry & Walter 2001：66；Turner 2005：73）买卖胡椒确实是一门好生意，特别是贩售那些品质不纯正的胡椒产品：“用亚历山大芥末（alexandrinischer Senf）

来冒充长形胡椒，其实很容易。”圆形胡椒“可以用欧洲刺柏的浆果顶替；这种浆果不仅具有胡椒神奇的力量，还能增加产品的重量”（Plinius Naturgeschichte，1：510—511）。香料商甚至会把氧化铅的粉末调入胡椒粉中，以增加胡椒的重量。（Thüry & Walter 2001：66）从前的欧洲人如果想让餐食带有辣味，又不想花大价钱的话，使用比较便宜的野生宽叶独行菜（Pfefferkraut）和水蓼的种子做烹饪调味，应该是比较好的权宜方法。

我们无法确知，在古罗马时代，如果销售假胡椒的恶行被揭穿，当事人会被处以什么样的刑罚。然而，在更早的年代，古希腊哲学家柏拉图便已建议，对伪造食品者施以杖刑，并公布其姓名和身份。与之相较，中世纪对于香料欺诈商所施加的刑罚就严厉许多。这些奸商会把昂贵的番红花和黄色的刺红花、姜黄、干火腿的细肉丝，或更夸张的是，锯木屑及铅粉混调后，拿到市面上贩售。如果这种行为遭到查获，他们会连同不纯的香料货品一起被活埋，或是被绑在木柴堆上活活烧死。（Küster 2003：226；Thüry & Walter 2001：110）

在接下来的几百年间，还是陆陆续续有香料商为了提高买卖的利润，不惜以身试法，拿较低价的替代品充当真正的香料贩售，但终究无法逃脱被处决的命运。在一本教导人们如何辨识巴黎食品真伪的手册中，不仅提到识破假胡椒的方法，还透露出，在19世纪初期的法国，有许多鱼目混珠的假胡椒在市面上流通，其中有一部分的配方相当复杂，不过，它们的原料成本却很便宜。磨成粉状的胡椒经常成分不纯，容易被掺入灰色淀粉、山毛榉木的粉末、马铃薯片以及磨细的油渣饼（用菜籽油和荚豆粉制作而成）等杂物。这种粉末在市场上被称为“奥文尼香料粉”（épices d’Auvergne），当时巴黎有一位香料商，每年光是这种香料粉的销售量就有15吨。只要店家不把这种粉末以真胡椒的名称出售，相关的制造与贩卖者就不会受到法律的制裁。然而，令人痛心的是，有些不肖商人甚至会把泥土掺入这种假胡椒粉中。1854年，巴黎曾有一位B女士因为销售假胡椒而被抓获，她店里罐装的胡椒混有许多细沙和淀粉，真正胡椒的比例竟只占9%。后来，由于她所委任的律师在法庭的辩护词听起来很有说服力，法院便从轻发落，只判了她150法郎的罚金。她的律师当时辩称，原告所购得的胡椒罐连同其中的内容物，是店主摆放在店里的装饰品，由于店里的顾客们会不经意地碰倒店里的胡椒罐，因此，B女士才把胡椒替代品摆在桌上。如果胡椒罐填装的是真正的胡椒粉，那么B女士将无法负担这类损失。事隔一年，也就是1855年，巴黎又有一桩伪造胡椒的事件被查获，这次是食品商M先生。他把磨成粉状的面条和胡椒粉混在一起，冒充纯正的胡椒公开销售，他为欺瞒消费者所付出的代价远高于B女士：法院当时判处他一个月的拘禁及5000法郎的罚金。

自1817年起，人造胡椒粒开始以“里昂胡椒”（Poivre de Lyon）的名称出现在市场上。这种人造胡椒的制作过程是先把甜菜籽裹上一层用面粉、胡椒粒破片、芥末粉或红辣椒混合而成的浅灰色黏稠物，然后再用山毛榉木和非洲除虫菊（Wucherblume，这种菊科植物的白色花朵含有除虫菊精，是现今制造杀虫剂的原料之一）根部的粉末所调制出的暗色膏状物，进行第二层的涂裹。除此之外，铅粉还是跟以前一样，不仅被用来假造各式食品与香料，也被用于伪制胡椒：香料商如果把白胡椒放入碳酸铅溶液中浸泡，就可以增加重量，多出来的斤两就是额外的利润。如同前面提到的那本巴黎食品手册中所建议的，揭露这种仿冒胡椒的骗行最好使用化学方法：把胡椒粒放入硫酸液里做测试，如果是假胡椒粒，它们的颜色会立刻变黑。为了避免其他的造假手法，上述那本巴黎食品手册的作者还呼吁消费者要靠自己的嗅觉和味觉判断胡椒的真伪：假胡椒不是没有香气，就是带有一股腐臭及令人不舒服的味道，根本无法与优质的真胡椒相比。（Chevallier，2:236—241）

西方人仿造胡椒的现象并没有因为胡椒平价化就完全停

止。当然，后来人们制造假胡椒的尝试是以科学及人类福祉之名进行的：在物资缺乏的第一次世界大战期间，人们在欧洲几乎买不到胡椒，因此，市面上便出现了一种人造胡椒，作为应急之用。这种胡椒替代品所使用的制作材料，除了麸皮、淀粉、玉米粉之外，还有2%的胡椒碱替代物，当时人造胡椒的制作还依照德国有机化学家施陶丁格[①]建议的方法（Vaupel 2002: 49），也就是从煤焦油产品中提取一种辣味物质，借此模拟并仿造胡椒的辣味。伪造胡椒在这个时期是为了满足市场的饮食需求，而不再是香料商私人的谋利行为。胡椒替代品在战时的生产成本比承平时期胡椒真品的进口价格还要昂贵，这种人造胡椒后来在第二次世界大战期间又重新出现在市面上。在二战期间，当时的制造者已事先声明，这些人造的胡椒替代品在味道上并不很像真胡椒。

现今人们还会用哪些方式来仿造胡椒？在这个物质不虞匮乏的时代，胡椒真伪的争议可能是观点的问题，就看人们把添有法令许可的防结块剂（Trennmittel）和助滤剂（Rieselhilfe）的胡椒粉视为真品还是伪品。亲爱的读者，胡椒防伪的唯一方法就是购买胡椒粒，而不买胡椒粉。而且在购买前，应该亲自嗅闻并品尝其香气和味道，靠自己的感官体验再下判断。

---

①施陶丁格（Hermann Staudinger，1881—1965），1953年诺贝尔化学奖得主。

## 假胡椒——真香料

人们的生活如果偶尔缺少真胡椒，其实也还过得去。在西方过去的料理史中，人们曾经由于时局的艰难、烹饪的传统或纯粹基于美食创新所带来的生活乐趣，会使用某些香料来代替珍贵的真胡椒在餐食调味中所扮演的角色。胡椒在今天，早已是大众化的调味料，想要多少，就有多少，一些从前被视为“假胡椒”的香料已经不再是胡椒的替代品：它们多样性的味道，为食物调味增加了更多的变化与可能。

### 辣椒（Capsicum annuum 及其他）

辣椒拥有灼热的辣味并且在世界各地的料理中有广泛的调味用途，因而在香料领域被视为胡椒最强劲的对手。拉丁美洲的辣椒在欧洲也被称为“卡宴胡椒”，这个名称通常指涉两种语意：其一是指学名为 Capsicum annuum 的辣椒植物；

其二是指这种辣椒植物的果实经过干燥处理后研磨的辣椒粉。辣椒这种辣椒属（Capsicum）植物会依品种的不同而在香气与辣度方面出现很大的差异性，因此，不单是辣椒的爱好者，就连一般人也都知道要辨别不同辣椒的种类。

“卡宴胡椒”这个名称在日常生活中通常简单地等同于辣椒粉，就像我们会用“辣椒”指代各种辣椒调味品一样。辣椒这种植物在地理大发现时代会以“胡椒”命名，当然是源于哥伦布从事航海探险时所承受的压力：这位划时代的航海家于 1492 年率领西班牙船队向西航行并横渡大西洋，当时他出航的目的就是寻找印度的胡椒。即使他后来在中美洲发现的辣椒在外观上与胡椒并不相似，至少在味觉方面，它跟胡椒一样，都带有辣味，光是这一点就可以让当时的欧洲人感到满意。用“胡椒”这个名词来代表所有的香料向来就是欧洲人的语言使用习惯，因此，我们在这里也可以把形形色色的辣椒属植物统称为“卡宴胡椒”。

### 植物性状

辣椒属植物在生物分类系统中，属于茄科家族。茄科植物在美洲的种类最为繁多，有的具有观赏价值，有的则有实际用途，例如，番茄、烟草和马铃薯。辣椒属下有 30 种植物，其中有 6 种是人们可以利用的食物和药物，它们的学名

辣椒植株

来源：《福克斯法典》( *Codex Fuchs* )

分别为C. annuum（一年生辣椒），C. frutescens（甜椒），C. baccatum（风铃辣椒），C. chinense（黄灯笼辣椒），C. pubescens（紫花椒）及C. cardenasii（卡登西辣椒）。这些灌木依种类的不同，所生成的植物形貌也不一样，或丛生，或茂密，或柔嫩脆弱。顶端收尖的叶片或呈圆形、椭圆形或长条形，它们生长的高度最多可达4米，不过它们一般大多只有一两米高。植后三个月左右，便能长出星形的花朵，而且大部分为白色。各种不同的辣椒属植物之间，其果实的颜色和外形也相当不同：原产于玻利维亚的彩虹辣椒（Regenbogenchili）能在同一植株上结出黄、红和紫色的小辣椒，色彩斑斓夺目。风铃辣椒，别称红帽辣椒，顾名思义，它的果实看起来就像铃铛或主教的红帽。至于其他一些辣椒属植物的果实形状，或小巧，或呈尖条状，或是体积大而肉质厚实。

辣椒属植物如果生长在气候温暖的地区，便是多年生植物，大多数的辣椒属植物虽然能承受较低的气温，不过它们的果实不一定耐得住冻寒，而且只有少数几种辣椒属植物能够经受漫长而寒冷的冬天。在此建议您，不妨在自家的庭院里或窗台上尝试种植辣椒属植物：您可以把椒果内部附着在胎座隔膜上的种子取出，并播入泥土中，或是截下植株的茎条，进行插枝繁殖，此外，排水良好的土壤有助于这类植物的生长。居住于温带地区的人们如果要对辣椒属植物进行园艺实验的话，最好先尝试种植辣椒、风铃辣椒和紫花椒，因为，它们的培育成功率最高。

## 生产

原生于拉丁美洲的卡宴辣椒，即“卡宴胡椒”，后来随着葡萄牙人的足迹，先后传入欧洲、西非和亚洲，在绕过地球大半圈后，才传入原产地附近的北美洲，辣椒就这样在世界各地适宜种植的地区快速扩散开来。现在全球主要的辣椒出口地是亚洲及拉丁美洲国家（特别是墨西哥），至于匈牙利和西班牙则是全世界出口另一种辣椒属植物——彩椒最多的两个国家。印度的辣椒生产也很蓬勃，几乎跟胡椒的栽种同样重要了。

经由培育和配种，辣椒现有的地区性品种已多不胜数，除此之外，辣椒产品也取决于原料的处理方式。亲爱的读者，如果您想在菜肴中加点辣椒，那么您可能要先面对超市里形形色色的辣椒商品：新鲜或干燥，整条或粉末、熏干或自然原样，辣椒酱或呛人的辣汁。

喜爱美洲各式辣椒的人，会注意辣椒的种类和产地：带有果香、中级辣度的哈拉佩纽辣椒（Jalapeños）生长于墨西哥哈拉帕地区（Xalapa），是墨西哥料理常用的辣椒，市面上也可以买到这个品种的熏干辣椒条（Chipotle）。坚持辣味饮食的人会喜欢哈瓦那辣椒[1]，它的辣度很高，仅次于印度的断魂椒（Bhut Jolokia），是制作美国辣椒酱（约有2000种）的原料。拉丁美洲的卡宴辣椒也有很高的辣度，还带有果香和些微烟熏味，是最大众化的辣椒，分布范围非常广。卡宴辣椒在欧洲语言中被称为“卡宴胡椒”，因为最早被发现于南美洲北部的法属圭亚那首府卡宴而得名，不过，卡宴胡椒的栽种早已不限于卡宴地区。就连欧洲的亚洲商店所贩卖的新鲜泰国红辣椒或绿辣椒，都可能是在欧洲本地种植的，而不是从泰国空运来的。

某些欧洲出产的辣椒产品，人们对于其产地标示的控管就更严格了。法国南部巴斯克地区的艾斯佩莱特（Espelette）及其邻近区域，自17世纪以来便种植Capsicum annuum品种的卡宴辣椒，而且，只有在当地生产并包装完成的辣椒粉才能以艾斯佩莱特辣椒（Piment d' Espelette）的名义上市，这种辣椒粉是受法国AOC[2]标志保护的经典食材。

东欧匈牙利出产各式各样的辣椒粉，其产品的区别在于

---

① Habanero，另一中译名为“魔王辣椒”。

② Appellation d'origine contrôlée（原产地命名控制）的缩写，AOC是法国的产品认证标志，用于表明生产、加工在某一地区进行，使用当地特有工艺，品质及产区特性有保障的产品。

如何加工处理当地生产的彩椒：辣味温和的匈牙利辣椒粉只取已干燥完成的成熟彩椒果肉磨成粉末；口味特别甘甜的辣椒粉，除了含有彩椒的果肉外，还会连带把内部胎座的隔膜一并研磨成细粉，以增加些许的辣味；高辣度的辣椒粉，是把辛辣的“玫瑰彩椒”（Rosenpaprika）的整颗果实，包括内部胎座的隔膜与种子，干燥处理后磨成粉末，因为胎座的隔膜与种子的辣椒素含量远高于果肉。南欧的西班牙是全球红辣椒粉的第二大生产国，产量仅次于匈牙利。其中最著名的是烟熏红椒粉（Pimentón de la vera），同样受到国家的产地标志保护。这种辣椒粉是把鲜采的辛辣种彩椒放在木枝上熏烤，待椒果干燥后，再去除果实内的种子和隔膜，研磨成细致的辣椒粉。

由于辣椒果的味道和辣度完全取决于农人采收的时间，一般来看，辣椒加工厂如果要取得优质的椒果原料必须倚重椒农的经验，这样其生产的辣椒产品才能年复一年地满足行家的期待。

### 香气

我们对于辣椒的第一印象就是：辣！不过，光是辣味还无法代表辣椒整体的味觉表现：从生理层面来说，口腔所感受到的辣感其实是痛觉，与舌头的味蕾所接收到的味觉无关。

辣椒中的辣椒素会刺激舌头上的痛觉神经，当痛觉的刺激信息传送到脑部时，就被解读为辣味。只要有人切完辣椒后，再摸摸眼睛，就知道我在说什么了！由于辣椒素这种化学成分能刺激人体的痛觉，因此，含有辣椒素的喷雾剂几乎在所有欧洲国家都被视为武器，尽管可用作防身器，但大多数欧洲国家仍禁止使用这种产品。

现在让我们再回到辣椒的料理用途：一些辣椒属植物，如辛辣种或非辛辣种的彩椒，都只含有极少量的辣椒素，不论其果实的成熟度如何，是绿色或是带甜味的红色椒果，它们去籽的果肉吃起来总是带有果香而且口感温润。

比较辛辣的辣椒属植物的椒果，光是拿它们的果肉来调理菜肴，味道就够呛了！20世纪初期，美国药剂师斯科维尔（Wilbur Scoville，1865—1942）曾制定出一项测量辣椒辣度的指标，即“斯科维尔指数”①。

在斯科维尔指数列表上，辣度最高②的两种辣

---

①斯科维尔指数（Scoville Heat Unit，SHU）：为了让大家能够清楚地知道各种辣椒的辣度，斯科维尔于1912年发展出一种量化辣度的方法，也就是把1克的辣椒溶解于水中，把水不断稀释到受试者无法尝出其中的辣味为止，此时水的总毫升数即为该辣椒的斯科维尔指数。举例来说，如果人们需要10升的水，才能把1克的辣椒稀释到没有辣味，那么该受测辣椒的辣度便为10000斯科维尔指数（SHU）。（作者注）

②本书提到的是2007年前的辣度纪录，目前该纪录已被诸多新培育辣椒品种和化学物质打破。

椒都是Capsicum chinense的品种，即印度的断魂椒（约850000SHU）和莎维娜红辣椒（Red Savina，约550000SHU）——一种栽种于美国加利福尼亚州的哈瓦那辣椒。料理中经常使用的泰国鸟眼辣椒（Bird's Eye）顶多只有225000SHU，不过，它的辣味却总是被人们形容为“极度灼烧”。欧洲德语区的人民对于辛辣味的承受度一向很低，只要嘴巴沾上鸟眼辣椒，他们双眼便会立刻流出眼泪来。拉丁美洲的卡宴辣椒约有50000SHU，这种辣度似乎比较容易承受。至于彩椒，就是唯一一种零辣度的辣椒属植物了！除了斯科维尔指数外，还有其他的辣味指标能显示各种辣椒的相对辣度，对于消费者而言，它们都是很好的参考指南。不过，最具说服力的，还是品尝者主观的辣味感受。

当人们都着眼于辣椒的辣度时，别忘了，它们还具有多种气味。新鲜的辣椒果会有清新的气味和口感，它们往往带有甘美的果香或花香，有些甚至还有类似柠檬的味道。成熟的椒果由于含糖量较高，因此，吃起来的口感大多偏甜。绿色未成熟的辣椒果，就跟青椒一样，略带苦味。辣椒果经过干燥后，会出现与新鲜果实完全不同的气味，而且根据品种的不同，有些干辣椒的味道像巧克力，有些像橡木酒桶，有些还有泥土味。法国艾斯佩莱特辣椒在清新的气味中带有酸味；体积较大的安丘干辣椒（Ancho Chili）辣度低而甘甜，有近似烟草和葡萄干的味道；卡宴辣椒则有温和的苦味并略带烟熏味。

## 应用

有辣椒植物繁殖的地方，通常它的椒果就会成为当地料理的重要配料。辣椒原生于南美洲的秘鲁，秘鲁人栽种这种辛香作物已有数千年的传统。根据秘鲁的考古出土资料，当地人民使用辣椒的历史最早可以回溯至公元前7000年，也就是距今九千年前。早在哥伦布发现新大陆之前，辣椒这种辛香料已从秘鲁传入中美洲。辣椒条曾被印加、玛雅和阿兹特克文化赋予奇妙而神秘的超自然力量，甚至有医疗的功效，就如同胡椒粒在欧亚大陆的历史中所扮演过的角色一样。（Vaupel 2002：116）

当然，辣椒在拉丁美洲不只限于仪式或医药用途，它也是重要的饮食调味料。因品种的不同，有的辣椒被鲜采，当成蔬菜烹煮或直接生吃，有的会经过干燥处理，有的则被磨成粉末。许多玛雅文化的烹饪习惯仍由其部族后裔传承至今，他们的饮食自成风格并区别于墨西哥的主流料理：不论是辣味的巧克力块或巧克力饮料，这种混合可可和辣椒的调味组合一向很受中美洲人民的喜爱；当地人还喜欢把馅料填入大颗而辣味温和的椒果（如彩椒）内，用焖炖的方式烹煮它们；为了让辣椒本身的辣味能再添加一层烟熏的香气，人们还会将某些种类的辣椒先用烟熏制，再拌入酱汁或杂烩料理。在美国的餐食中，辣椒也颇受推崇：美国有呛辣的烤肉酱和辛辣的新奥尔良风味料理（Cajun Food），而且，美国专业的椒农或业余的园艺爱好者在栽种新的辣椒品种时，无不致力于提高椒果的辣度，位于美国西南方的新墨西哥大学（University of New Mexico），还设有专门研究辣椒作物的研究所。

虽然印度和亚洲其他地区栽种拉丁美洲的辣椒作物要稍晚一些，但印度和亚洲料理却不能没有这种辛香料做调味。印度是全球最大的辣椒生产国和消费国，因此，人们很少能在印度尝到辣味温和的咖喱。用酸奶、辣椒及各种蔬菜和香草所调制成的印度酸奶酱（Raita），它的辣味就比较柔和。印度人会把各种不同的辣椒（大多属于 Capsicum annuum 的品种）做干燥处理，并磨成粉末，然后调入印度什香粉中，或使用新鲜的辣椒一起下锅烹煮，通常在许多印度料理中，都会兼用这两种辣椒的调味方式。相较于印度人嗜辣的饮食习惯，耆那教的素食料理（Jain Food）及瑜伽或传统的阿育吠陀疗法所建议的节食餐则属于例外的情况：由于辣椒跟其他种类的辛香料一样，会对人类的精神状态造成刺激，为了维持身心的平衡与沉思的心性，必须避免食用这些具有刺激性的调味料。

就中国人的美食标准而言，一道美味料理不仅味道要好，还要能口齿留香，令人回味，这也是麻辣的花椒和灼辣的辣椒能够成为中华料理重要的辛香料的原因。中国各地的料理或多或少都会使用辣椒，不论是新鲜的或晒干的辣椒，或是和其他配料做成的各种辣酱。中国人用辣椒做出的菜肴，辣度也不一样，其中以四川和湖南这两个相邻省份的地方菜最为火辣。由于中国所有的地方料理几乎都会使用辣椒，这也让中国跻身全世界最主要的辣椒生产国和消费国的行列。在东南亚和南亚地区，用新鲜食材调制的酱料是许多料理的基底：这些地区的风味料理除了使用姜、南姜、柠檬草、柠檬和芫荽这些辛香料外，还大量使用新鲜的红辣椒或绿辣椒。至于泰式咖喱，由于添有椰奶而能缓和其中辣椒的刺激，对于无法承受辣味的饕客来说，这是一道值得推荐的东南亚辣味菜。如果您觉得某些东南亚料理的辣劲不够，还可以自制一种混合鱼露和切片辣椒圈的辣汁来增强辣味，或是再加些在东南亚很普遍的参巴辣椒酱（Sambal）。

北非的摩洛哥料理也有类似的辣椒酱——哈里萨辣椒酱（Harissa）：除了大蒜、小茴香、芫荽籽和盐巴外，主要的材料是细磨的新鲜辣椒泥。北非料理的综合香料配方很复杂，辣味并非调味的重点，不过，就跟非洲其他地区一样，辣椒是许多菜肴的标准配料。

在传统的日耳曼料理中，除了彩椒之外，基本上并不常使用辣椒属植物的椒果；烹调一些地中海地区的经典料理时，就需要使用味道甘甜的意大利小辣椒或卡宴辣椒；在东欧某些地区，人们会用辣椒烹煮匈牙利炖牛肉，因此，这道料理也会出现很辣的口味。辣椒已经成为欧洲料理的重要调味料，辣椒种类的多样性也跟异国料理在欧洲越来越受欢迎，以及借由空运较易取得国外新鲜食材有关：英国人不能没有咖喱酱，德国人不能不吃咖喱香肠，东方的美食主导了欧美饮食的流行趋势。亚洲快炒料理几乎已经成为世界美食的基本菜色，这就如同许多烤肉派对上都会使用美国的辣味烤肉酱一样。虽然欧洲人在餐食中习惯用胡椒调味，不过，随着异国料理的盛行，胡椒也无法取代辣椒在西方料理烹饪中所扮演的角色。

## 僧侣胡椒（Vitex agnus-castus）

从一些历史资料看来，西方的基督教会在使用香料方面，确实出现过矛盾的态度：在欧洲中世纪时期，修道院和教会向农民收取田地的佃租时，都乐于拿到胡椒粒这种香料货币，当然，这种流通性强的货币有一部分会被人们用于纯粹的美味享受。另一方面，在这个黑暗时期，不只有希腊东正教对修士与修女的贞节感到忧心，在西方基督教界也早有传言云：终身不婚的神职人员如果摄食具有生理刺激性的香料，可能有违反清修戒律的风险。为了防止修士和修女们出现淫猥的行为，教会会发给他们“圣洁莓”（即僧侣胡椒的别名）的苗株并将其种植在修道院的庭园中，作为保护贞节的象征。不过，早在公元 100 年左右，也就是基督教尚受罗马君王迫害的时期，罗马帝国时代的希腊医学家狄奥斯库里得斯就已在他所撰写的《药材医学》（*Materia Medica*）这份医药指南中指出，当时人们普遍认为僧侣胡椒具有抑制情欲的作用，这其实是一种错误的观念。

**植物性状**

僧侣胡椒为木生灌木，能生长至 4 米高。在植物分类学上，它跟一些香草植物，如马鞭草、百里香、迷迭香和薰衣草，同属于唇形科（Lamiaceae）。僧侣胡椒生长于气候温和的地中海国家及近东和中东降雨量较多的地区，它的长形尖叶跟大麻一样，叶序呈星状排列，白色或紫色的花朵会让人联想到薰衣草。僧侣胡椒是一种料理用香草，这种植物所有的部分都带有香气，不过，香气最强的是灰色的小果粒，也就是市面上贩售的僧侣胡椒。人们取用的僧侣胡椒，跟大部分的香草植物一样，都不是现采的新鲜货。僧侣胡椒植株可供利用的部分都必须经过干燥处理，最好是把它们铺开来阴干，而不是放在阳光下曝晒。

## 香气

亲爱的读者，您若期待僧侣胡椒会散发出类似真胡椒的气味，那么，可能要失望了。因为，僧侣胡椒的香气比较接近上述那些同属于唇形科的香草植物。在口感方面，僧侣胡椒的味道也不像胡椒，而是比较类似樟脑，略带苦味及微乎其微的辣味。相形之下，它的叶片反而有比较明显的辛辣味。

## 应用

僧侣胡椒除了具有扼杀感官兴致的特色外，医学家狄奥斯库里得斯还在他所撰写的《药材医学》中提到这种香料的其他功效：治疗头痛、疲劳、精神错乱、月经迟来、经痛以及作为生产时的催生剂。事实上，僧侣胡椒的有效成分对于人体的荷尔蒙分泌具有调节功效，它还是跟以前一样，被用来调整妇女的月经周期和治疗经期的不适症状。

僧侣胡椒在欧洲很少被当作料理用香料，不过，它和一些所谓普罗旺斯香草混合后，很适合一些鱼类和肉类食材。德国名厨侯兰特就曾建议大家在烹调鸽胸肉时，使用僧侣胡椒，因为这种香料带有一种类似铁的金属味，搭配味道浓厚的带血肉品，是完美的味觉组合。

## 乐园籽（Aframomum melegueta）

有一种出产于西非的香料，被称作“乐园籽”，香料有这样的名称，听起来何等美妙！自13世纪开始，乐园籽在欧洲已是广受欢迎的香料，这种非洲豆蔻属植物的种子并非来自如梦似幻的乐园，而是出自西非的海岸地区。当时大概只有骆驼商队的向导知道乐园籽的实际产地，他们把这种香料从西非运抵北非贩售，中途还必须辛苦地穿越撒哈拉沙漠。此外，西非乐园籽的传播还必须归功于当时活跃在北非地区、以葡萄牙籍为主的欧洲商人，经由他们的转手买卖，乐园籽这种香料才辗转销售到欧洲各地。乐园籽被引入欧洲后，快速地征服欧洲市场，成为广受喜爱的胡椒代替品，在价格上也很快与黑胡椒拉近差距。（Turner 2005：45）

当葡萄牙人在15世纪中期成功地垄断在非洲以及与非洲有关的商业活动后，他们在乐园籽的交易中也扮演了举足轻重的角色。由于乐园籽产于西非几内亚湾的玛拉奎塔海岸，因此，乐园籽也被称为玛拉奎塔胡椒（Malaguetapfeffer）或几内亚胡椒（Guineapfeffer）。在葡萄牙人开始与印度直接进行胡椒贸易之前，里斯本商人兼探险家戈梅斯（Fernão Gomez）曾接受葡萄牙国王的委托，进行西非海岸的探勘与研究，他还于1469年取得利润丰厚的乐园籽贸易独占权，为自己攒下了一笔财富。（Trebeljahr 2003：21）葡萄牙当时在欧洲形同乐园籽的供应者，它在这项香料贸易中的地位非常稳固，这在欧洲已广为人知，以至于后来葡萄牙首次用自己的船队从印度运回真正的胡椒时，欧洲市场的香料商对这些印度胡椒持怀疑的态度：欧洲其他国家与地区的商人并不清楚葡萄牙在开发印度航线上的斩获与突破，他们依据过去的经验和习惯认为，葡萄牙人所贩售的胡椒并不是真品，而是非洲的乐园籽，也就是当时胡椒的替代品。

**植物性状**

乐园籽是一种姜科非洲豆蔻属植物的种子。这种亚灌木植物可以长至2米高，新的枝丫都从根茎部位长出来。喇叭状、淡红色的花朵在授粉后，会结出表皮光滑的长形浆果。这类果实经过干燥后，看起来很像大颗、呈褐色的小豆蔻荚果（小豆蔻和乐园籽都属于姜科植物）。每颗果实的白色果肉约含有1200—2000颗种子。成熟果实的种子有褐色的种皮和白色的核仁，直径约0.5厘米长，外形与葡萄籽有些类似。乐园籽这种香料植物生长于西非热带地区，该地的季节分为雨季和旱季，降雨量会出现明显的高低交替。虽然乐园籽（学名 Aframomum melegueta）和塞利姆胡椒（学名 Xylopia aethiopia）这两种植物在生物谱系上没有近缘关系，然而在法语中，却把这两种假胡椒都称作几内亚胡椒（Poivre de Guinée），而造成语意指涉的混淆。

## 生产

在西非产地以外的区域，乐园籽的市场需求量并不大。现在全世界乐园籽的主要出口国是西非的加纳。这种香料植物以种子播种繁殖，或经由分切母株的根茎，做根插的扦插繁殖，而且采用单种栽培（Monokultur）的种植方式，也就是田地上只栽种这一种作物。苗株被移种于户外的园地后，九至十一个月便能有收成，植株如果受到良好的养护，结实旺盛的时期可达十年之久。人们会采摘植株上成熟的红色果实，因为，熟透的果实里面的种子才会有充足的味道。果实被铺放在日光下曝晒一个星期后，种子才会从干燥的果肉上脱落，这些种子就是人们用于料理调味的乐园籽[①]。

---

① Plant Spec Sheet: Grains of Paradise, http://www.pfidnp.org/crop_specs/Grains%20of%20Paradise.pdf[15.08.2011].（作者注）

## 香气

乐园籽几乎不含芳香油成分，因此，这种香料在气味上无法跟任何东西做类比。它的嗅觉表现虽然乏善可陈，味觉方面却很突出：乐园籽带有刺激强烈及尾韵持久的辣味。它的辛辣比较类似姜而不是胡椒，在烹煮时，辣味会变得比较温和，让菜肴更可口。

## 应用

乐园籽是西非和北非料理的传统配料与辣味调味品，当真胡椒，特别是辣椒出现后，这种辛香料在该地区也受到某种程度的排挤。不过，它还是跟以前一样，被人们用来烹调重口味的杂烩料理、汤品和酱汁，此外，它还是配方复杂的摩洛哥综合香料固定使用的配料之一。与乐园籽同属于非洲豆蔻属植物的科拉利玛的种子（Korarima-Körner，学名 Aframomum corrorima，别称埃塞俄比亚小豆蔻）在埃塞俄比亚被当地人用于咖啡的调味，同样地，乐园籽在西非产区也被人们拿来冲泡咖啡[①]。

欧洲所流传下来的古食谱里曾经出现过乐园籽，例如，14 世纪法国御厨所编写的《泰勒凡食谱》，其中有几道就是利

---

① Plant Spec Sheet：Grains of Paradise，http://www.pfidnp.org/crop_specs/Grains%20of%20Paradise.pdf[15.08.2011].（作者注）

乐园籽

来源：《阿道夫斯·伊佩斯药用植物图集》(*Adolphus Ypeys Sammlung der Arzneipflanzenbilder*)，1813年

用乐园籽的香气和味道来调制香料酒、酱汁及肉类料理。在《泰勒凡食谱》所记载的某些料理中，这种香料反而比真胡椒更为讨喜。“胡椒黄酱”（poivre jaunet）是法国中世纪最具代表性的酱料之一，不过，这种酱料只是以胡椒命名，实际上并没有使用胡椒，食谱所记录的制作材料中，除了姜、番红花、面包屑和醋之外，有些版本还会建议添加乐园籽和丁香。（*Le Viandier de Taillevent* 1967：33）相关的考古学出土资料则显示，一些欧洲厨师自 13 世纪开始便依循这种调味方式（Wiethold 2009：55），直到欧洲地理大发现时代来临后，这种来自非洲的胡椒替代品才逐渐被真正的胡椒所取代。1581 年，也就是《泰勒凡食谱》出版后两百年左右，16 世纪日耳曼名厨伦波特（Marx Rumpolt）在他撰写的《新烹饪食谱》（*Ein new Kochbuch*）中，提到一道胡椒汤食谱，内容相当接近《泰勒凡食谱》关于这种汤品的记载，不过，这位大厨当时已不使用姜、番红花和乐园籽这些香料来烹调胡椒汤，而选择采用“许多胡椒与磨碎的丁香”（Schach-Raber 2009：7）。

在 17 世纪，英国啤酒酿造公会实现组织自由化之后，为了加强或冒充啤酒中麦芽的味道，这些啤酒商便开始使用乐园籽酿制啤酒。此外，啤酒业者还会在酒液中添加其他种类的香料调味，然而，这种酿制啤酒的方式并不受当时英国清教徒的欢迎。（Hornsey 2003: 418）现在有许多啤酒厂为了让某些特制啤酒具有独特的口感，还会在酿造的酒液中刻意添加香料，不过，这就不是冒充和欺骗了。

当您在使用乐园籽烹饪时，态度不必保守谨慎，因为这种香料的辣味和香气完全不会破坏菜肴的美味，用量大可以多一些。而且这种香料只要粗略研磨便可，把它撒在烧烤的鱼或肉片上，或是放入蔬菜炖肉中烹煮，还可以让这些菜肴嚼起来有种脆脆的口感。此外，还可以把乐园籽调入印度蔬果酸甜酱中，或撒在涂有甜辣酱的奶酪上。如果把乐园籽粉充足地混入欧洲冬令的糕饼和甜点中，则可以让这些点心多出一种好吃的辣味。

## 多香果（Pimenta diocia）

当哥伦布第一次率领船队跨越大西洋，在如今巴哈马群岛中的圣萨尔瓦多岛（San Salvador）停泊上岸后不到十天的时间里，他便在航海日志中写道："这里生长着上千种树木，每一种树木所结出的果实都不一样，不过，它们闻起来味道都很棒。令人遗憾的是，我还无法真正认识它们，然而，我坚信，它们全都很有用处。"（Ibn Battuta 2010: 116）哥伦布当时的看法是正确的，试想，现在西方家庭的厨房如果少了香草、可可、马铃薯、番茄及辣椒，会是什么样的窘况？后来的文献资料证实，哥伦布早在第一次航海探险时，便已发现多香果这种香料，而且，这种带有类似胡椒气味的香料很对欧洲人的胃口。关于这一点，我们无须感到讶异，因为，小颗粒的多香果在气味上综合了多种香料的味道，如胡椒、肉豆蔻、丁香和肉桂，这些香料自中世纪甚至更早以前便已受到欧洲人的喜爱。多香果在17世纪初期便被运往欧洲，不过，要等到英国人在1665年从西班牙人手中取得牙买加岛后，多香果才在欧洲料理中具有真正的重要性。牙买加成为多香果最重要的产地，英国人也非常重视这种含有多重香气的香料。（Wendt 2007：181）由于多香果的买卖长期被英国人垄断，因此，多香果在德语区也被称为“英国胡椒”（Englischer Pfeffer）或“万用香料”（Allgewürz）。多香果在法语中也被称为“万用香料”（Touteépices）或“法式四味辛香料”（Quatreépices，它也是一种法国综合香料的名称）。除此之外，人们现在还把多香果称为“牙买加胡椒”（Jamaika Pfeffer）或“丁香胡椒”（Nelkenpfeffer）。

**植物性状**

多香果树是一种乔木，树高在5至15米之间。这种植物的寿命很长，甚至可以存活一百年，而且植株在如此高的

多香果
来源《科勒药用植物》

树龄还能结出果实。不过，小树苗在移栽种植后，大约要等上七年才会有收获。多香果跟芭乐、桉树和丁香一样，属于桃金娘科植物，它的原生地在中美洲，适合温暖而阳光充足的气候，不过这种香料植物也耐得住短期的寒冷。多香果树的长叶片硬如皮革，生长茂密，既美观又芳香。开花时，白色的小花紧密地布满长条花穗。雌花的子房会长成直径 0.5—0.8 厘米的核果，完全发育成熟时，颜色会转为紫色或像铁锈般的暗红色。农园所种植的雄株负责花的授粉，也会因为雄花和雌花同株而结出果实。( Katzer & Fansa 2007：218 )

## 生产

整株多香果树都带有香气，不过只有经过干燥的果实才是料理用香料。由于未成熟的果实含有较多的芳香油成分，因此，果实尚青绿时，就会被采收下来。人们在收成时，会采摘多香果整串的圆锥果序，先存放数日后，再把这些果串铺放在阳光下曝晒，或使用机器进行干燥。自然的干燥过程持续将近两个星期，与真胡椒的加工过程相似，当然，这种处理过程也会出现损失的风险。每到夜晚，这些放在户外的果实就会被聚集起来，以防止湿气与害虫的侵袭。当整串的多香果充分干燥后，人们会用双手把这些色泽转为褐色的小果粒从果穗上摘下，并把果实堆里面掺杂的叶片与枝条等异物挑出，以确保产品的精纯度。

跟许多香料植物一样，多香果的树苗也被引入印度洋的毛里求斯岛和留尼汪岛种植，不过，有规模的商业栽种仍跟从前一样，仅限于它的原生地，其中以牙买加所生产的多香果最为优质。

## 香气

多香果并不带有类似胡椒的辣味，而有一种温和的香气。这种馨香主要源自它的丁香酚成分，该芳香物质以牙买加的多香果含量最高。这种香气也会体现在多香果的口感上，人们在食用多香果时，舌头会出现一种微麻的感觉。此外，像丁香、肉桂、肉豆蔻以及月桂（月桂在植物学分类上，是多香果树的近亲）的叶片也都含有丁香酚。

## 应用

在中东以东的地区，多香果并不是重要的调味品；在欧洲和地中海地区，多香果则是一种普遍使用的调味香料，大多用于汤品、酱料、腌泡蔬菜或香料醋渍的鱼片。把一两颗多香果加入甜食中，就可以代替一撮德式姜饼综合香料粉或制作香肠和肉酱所需使用的“法式四味辛香粉”。在阿拉伯和北美地区的国家，多香果是当地某些综合香料的成分之一。

特别是在中美洲的墨西哥和加勒比海料理中，多香果是很重要的调味香料。牙买加著名的烤肉料理（Jerk-style food）在烧烤前，会先把肉块或鱼片腌渍在一种以辣椒和多香果为主要配料的酱料中，然后再放在烤架上烧烤，传统的烤肉方式则以熏烤为主。直到今天，牙买加烤肉料理特有的风味还是用多香果木做燃料烧烤出来的。亲爱的读者，如果您打算自己动手烧烤，无论如何一定要尝试这道菜肴，特别是当您在烧烤辣椒香料醋汁腌泡过的鱼类或肉类时，如果能在腌渍汁中加入多香果，多香果的甘甜就可以缓和其中的辣味，把料理原有的呛辣转成一种温润而舒服的口感。

您还可以把整颗多香果放入汤类或蔬菜炖肉中烹煮，味道既不会变苦，也不会变辣。如果您想把多香果粉调入苹果派或巧克力热饮中，建议您在调理时再把多香果磨成粉末，因为，它跟大部分的香料一样，在研磨成细粉后，容易散失原有的香气。

### 粉红胡椒（Schinus molle, Schinus terebinthifolius）

我本身在维也纳经营香料专卖店，每次碰到初次上门的顾客询问红胡椒时，大概都能猜出来，对方是要那种红得发亮的胡椒果，也就是色彩缤纷的混合胡椒产品中的那种红胡椒。当他们第一次看到黑胡椒种（Piper nigrum）的红胡椒干粒时，经常会大失所望，因为，那种暗沉的色泽比较像黑胡椒粒，与摄影作品中的红色胡椒有很大的差距。不过，这类顾客通常在亲自品尝过后，都会很喜欢它们的气味。至于颜色鲜丽的粉红胡椒（也被称为红胡椒），是漆树科 Schinus molle（秘鲁胡椒木）或 Schinus terebinthifolius（巴西胡椒木）的果实，质地易碎裂，虽然颜色比黑胡椒种的红胡椒漂亮，它的味道却很平淡，几乎没什么香气和辣味。顾客们在试吃过后，通常反应都不好，因此，人们如果想用粉红胡椒代替优质真胡椒做烹饪调味的话，恐怕会大失所望。粉红胡椒进入现代料理是相当晚近的事，这种香料与胡椒科植物无关，它的名称被冠上“胡椒”这个尾词，所以经常造成语意指涉的混淆，希望我的说明能澄清这点。

### 植物性状

粉红胡椒是原生于巴西的巴西胡椒木和原生于秘鲁的秘鲁胡椒木这两种乔木的核果。这两种植物虽然被称为胡椒木，实际上它们都不是胡椒科植物，而是跟开心果、腰果（Cashewnuss）、西西里漆树（Gewürzsumach）同属于漆树科植物。巴西胡椒木比较矮，不像它的近亲秘鲁胡椒木可以生长到 15 米的高度。它们的叶片属于羽状叶，在枝丫上长得很茂密，具有装饰性。含有花蜜的白色花朵会结出浆果，其色泽会随成熟度的升高而从绿色渐转成鲜红色，圆锥状果串就像葡萄般挂在枝条上（巴西胡椒木的浆果在果串上聚集得非常紧密），每一颗小果粒的直径只略长于 0.5 厘米。

这两种漆树科植物能快速生长而且容易养护，在全世界的亚热带与温带地区是很受欢迎的观赏植物。它们的根部蔓延很快，若被引入他地栽种，往往会威胁和排挤该地原有植物的生存空间。

## 生产

粉红胡椒的加工原料取自巴西胡椒木和秘鲁胡椒木完全成熟的核果。当人们把这类熟透的核果采收下来后，会把它们阴干或冷冻干燥。在原生地巴西，胡椒木果实的成熟期正值当地的盛夏时节，也就是在 12 月和 1 月。交易市场上的粉红胡椒大部分来自南美洲、马达加斯加岛和留尼汪岛。此外，巴西胡椒木的树脂和树皮也有利用价值，它们是制作药品和药膏的原料，不过，都是取自人工培育的品种，因为野生胡椒木的有效成分过高，会引发严重的皮肤炎。

## 香气

粉红胡椒除了平淡的树脂味之外，几乎毫无气味可言。

相较于嗅觉的表现，粉红胡椒在味觉方面还比较出色：易碎的外皮带有一种讨喜的甜味，此外，细嫩的果核带有一种温润的苦味以及短暂的辣味刺激，整体的口感类似荜澄茄。这两种漆树科乳香属植物的红色果实在口味上几乎没有差别，它们的味道都很平淡，不过，作为调味料仍具有吸引力。

## 应用

欧洲料理最近这几十年才开始流行使用色彩亮丽的粉红胡椒。在南美洲的原生地，人们自古以来便已掌握这种胡椒木的多重用途：印加帝国的人民会使用秘鲁胡椒木的树脂为驾崩的国王制作木乃伊，或是用来调制药品与美味饮料：这种胡椒木的果实多汁，人们可以不费力地从中榨出浆液，做成一种名为“奇恰”（Chicha）的饮品。这种饮料是一种药效不强的泻药，拿来当作茶饮喝下，可以治疗便秘，此外，它还有治疗尿道症状的功效。从加尔西拉索·德拉维加（Garcilaso de la Vega，1539—1616）这位西班牙和印加混血的秘鲁诗人在1606年所留下的文字记录中，我们知道，这种饮料应该很好喝，而且喝后会有一种微醺感。（Coe 1994：186）不过，这种家用保健药液只能少量饮用，因为，它的芳香油含有水芹烯这种物质，会引起过敏、胃部发炎和腹泻。由于这种成分也不利于其他生物的生存，因此，秘鲁胡椒木的芳香油也用于治疗细菌和霉菌所引发的病症。（Dikshit, Naqvi & Husain 1986：1085—1088）我本人曾经访问过秘鲁南部大城阿雷基帕（Arequipa）的一所植物学研究机构，该机构的工作人员曾亲自对我说明，当地居民并不会把秘鲁胡椒木的果实用于食物的烹饪，而会把它们浸泡在水中几日，再把这种含有水芹烯的溶液喷洒在植物上，当成是一种天然的杀虫剂，以防止霉菌和害虫的侵袭。

一般家庭烹饪所取用粉红胡椒的分量，应该不会造成健康的损害。人们过去也曾因为食用大量番红花和肉豆蔻可能会导致死亡而对这两种香料的安全性有所疑虑，尽管如此，人体对于这两种香料普遍来说都有很好的承受度。因此，亲爱的读者，您并不需为此而放弃颜色绚丽的粉红胡椒，应该让它们在混有各色胡椒粒的研磨罐内继续扮演亮眼的角色，虽然就粉红胡椒比较平淡的味道来说，混入辣味的真胡椒在口感上并不能充分发挥它的特色，但是无论如何，请您不要在胡椒磨内只放入粉红胡椒，因为，把这种漆树科植物的干果放在一起，它们的果皮会很快地粘在一起。整颗未经研磨的粉红胡椒干粒嚼起来香香脆脆，把它们添入口感柔润且味道香醇的酱汁、精致的蔬菜奶油浓汤、质地细嫩的肉类和鱼类以及含有水果食材的沙拉和甜点中，会有更棒的口感和风味。

## 塞利姆胡椒（Xylopia aethiopia）

塞利姆胡椒是一种木瓣树属植物（Xylopia）的果实。它是非洲特有的产品，在非洲以外的地区很少被使用，而且有许多别称，如塞内加尔胡椒（Senegalpfeffer）、黑人胡椒（Mohrenpfeffer）、卡尼胡椒（Kanipfeffer）和几内亚胡椒（Guineapfeffer），它的法文名称则为“乞力马扎罗胡椒”（poivre de kili）。此外，还有一些木瓣树属植物的果实，也跟塞利姆胡椒一样，具有调味用途，例如，生长于非洲的“条状黑人胡椒”（学名 Xylopia striata）和南美洲的“猿猴胡椒”（Affenpfeffer，西班牙文名称为 pimenta de macaco，学名 Xylopia aromatica）。欧洲人在中世纪时期便已知道塞利姆胡椒这种香料，当时欧洲会从非洲进口塞利姆胡椒和乐园籽，只不过后者在欧洲更受欢迎。

### 植物性状

塞利姆胡椒的植株通常可以生长到 20 米左右（巴西的品种基本上比较矮小）。它们分布于非洲的热带地区，从西非一直延伸到东非，适宜生长在潮湿及排水良好的土壤中。塞利姆胡椒植株开花时，浅绿色的细长花朵会群聚在花序上，花谢之后，会长出成束的、类似菜豆的绿色荚果。长荚果在成熟时会转红并爆开，里面腰果状的黑色种子最多有八颗之多。由于塞利姆胡椒的香气源自荚果的果肉，而不是里面的种子，因此，当荚果还青绿时，就会整条地采收下来，无须等荚果成熟爆开后取其种子。

## 生产

在某些非洲国家，例如，加纳，塞利姆胡椒是一种经济作物，不过，栽种头四年的生长期会被当地农民当成次要作物。塞利姆胡椒树一年会结果两次，农民把一些结在花序上的荚果成束地采摘下来后，会把它们放在阳光下曝晒四至七天，有时则采用熏干的方式保存。塞利姆胡椒树的各个部分都可以被充分地利用，它的果实和根部具有烹饪调味和医药用途，树干则可当成燃料或建材[①]。

## 香气

奥地利化学家兼香料专家卡策尔认为，塞利姆胡椒含有荜澄茄和肉豆蔻的综合香气，这样的形容实在非常贴切。塞利姆胡椒干燥荚果的表皮所含有的芳香油成分略带薄荷的馨

---

① Orwa C.et al.: Agroforestry Database, Stichwort *Xylopia*, http://www.worldagroforestry.org/treedb2/AFTPDFS/xylopia_aethiopica.pdf[15.08.2011].（作者注）

香，种子则有微苦的辣味，味道很特别。由于果荚和种子混合出来的口感很棒，人们通常会把整条胡椒荚果磨成粉使用，不再费工夫地取出荚果里的种子。

## 应用

塞利姆胡椒跟几乎所有的香料一样，也被认为具有某些医疗功效，例如，可以舒缓头痛和牙痛；如果把它熬煎成药液喝下，可以治疗胃痛或肠道的寄生虫病；如果做成外敷的药膏，则可以治疗风湿和皮肤病①。

塞利姆胡椒是非洲饮食中普遍使用的调味料。西非塞内加尔的国饮土巴咖啡（Café Touba）就是在研磨的咖啡粉中添加香料粉所滤泡出的黑咖啡。人们有时也会用黑胡椒等香料来调制土巴咖啡，不过，最道地的塞内加尔土巴咖啡就是使用塞利姆胡椒做调味。对于当地人民而言，饮用土巴咖啡还具有宗教仪式的意义①。

在欧洲生活的人必须到香料专卖店，才买得到塞利姆胡椒，如果您有机会看到这种胡椒产品的话，记得把这种有趣

---

① Orwa C.et al.: Agroforestry Database, Stichwort *Xylopia* ,http://www.worldagroforestry.org/treedb2/AFTPDFS/xylopia_aethiopica.pdf[15.08.2011].（作者注）

① *Café Touba*, http://www.xibar.net/Cafe-Touba-Une-consommation-tres-galopante_a3595.html[15.08.2011].（作者注）

的香料买回家。它的使用方法其实很简单：找一些自己喜欢的非洲汤类或炖肉料理的食谱，用它来替代黑胡椒做调味便可。

## 花椒（Zanthoxylum piperitum, Zanthoxylum sansho）

关于花椒，最令人讶异的是，它是唯一在亚洲以外地区长期被人们忽略的一种香料，在数年前出版的西方香料书籍中，甚至也只是略微提到了花椒。中国人认为花椒辣中带麻，大概是由于花椒会引发口腔些微麻痹感的缘故，也正是这股麻辣的刺激让这种花椒植物的圆形荚果带有一种独特的吸引力。随着亚洲快炒料理逐渐流行于欧美的日常餐食中，西方人也越来越能接受花椒这种调味料。花椒不只容易取得，价钱也不贵，还能为餐食料理增添一些口味的变化。

### 植物性状

花椒在植物学的分类上，属于芸香科花椒属植物。这种香料植物有许多种类，分布范围从日本、中国、尼泊尔一直延伸到印度，以及某些东南亚国家。其中学名为Zanthoxylum piperitum的花椒属植物是最常见的种类，此外，它的近亲如Zanthoxylum rhetsa（印度花椒）、Zanthoxylum alatum（竹叶花椒）、Zanthoxylum schinifolium（青花椒）也同样具有料理用途。这些花椒属灌木植物喜爱生长于山区，因此花椒也被称为山椒。花椒具有耐寒的特性，甚至能适应喜马拉雅山的严寒，这对于该地区居民是一大福气，因为当地受限于高山气候，只有少数几种香料植物能在这种酷寒的条件下生长。

花椒植物的叶片长 5—15 厘米，叶缘有细锯齿，以叶柄联结主枝两边，呈羽状排列，主枝还长有棘刺，其长度可达 8 厘米。花椒植物雌雄异株，如果雄株和雌株的距离能贴近，就有利于黄绿色小花的授粉与结果。花椒的圆粒荚果直径为 0.5 厘米，表皮有疣状突起，内含一颗黑色小种子。

四川花椒
来源：迪迪埃·德斯库恩斯
（Didier Descouens）

## 生产

产地所使用的花椒大多采自野生植株。中国和日本出产的花椒有一部分是来自人工培植的花椒树。花椒一年收成一次，秋天是采收的季节。成熟的荚果会连同它们的短果柄一起被摘取下来，并铺开在日光下晒干（或是放进专门的烘干炉中进行干燥），直到它们因干燥而裂开为止。荚果爆开后，里面黑色的小种子会掉落出来，不过，花椒并没有因此而失去它的风味，因为花椒的气味主要存在于荚果的硬壳中。市面上优质的花椒产品不仅不带种子，连小片残叶、枝条和棘刺这些杂质都会被挑除。花椒也有磨成粉末的产品，不过，就跟大多数的香料一样，整颗完整的干果更能留住原有的香气。

## 香气

花椒与柠檬同属于芸香科植物，由于这层近缘关系，花椒的香气除了微带花香的清新外，还有类似柠檬的味道，有些品种还带有大茴香的气味。所有品种的花椒所含有的芳香物质几乎一样，不过，各种成分的比例会因品种和地域条件的不同而有所差别。（Katzer & Fansa 2007：263）有些品种柠檬味比较强，有些闻起来比较像肉桂或大茴香，这就跟黑胡椒种的胡椒产品一样，每个地区的产品都有自己的特色。把花椒粒放入口中咀嚼，会出现一种独特的味道：刚开始舌头会接收到些微的味觉刺激，然后会出现一股麻麻的灼烧感，这种麻辣味是胡椒和辣椒所没有的。

## 应用

除了荚果之外，花椒馨香的叶片也别有用途：花椒新鲜的青叶是一种蔬菜，经过干燥的叶片或干叶的粉末则是辛香调味料，在日本称为“木の芽”（kinome）或“山椒”（sansho）。①

比起印度和中国，不丹等高山地区的料理调味就显得贫乏许多，当地生长的花椒属植物，确实为居民的饮食增添了一种味觉的变化。印度某些地区的菜肴也会用花椒做调味，然而，在印度这个香料国度中，花椒只扮演了次要的角色。花椒在中国就很不一样了！光是从花椒的别称“川椒”，我们就可以知道，花椒对于四川菜系的重要性。川菜是中国辣味最强的地方料理，而花椒和辣椒则是川菜辣味的主要来源。四川人在烹煮肉类、肉汤或豆腐时，大多会加入大把的川椒和辣椒，或经常在菜肴做好后，撒上花椒盐，即一种用盐巴和焙烤过的花椒混合而成的调味料。中国其他省份的料理也会使用花椒这种香料，人们往往把它和八角、丁香、肉桂及茴香混调成所谓“五

---

①日本花椒带有一股清新的柑橘味，与四川花椒截然不同，它是日本七味唐辛粉的配料之一，这种综合香料是日式烧烤、拉面和乌冬面的佐料。

香”。使用普遍可见的五香综合辛香料，也是海外中华料理的特色之一。

此外，花椒也很适合搭配甜食：在巧克力或含有热带水果的甜点中掺入花椒，会特别有风味！我个人则喜欢在煎鸭肉时，加入一种混合花椒、蜂蜜和酱油的自制酱料。

## 塔斯马尼亚胡椒（Tasmania lanceolata）

塔斯马尼亚胡椒也被称作山胡椒（Bergpfeffer）。在所有非胡椒属的辛香料中，塔斯马尼亚胡椒的调味用途最晚为欧洲人知悉，不过却快速在欧洲料理界蹿红。几年前，至少在欧洲，人们还不知道这种香料的存在，也几乎无从取得这种调味料，如今，它却在欧洲美食界爆红，成为大多数主持电视料理节目的主厨经常使用的配料之一，喜欢尝试新美食的欧洲观众也对这种新的辛香料很感兴趣。生长于澳大利亚南部的塔斯马尼亚胡椒一向不受白人世界的关注，却突然掀起一阵“灌木林美食风尚”（Bush Food Trend），这是什么缘故呢？澳大利亚人自20世纪90年代开始追寻本土的美食价值，澳大利亚料理界也在这股本土化的风潮下，对当地土产的食物和调味料产生兴趣。一些包括塔斯马尼亚胡椒在内的本土食材，向来只用于澳大利亚原住民的传统料理中。澳大利亚原住民喜欢塔斯马尼亚胡椒叶片的温和香气，会摘取这类叶片做料理的调味，这与西方人取塔斯马尼亚胡椒的莓果做调味料的方式大不相同。塔斯马尼亚胡椒的年收成量减少时，可能在上市半年后，香料商就已无货可卖，由此可见，这种香料最近这几年真的很热门。

**植物性状**

塔斯马尼亚胡椒树外形美观，是冬木科塔斯马尼亚属（Winteraceae Tasmania）常绿灌木植物，生长高度为 2—5 米，有显眼的红色枝条。它的暗绿色长形叶片很有光泽，开花时，花朵紧密排列，雌株能结出外形类似欧洲刺柏的果实。这种果实在完全成熟时，颜色会由红转黑。

塔斯马尼亚属的许多植物都生长于澳大利亚气候温和的地区，特别是澳大利亚大陆南部和塔斯马尼亚岛。其中只有 Tasmania lanceolata（取其叶片和莓果）和 Tasmania stipitata（别名为多利果胡椒 [Dorrigopfeffer]，只取其叶片）这两种植物具有料理用途。至于其他种类的塔斯马尼亚属植物，由于黄樟素的含量很高，基于安全考量，大多不用于饮食的烹调。

## 生产

人们至今仍尚未大规模种植塔斯马尼亚胡椒树，它的莓果和叶片的收成都来自野生的或小型农场所栽培的塔斯马尼亚胡椒树。被采收下来的叶片和莓果都会经过干燥处理，有些还要磨成粉末才上市贩售。干燥的塔斯马尼亚胡椒果摸起来很像胡椒粒，不过重量比较轻，因为，果实内部是小颗粒的种子，而不是坚实的果核。

## 香气

每次闻到塔斯马尼亚胡椒果的香气，直接联想到的还是浆果。而且是上等的、甘甜的、在森林采摘的、香气密集的浆果！这种胡椒果入口后，它的味道和香气会先留在口腔内，而且会散发出欧洲刺柏、黑加仑子和月桂叶的温和气味。不过，这种愉悦的味觉感受很短暂，因为紧接着会出现呛烧的辣味，让味蕾忙上好一阵子。塔斯马尼亚胡椒就跟花椒一样，它的辣味既不像胡椒，也不像辣椒（当然也不像花椒），而是一种自己特有的、需要适应的麻辣味。这种辣味源自塔斯马尼亚胡椒的蓼二醛（Polygodial）成分，它只存在于少数几种植物中，属于倍半萜（Sesquiterpene）化合物。除此之外，塔斯马尼亚胡椒也跟某些香料（如肉桂、肉豆蔻和月桂叶）一样，都含有黄樟素，因此，它的气味中还带着一股温暖而令人舒服的馨香。

塔斯马尼亚胡椒叶的香气与浆果的气味相似，只不过辣度较低，香气也平淡一些。

## 应用

塔斯马尼亚胡椒含有蓼二醛这种有效成分，因此具有治疗过敏症状、细菌感染和发炎以及消除霉菌和驱虫等用途。最近这几年，西方料理界才开始使用塔斯马尼亚胡椒这种调味料，由于缺乏相关的经典食谱，因此，每个人在使用这种新的调味料调理食物时，都可以发挥自己的创意，依照自己的心情和喜好。在此建议您，可以把塔斯马尼亚胡椒放入蔬菜炖肉中一起熬煮（塔斯马尼亚胡椒经过长时间的炖煮，会略带苦味，而且辣度会降低），或是少量地撒在已烹调好的菜肴上。

使用塔斯马尼亚胡椒，必须留意它的颜色晕染现象。这种调味料会把一起烹煮的食材染成深紫色，不过，只要懂得利用它的染色作用，这项特色也可以成为这种香料的优点。我自己第一次试用塔斯马尼亚胡椒，是在制作粉红火焰薄饼时，薄饼上的法式酸奶油（Crème fraîche）因为塔斯马尼亚胡椒的染色作用而变成淡粉红色，色彩很吸引人，而且与上面摆放的无花果的颜色非常相称。顺便一提，只要懂得控制用量，塔斯马尼亚胡椒其实很适合搭配所有的水果食材，比方说，用少量红酒煮过的水果干会因为撒上塔斯马尼亚胡椒而显得特别好吃。关于塔斯马尼亚胡椒的使用，还有一点必须特别注意：请不要使用手握式胡椒磨来磨碎塔斯马尼亚胡椒。这种胡椒果就跟欧洲刺柏一样，只要一转动研磨罐，果皮会立刻粘在一起，很难磨成粉末。因此，如果您需要塔斯马尼亚胡椒碎，最好用刀子把胡椒果切成小块，否则也可以把整颗塔斯马尼亚胡椒果放入锅内，跟其他食材一起烹煮。

# 各种真假胡椒的料理食谱

Rezepte mit Pfeffer

他们带着一个厨子同行，厨子在料理鸡肉时，会先把肥油从鸡骨头上剔下，再加入盐巴、胡椒和南姜，而且，他对于伦敦的淡啤酒很内行。如果调出的酱汁不辛辣，不浓呛，如果烧出的菜肴不美味，唉，他可要倒霉了！

《坎特伯雷故事集》(*Canterbury Tales*)

14 世纪英国文学家乔叟 (Geoffrey Chaucer)

# 早餐

如果要享用优质的胡椒，对于我而言，在欧洲农家的民宿过夜，次日早晨吃着主人为我准备的早餐，往往是最棒的机会——不论吃到的是鲜奶油炒蛋，还是味道浓醇、口感滑嫩的蛋黄。因为当人们在品鉴胡椒的香气和味道时，鸡蛋向来是最适合搭配的食物。胡椒罐里磨好的胡椒粉气味已丧失许多，成分也不一定精纯，所以，最好不要使用磨好的胡椒粉产品，而应该在进餐时用手握式胡椒磨，或用钵臼把胡椒粒磨碎，这是品味胡椒最理想的方式。其实，只要在煎蛋或煮蛋上撒上现磨的胡椒粉和嚼起来脆脆的海盐，再搭配微烤过的优质面包，这样的早餐就足够了！早餐的煎蛋或煮蛋需要精确的火候与烹煮时间，不过，并没有一定的规则。以下早餐鸡蛋料理的食谱，都是我最爱的两分钟快手料理，它们不只适合在白天享用，也可以当作夜间的餐食。

**玛琳·黛德丽煎蛋**

德国老牌女明星玛琳·黛德丽（Marlene Dietrich，1901—1992）凭借特有的风情，成为20世纪的银幕偶像，连她的私房料理也带有一种个人风格！黄油是玛琳·黛德丽煎蛋的精髓，光靠黄油的加持，这道早餐就很美味了！黄油香真的很诱人，通常我在煎蛋时，如果旁边没人看着，就会在平底锅内放入许多黄油。以下是这位大明星原版的煎蛋食谱[①]：

1人份：

3颗 鸡蛋

2大匙 矿泉水

½茶匙 盐

一小撮 胡椒

一小撮 百里香

1大匙 欧芹

1大匙 细香葱

2大匙 奶油

200克（或更多？）黄油

---

①1大匙的容量为15cc，1茶匙的容量为5cc。

把蛋打散后，倒入一只碗内。再把矿泉水、盐、胡椒、百里香和剁碎的新鲜欧芹加入碗内的蛋液中搅拌，然后倒入奶油调匀。

把平底锅烧热，加入黄油后，将调好的蛋液倒入，并把炉火转小。待蛋液凝结后，用煎匙稍微移动一下，让它结成一块大圆饼状。

用文火微煎五分钟后，将做好的煎蛋倒扣在餐盘内，再淋入些许热黄油并撒上剁碎的新鲜细香葱。( Weth 2001:15 )

以下则是本人摸索出的简易速食版：

1 人份：

约 100 克 黄油

3 颗 鸡蛋

适量 盐

适量 粗颗粒黑胡椒粉

把黄油放入烧热的平底锅内加热融化，等到黄油起泡沫后，直接把蛋打入热锅中，撒上少许的盐，然后用煎匙把蛋黄刺破，并在稍微凝固的煎蛋上画出几道凹槽。然后再用煎匙把蛋叠褶而不要搅动它。不到一分钟便可以把这份煎蛋盛入盘中，再撒上一些胡椒粉即可。

**卢瓦索荷包蛋**

荷包蛋做得好不好，加热的时间其实比黄油还要重要。作为英国早餐的核心料理，英国知名主厨布鲁门塔尔（Heston Blumenthal，1966— ）曾用心研究，如何烹调出完美的荷包蛋，他的荷包蛋食谱还参考了法国米其林三星名厨卢瓦索[①] 的做法，使用的材料及烹调的方式如下：

1 颗 放养鸡所下的新鲜鸡蛋

一小块 黄油

适量 盐和胡椒

数滴 意大利陈年葡萄醋

①伯纳德·卢瓦索（Bernard Loiseau，1951—2003）是法国料理界非常特殊的厨艺家，生前不断追求料理的完美，曾获颁米其林三星主厨的至高荣衔。2003 年，当他听到小道消息说，即将出版的“米其林指南”要将他的餐厅从三颗星降至两颗星，由于难以接受这件事，他举枪自尽。另一位自学有成、在英国极负盛名的主厨布鲁门塔尔也是一位完美主义者。他于 1995 年在伦敦郊区开设“肥鸭”（Fat Duck）这家带有强烈实验风格的餐厅，为了让料理更加完美，这位名厨使用现代分子的烹调技术来解构或再现世界各地具有代表性的料理。布鲁门塔尔独特的料理风格在英国受到广泛的瞩目：他在 BBC 主持的烹饪节目《寻找完美》（*In Search of Perfection*）广获好评，2005 年，他的“肥鸭”餐厅还入选全世界最佳餐厅。虽然他的餐厅在 2009 年秋天曾闹出食物中毒的丑闻，但这位英国的三星主厨似乎抗压性较高，并没有因此而轻生。（作者注）

将烤箱预热至245摄氏度。把鸡蛋分成蛋白和蛋黄（注意！蛋黄必须保持完整，不能散掉）。平底锅内放入黄油和水一起加热，直到黄油起泡沫为止（水可以让黄油不至于过热，打入的蛋白便可以煎成固定的外形，而且颜色亮白，质感柔软）。把盐和胡椒撒在起泡的黄油中，并小心地滑入蛋白，蛋的底面就会有咸味和胡椒的香味。接着把平底锅放入已经预热好的烤箱内加热约一分半钟，将锅自烤箱中取出后，把锅内的蛋白晃动一下，并在蛋白的表面撒上调味料，然后把生蛋黄放入中间，继续放入烤箱内烘烤两分钟。等荷包蛋出炉后，再滴上几滴意大利陈年葡萄醋。

盐和胡椒粉会破坏蛋黄漂亮的金黄色，所以，布鲁门塔尔不把这两种调味料撒在蛋黄上。我赞成他把盐加在蛋黄下面，因为，盐会让蛋黄表面出现较不光滑的斑块，确实影响蛋黄的色彩表现。至于胡椒的撒法，我个人认为，把胡椒撒在蛋黄上面，看起来也很漂亮，并没有什么不对。

基于方便而实际的理由，我个人比较偏爱人们一般煎荷包蛋的方式：把黄油放入平底锅内加热融化，温度不宜过高，小心地敲开蛋壳并把蛋滑入锅内，然后盖上锅盖煎一分钟。这时必须注意，蛋白不能起泡沫，而且不宜煎得过老，换句话说，锅温不宜过高。如果使用的鸡蛋是母鸡刚下的蛋，因为很新鲜，蛋白会比较容易定形；如果鸡蛋久放，蛋白的流动性就比较高，会在平底锅内四处流开（为了让蛋白出现固定的形状，您可以先把不锈钢环放入平底锅内，再把蛋打入钢环内即可）。

**普拉托嫩煮蛋**

19世纪奥地利的女性美食家普拉托曾在她的食谱集中，教导大家如何煮蛋："把母鸡刚下的鸡蛋洗净，放入冷水中加热，待水沸腾二至三分钟后，取出一颗鸡蛋（当然，它很烫，您无法亲手拿住它），如果鸡蛋离水后，外壳快速变干，就表示熟度已经足够，必须立即把仍在沸水中的鸡蛋取出。"（Prato 1895：42）

如果您喜欢把鸡蛋直接放入滚沸的热水中加热，煮大颗鸡蛋所需的时间刚好是四分半钟，为了避免鸡蛋因高温而爆开，您最好先用大头针在鸡蛋底部的气室戳一个小孔。质地如蜡一般软嫩的水煮蛋大约需要七分钟的烹煮时间，在剥壳之前，必须先泡入冷水中冷却。把这种嫩煮蛋添放在某些沙拉中，是很完美的组合。此外，我个人认为，柬埔寨贡布红胡椒圆润的香气很适合搭配水煮蛋滑软的蛋黄。

**多香果松饼**

有些人喜欢吃甜味的早餐。松饼是西方经典的早餐，它的制作很简单，至少您在周末一定有足够的时间，为自己做这道早餐。

约 20 块松饼的分量：

30 克 黄油

230 克 低筋面粉

1 大匙 泡打粉

1 大匙 砂糖

1 茶匙（需细磨成粉）多香果粒

一撮 盐

2 颗 鸡蛋

300 毫升 全脂牛奶

适量 黄油（涂于平底锅）

把黄油放入小型平底锅内加热至融化，然后离火并稍微放凉。将低筋面粉、泡打粉、砂糖、多香果粒和盐放入碗中混合均匀。另把牛奶和蛋液充分搅匀，拌入先前融化好的黄油后，再掺入混合好的粉类，打成光滑的面糊，并静置十五分钟。把平底不粘锅加热，放入一小块黄油，待其融化后，再用圆勺舀起一份面糊，放入平底锅内，松饼的大小为直径 5—7 厘米。入锅二至三分钟后再翻面，最多用相同的时间把该面煎熟。当松饼表面转成棕色，用煎匙微压会有弹性时，即可起锅放入盘中，然后再重复相同的步骤，制作下一块松饼，直到面糊用完为止。为了不让已做好的松饼变凉，您可以先把它们放入80摄氏度的烤箱中保温。食用时，再淋上枫糖浆，或依个人喜好，撒上一些多香果粉。

**柠檬胡椒可丽饼**

这种法式薄饼要用什么包料，完全视个人喜好而定，不过，它应该最适合做成甜点。我个人喜欢把柠檬和黄油调入熬好的焦糖中，并把这种酸甜口味的甜酱涂在薄饼上，撒上一点儿胡椒，卷起来就可以享用。

12—15块可丽饼的分量：

·饼皮部分·

3颗　鸡蛋

175克　低筋面粉

1大匙　香草糖粉

一撮　盐

350毫升　牛奶

40克　融化的黄油

1大匙　法国白兰地（Cognac）

·馅料部分·

黄油、柠檬汁、砂糖和柠檬胡椒（请参照341页所介绍的“柠檬胡椒”）。

把鸡蛋打入碗中，和低筋面粉、香草糖粉及盐搅拌均匀，随后倒入牛奶，再用打蛋器把面糊搅打至光滑状。面糊不应浓稠，如果把木质汤匙从中取出，只能在汤匙表面留下一层薄薄的面糊。将已融化的黄油及白兰地拌入面糊中调匀，并放入冰箱冷藏一小时。从冰箱取出面糊时，要再次检查浓稠度，如果太稠的话，要再混入一些牛奶以稀释面糊。拿出锅缘低矮的大型平底锅置于炉上加热，放入一小块黄油，待其融化后，用长柄勺把面糊舀入平底锅中央，然后微倾锅身，朝各方向快速转一圈，让面糊能扩散至全锅底。等面糊起泡泡，底面呈金黄色时，使用专为平底锅设计的大煎匙把可丽饼翻面，续煎一分钟。然后把一块黄油放在热腾腾的可丽饼上，待黄油融化后，薄撒一层砂糖，再淋上2—3大匙柠檬汁，稍待片刻，等砂糖略微溶解后，再盛入盘中，撒上柠檬胡椒（把胡椒粒和柠檬皮放在一起捣碎的调味料），便可以享用了！您也可以先把可丽饼皮做好备用，等到要吃时，再取出加热，包上配料即可。

## 法式水果干香料蛋糕

1 个烤模的分量：

100 毫升 牛奶

50 克 黄油

5 大匙 蜂蜜

70 克 中筋面粉

140 克 黑麦面粉

2 茶匙 泡打粉

1 茶匙（满）法式四味辛香粉或德式姜饼综合香料粉

一撮 盐

3 颗 鸡蛋

2 大匙 细黄砂糖

200 克 水果干（葡萄干、甜黑李干、无花果干及杏干等，依个人喜好而定）

100 克 榛果（压成粗颗粒）

50 毫升 苹果白兰地（Calvados）或柑橘甜酒

适量 黄油（涂于烤模）

把水果干放入苹果白兰地或柑橘甜酒里，浸泡一小时。将黄油和蜂蜜调入牛奶中微微加热，直到黄油融化后，离火并静置放凉。把面粉类材料、泡打粉、法式四味辛香粉和盐混在一起。将糖加入蛋液，搅打约两分钟至发泡蓬松状态，然后依序掺入牛奶混合物、粉状食材、榛果碎粒、水果干及酒液拌匀，最后再把浓稠的面糊倒入内壁涂有黄油的长形烤模内。烘焙时，需把烤箱预热至180摄氏度，烘焙时间约四十五分钟。烘烤结束后，把香料蛋糕留在烤模内放凉，再脱模取出便可。

在圣诞佳节的庆祝气氛中吃香料蛋糕，是法国人的习俗，至于欧洲其他地区的圣诞节应景糕点，如蜂蜜糕饼和德式姜饼，我将在本章《烘焙品》一节中，提供相关的食谱。

# 综合香料

我们在研磨香料时，首先必须谨记一点：不要一次把待磨的香料全部放入钵臼中研碎，而应该分次进行，每次最理想的分量是 1—2 大匙。这种少量研磨的方式，可以把香料磨得更细，也更快速。

## 西方的胡椒混合香料

### 阿比修斯万用香料盐（Gewürzsalz für viele Dinge）

古罗马名厨阿比修斯认为，他所配制的万用香料盐不仅可以促进消化，还可以治疗伤风感冒、瘟疫乃至所有的疾病。他向大家保证，这种香料盐尝起来，会比我们想象中还要甘甜！以下的材料列表是阿比修斯香料盐的修正版，是我根据自己的想法对阿比修斯原始配方增删的结果。这种源自欧洲古代的香料盐对于各式鱼类料理和蔬菜汤而言，都是很棒的调味料。

80 克 盐
20 克 白胡椒
20 克 黑胡椒
15 克 姜
20 克 奥勒冈叶
15 克 牛膝草
15 克 月桂叶
15 克 欧芹
15 克 莳萝
10 克 僧侣胡椒
10 克 百里香
10 克 香芹籽
4 克 番红花

这里所使用的香草都必须经过干燥程序。务必把所有的配料磨细，然后混入盐。

**泰勒凡甘味香料粉**

在 14 世纪法国《泰勒凡食谱》所辑录的一道肉冻卷

(Galantinen)料理中，我们发现一种美味的综合香料，其配方如下：

肉桂、姜、乐园籽、丁香和南姜。

这种综合香料的味道偏甜，该配方偏好使用乐园籽，而没有采用黑胡椒或白胡椒。所有的香料材料都必须经过细磨，如果无法用完，也必须密封保存。这个配方并没有标明各种配料的分量或比例，我自己则采取各香料等份混合的方式，然后再多加一份肉桂，以凸显它的甘味。这种甘味香料粉尝起来的味道类似上等的德式姜饼综合香料粉，只是稍微辣一点儿，它的口感也有些像英式混合香料或布丁香料(Pudding Spice)。这些欧洲的综合香料都具有悠久的历史，从中世纪时期流传至今。

欧洲中世纪的食谱集在香料用量方面的记载大多很不精确，用量多少全凭掌厨者的感觉。此外，在这种古早食谱的材料栏中经常会出现如“研磨香料”“香料粉”“甜味粉”“辣味粉”这类指涉模糊的名词，有些食谱甚至只写上“香料”一词，很少说明其成分内容。

## 斯卡皮甘味香料粉

相较于中世纪流传下来的食谱，文艺复兴时期的意大利名厨斯卡皮对于甘味香料粉的用量记载就明确许多。他曾在许多食谱中建议使用这种甘味香料粉（Scappi 2010，1：26）。我个人觉得，水果蛋糕、糖煮水果（Kompott）或法式香料蛋糕（请参照前一节的介绍）如果能调入这种综合辛香粉的话，会变得特别美味。这种甘味香料粉的配料如下：

4½份 肉桂

2份 丁香

1份 姜

1份 肉豆蔻

½份 乐园籽

½份 番红花

1份 砂糖

以上所有的配料必须磨成细粉；如果没有用完，应该把它装入罐内并密封保存。

## 法式四味辛香粉

19世纪法国烹饪大师卡雷姆曾写下一本非常有影响力的

美食著作《19世纪的法国烹饪艺术》。他在该书中曾表示："现在法式四味辛香粉就跟肉桂、姜和芫荽一样，并不常用于烹饪调味，除了几道肉类料理之外，例如，冷食的法式肉冻卷和肉酱。"（Carême 2008，1：62）尽管法式四味辛香粉早已不是法国料理界的宠儿，这种综合香料粉却能经受得住时代的变迁，它现在依旧是一些法式肉类料理常用的配料。以下所列出的四种香料与分量是法式四味辛香粉的原始配方，有些配方的香料种类还不只四种，因此，您可以依照个人口味自由地调整配方，比方说，掺入肉桂、大茴香或胡荽籽。

10克 白胡椒

5克 姜粉

3克 丁香

3克 肉豆蔻

请把以上四种配料磨成细粉，当然，您也可以使用黑胡椒来取代白胡椒。

## 非西方的胡椒混合香料

### 印度什香粉

几乎没有一道印度菜肴不撒上印度什香粉，由此可见，印度什香粉是印度料理的灵魂。不过，这种热门香料在印度并没有统一的配方：调制这种综合香料不是按照地区传统的习惯，就是根据一些不对外传授的家族祖传秘方。各种各样的什香粉不仅需要不同种类的香料，就连用量的比例也不一样。尽管印度什香粉的配方存在许多差异性，不过，都少不了以下四种香料（相关的用量只是我个人的建议）：

1大匙 黑胡椒

3条 肉桂条

8颗 丁香

4个 小豆蔻荚果（以黑色荚果为优先）

此外，大多数印度什香粉的配方还会使用如下的香料：

2朵 豆蔻皮（或1茶匙肉豆蔻）

3片 月桂叶

1茶匙 姜

1 大匙 胡荽籽

1 茶匙 小茴香

至于辣椒、姜黄或番红花这三种香料，则使用较少。原则上，印度什香粉的色泽应该呈暗色，味道不宜过辣，并且香气浓郁。如果您在研磨前，能把所有的香料配料先用锅烘烤过，磨出来的什香粉的味道就会更强烈。

**埃塞俄比亚综合香料**

这种埃塞俄比亚综合香料非常适合调理烤牛肉或杂烩汤。虽然这种混合式香料带有多种胡椒的气味，它们却能彼此融合得很好。亲爱的读者，您可以用这种综合香料试做一道埃塞俄比亚的辣味菜（Wat），或是在烹煮匈牙利炖牛肉时，不用彩椒，而改用这种源自东非的综合香料。

1 大匙 黑胡椒

1 大匙 荜拨

1 茶匙 乐园籽

1 茶匙 多香果

1 茶匙 丁香

1 茶匙 葫芦巴豆

1 大匙 葛缕子

1 大匙 小茴香

2 大匙 胡荽籽

1 茶匙 肉豆蔻粉

1 茶匙 小豆蔻籽

1 大匙 姜

1 大匙 辣椒

1 大匙 海盐

将所有的香料先放入锅内烘烤，直到散发出香气为止。再把烤过的香料分批放入研钵内磨碎，然后充分混合这些香料粉末。

### 巴厘岛综合香料酱（Bumbu）

巴厘岛综合香料酱 Bumbu，在当地语言中，就是“香料”的意思。Bumbu 香料酱在巴厘岛料理中的重要性，就跟什香粉在印度菜系中的一样，只不过这种调味料不是干燥的香料粉末，而是一种酱料。巴厘岛综合香料酱的制作原料除了几种香料外，还使用大蒜、洋葱、根茎类辛香料和虾酱。如今大部分巴厘岛综合香料酱的配方都以辣椒作为辣味的主要来源，在该岛引入辣椒作物之前，这种香料酱的辣味是由当地种植的胡椒担纲。如果您个人偏好较辣的口味，可以在下列的配料中自行添加辣椒，以增加酱料的辣度。

各 5 瓣 红葱头和大蒜（剁碎）

1 大匙 新鲜的南姜（剁碎）

1 大匙 柠檬草（剁碎）

1 茶匙 新鲜的姜黄（剁碎，或使用姜黄粉）

1 茶匙 虾酱

2 大匙 罗望子汁

1 大匙 暗色的棕榈糖

干燥的香料：

1 大匙 荜拨

5 颗 石栗（也可以用夏威夷豆代替）

1 大匙 胡荽籽

1 茶匙 小茴香

1 茶匙 白胡椒

4 粒 丁香

2 个 小豆蔻荚果

½ 条 肉桂条

¼ 个 肉豆蔻

1 茶匙 盐

把干燥的香料磨碎后，再与其他的配料一起放入搅拌器内，搅打成质地细腻的酱膏。如果酱液太过浓稠，可以在搅拌时加入些许的水或花生油。巴厘岛综合香料酱很适合腌制牛肉、猪肉或鸭肉。把它放入冰箱中冷藏，可以保存三个星期。

**中国的五香调味料**

五香是中华料理经典而独特的调味料，它的配方变化不大，有些五香还额外添加甘草，所以，实质上是由六种香料组成的；此外，我还曾在一份五香的配方中发现了小茴香。通常人们在调制五香调味料时，很少用黑胡椒来替代花椒，我个人也不建议这种做法，因为五香调味料如果缺少花椒，口感就会失色许多。您当然可以在市面上购买现成的五香包，不过，调制这种综合香料其实很简单，不妨自己动手做做看。以下是您所需要的材料：

茴香

丁香

八角

花椒

肉桂[①]

五香调味料最简单的制法，就是把每一种香料以同样的分量混在一起。您也可以依照个人的偏好加重某种香料的分量，调制出私房口味的五香。如果您所购买的材料是未经研磨的香料，建议您先把这些材料放入平底锅内进行烘烤，待其散发出香味后再熄火。这种经过干烘处理的香料磨成粉末后，香气会更浓郁。请把上面所列出的香料磨细，如果制好五香粉没有用完，一定要密封保存。

五香调味料适用于许多快炒和汤类料理，在本书关于胡椒的肉类料理中，所介绍的用花椒、蜂蜜和酱油腌泡的“蜜汁花椒鸭胸肉”这道料理，您也可以用五香调味料来代替花椒。在做菲力牛排时，还可以先将牛肉用这种酱汁浸泡后，再入锅煎熟或上烤架烤熟。我个人则很喜欢在糖煮榅桲果（Quittenkompott）、香脆的圣诞节香料饼干或巧克力口味的甜点中，掺进一些中国的五香粉。

**阿拉伯综合香料（Baharat）**

Baharat 在阿拉伯语中的意思就是“香料”。在阿拉伯地

---

①最好使用桂皮，虽然高含量的香豆素（Cumarin）可能会损害人体健康，不过，消费者无须过虑，因为五香毕竟不是人们经常使用的调味料。（作者注）

区，每个国家的综合香料配方都不一样，有最简单的调制方式，例如，只采用胡椒和多香果这两种配料，也有比较繁复的配方，所需使用的香料多达 12 种。以下所列出的阿拉伯综合香料的配料是我参考各种不同的配方并依据自己的看法所整理出的结果：

4 大匙 黑胡椒

4 大匙 多香果

2 大匙 丁香

½ 大匙 肉豆蔻粉

1 大匙 小豆蔻籽

把以上香料稍微烘烤一下，再磨成细粉。

阿拉伯综合香料是阿拉伯人的万用香料，我特别喜欢使用这种中东地区的综合香料烹调肉类（不论是烧烤或炖煮），或是把它和新鲜的芫荽、薄荷及橄榄油混调成调味酱。

**牙买加香辣酱（Jerk Paste）**

这种腌渍肉类的超辣酱料风味绝佳，是牙买加料理的经典调味料，它在某些烤肉派对中，也很受欢迎。我在下面所列举的配料里，还特别添加了多香果，因为它有多重香料的气味，在这里可以一并替代丁香、肉桂和姜的使用。

2个 洋葱（粗剁）

6瓣 大蒜瓣（粗剁）

3条 圆帽辣椒

2大匙 多香果

1大匙 黑胡椒

1大匙 百里香（干燥）

½茶匙 肉豆蔻（磨碎）

1—2茶匙 盐

2大匙 食用油

把多香果和黑胡椒磨成质地细腻的粉末。辣椒去籽后，切成块状。使用厨房的搅拌器把上述所有的配料充分混匀，牙买加香辣酱就制作完成了！这种辣味酱料可以用来腌渍猪肉、鸡肉或羊肉，浸泡的时间最好不要少于四小时。我们在这里也可以把牙买加香辣酱略做一些调味的变化，以缓和它的呛辣味：把1大匙的黄砂糖或蜂蜜、1茶匙的番茄酱以及少许的朗姆酒（这种酒类可以让肉类在烧烤时，略微出现类似焦糖的香味）混在一起，并将它调入香辣酱中，然后再把肉类食材放入这种味道甘润的牙买加香辣酱腌泡。

## 其他的胡椒调味料

### 彩色综合胡椒粒

超市货架上摆放着一瓶瓶填装好的综合胡椒粒研磨罐，它们不仅颜色缤纷，看起来很漂亮，实际上也很实用。不过，如果能自己动手把各种不同的胡椒粒混调在一起，那就更有意思了！您可以借此掌握各种组成原料所特有的香气和味道，在烹饪时更能运用各种胡椒产品的属性，或依从自己的需要做灵活的调味组合。该如何调制出色、香、味俱全的彩色综合胡椒粒？以下是我所建议的材料种类及其用量。

1 大匙 柬埔寨贡布黑胡椒

1 大匙 柬埔寨贡布白胡椒

1 大匙 喀麦隆潘嘉绿胡椒

1 茶匙 多香果

1 大匙 粉红胡椒

把以上所有的胡椒粒装入瓶身透明的手握式胡椒磨内（只有透明的瓶身才能展现彩色综合胡椒粒的视觉效果）。我在这里建议大家放入多香果，因为，这种拉丁美洲的香料能为综合胡椒粒增添一股甘甜的香草味，而且除了淡味的粉红胡椒外，它并不会掩盖其他胡椒的气味。彩色综合胡椒粒使用粉红胡椒，主要着眼于它亮红绚丽的色彩，它的味道很淡，如果要在料理中表现粉红胡椒的口感，便不宜搭配其他种类的胡椒。

**搭配牛排的综合胡椒调味料**

料理一块美味的牛排，不是调制胡椒酱，就是把胡椒粉撒在肉块上。以下是我的综合胡椒调味料的配方，只要撒上它，吃牛排（请参照387页所介绍的“胡椒牛排”）就会成为一种高级的美食享受。

2½茶匙 绿胡椒（干燥）
2茶匙 黑胡椒
2茶匙 晚采收的红胡椒
（印度代利杰里或本地治里胡椒）
2茶匙 塔斯马尼亚胡椒
1茶匙 荜拨

把所有的胡椒种类分别磨成粗颗粒后，再混匀。如果这些综合胡椒粉无法立刻用完，您可以把这些剩余的粉末放入香料罐或胡椒研磨罐内保存，待下次煎牛排时，又可以派得上用场。

### 搭配野味的综合胡椒调味料

以下的综合胡椒调味料兼有矿物、草药和一种温润的味道，非常适合调理野味：

3 茶匙 绿胡椒（干燥）

3 茶匙 黑胡椒

1 茶匙 白胡椒

（建议用印尼门托克白胡椒或柬埔寨贡布白胡椒）

1 茶匙 塔斯马尼亚胡椒

2 茶匙 荜拔

1½ 茶匙 多香果

1 茶匙 荜澄茄

使用野味食材烹调炖肉杂烩（Wildragout）时，可以把一大匙未经研磨的综合胡椒粒撒入炖锅内，和其他配料一起炖煮。如果用于制作法式冻派（Terrine）或肉酱，就必须把这种综合胡椒粒磨成粉末，而且还要注意用量，因为这种调味料的辣度并不低。

**柠檬胡椒**

使用“柠檬胡椒”一词，有时会造成语义的混淆，因为，柠檬胡椒不仅指混合柠檬皮和胡椒的调味品，它还代表某种花椒的品种。至于该如何取得柠檬胡椒这种调味料呢？我的建议是，最好自己动手做，因为自制的柠檬胡椒就是品质的最佳保证。我在维也纳经营的香料专卖店从不贩售现成的柠檬胡椒，而宁愿顾客使用下面的材料，自己动手研磨，况且制作的过程既快速又简单：

1颗 柠檬（皮刨丝，使用有机柠檬）

1大匙 优质的黑胡椒

把胡椒和柠檬皮放入研钵内磨碎，至于粗磨或细磨，全视需要而定。如果您想在料理中添加食盐，也可以先把柠檬皮和半茶匙的食盐研成细末，再放入胡椒研磨，然后便可用这种咸味的柠檬胡椒做烹饪调味料！还有，在草莓粒上撒些柠檬胡椒（不要过于细磨），味道尝起来真的很不错！

**荜澄茄百里香调味盐**

我在这里要介绍一种调制简单的香料盐，它的味道浓厚而且很吸引人，非常适合撒在黄油面包上，或调入橄榄油、沙拉酱及一种搭配生食蔬果的奶酪蘸酱中。当您想把整鱼裹上盐衣用烤箱烘烤时，不妨先把几大匙的苹澄茄百里香调味盐混入粗颗粒的海盐中，然后把部分混合的盐粒调入面糊内。将鱼蘸上调好的咸面糊，再把剩下的混合盐粒撒上鱼身，把鱼完全覆盖住，不让它外露（请参照365页所介绍的“脆烤盐衣裹百里香鲷鱼”），最后便可以送入预热好的烤箱内烘烤。

1大匙（平）荜澄茄

1大匙（满）新鲜的柠檬百里香叶

1茶匙（平）粗颗粒海盐

首先，把新鲜的柠檬百里香叶和海盐放入研钵内磨碎，等海盐变为绿色而仍呈颗粒状时，再混入已磨成粉末的荜澄茄。如果您无法一次用完这种手工香料盐，请记得把剩余的放在餐盘上自然阴干，然后再放入罐内密封保存。

**胡椒糖浆**

胡椒糖浆是许多西方甜味饮食以及本书所介绍的甜点和鸡尾酒的基底。这种调味糖浆可以保存很久，所以在此建议您，每次制作的分量最好能多一点儿，以便储存备用。

200 克 砂糖

200 毫升 水

1 条（3 厘米长）香草荚

1 大匙 黑胡椒或白胡椒（粗磨）

把砂糖和水先倒入锅内加热搅拌，再放入香草荚并继续加热。等糖液沸腾约五分钟后，调入磨好的粗颗粒胡椒粉，并熄火静置一小时左右。然后把香草荚和胡椒滤除，将糖浆倒入消过毒的玻璃罐内，并储放于阴凉处。如果您想让糖浆更辣一些，可以让胡椒在糖液中浸泡久一点儿。

**姜味胡椒蜂蜜糖浆**

姜味胡椒蜂蜜糖浆是印度人用来治疗咳嗽和喉咙发炎的家庭保健品。除去其医药用途不谈，这种调味糖浆尝起来还很美味呢！

4 大匙 新鲜的姜末

2 大匙 黑胡椒粒

3 大匙 蜂蜜

先把黑胡椒粒烘烤过，再研磨成粗颗粒的胡椒粉。然后把所有的材料放入小锅内拌匀，开火煮沸后放凉便可。如果您要制作腌渍鸡肉或牛肉的酱料，把这种姜味胡椒蜂蜜糖浆当成基底酱料，再依个人口味添入柠檬汁或酱油，就可以快速调出腌渍肉类食材的酱料了！

# 蔬菜料理

## 绿芦笋胡萝卜配沙巴雍酱

4 人份：

1 把 绿芦笋

1 把 幼胡萝卜

1 杯 柳橙汁

1 颗 柠檬（皮刨丝）

少许 海盐

数粒 花椒

少许 不加糖酿造的白酒

适量 百里香

适量 黄油刨片

适量 橄榄油

·沙巴雍酱·

4 个 蛋黄

½ 颗 现榨柳橙汁

1/16 升 不加糖酿造的白酒

1 茶匙 花椒

适量 盐

把绿芦笋洗净，切去较老的底段。切除胡萝卜带有绿叶的头部，然后削皮，体积较大的胡萝卜需纵切剖半。把胡萝卜和绿芦笋先后放入混有柳橙汁和大量盐水的锅内煮三分钟，随后立刻取出，并泡入冷水中冷却。把烤模内侧涂上一层橄榄油，放入这两种蔬菜后，铺上黄油刨片、柠檬皮丝和百里香，再撒上一些花椒粒，然后倒入不加糖酿造的白酒①(trockener Weißwein)，最后用锡箔纸把烤模包覆住，放入已预热至 80 摄氏度的烤箱内烘烤二十分钟。

趁着蔬菜在烤箱内烘烤的时间，开始制作沙巴雍酱(Sabayon)。在锅内注水半满，并置于炉上加热。把花椒粒用平底锅加热干烤，待香气溢出后，放入研钵中磨成细粉末备用。将蛋黄、柳橙汁、白酒和食盐放入搅拌盆内充分拌匀，

①本书中提及“白酒”均指白葡萄酒。

再倒入锅内的沸水中，用电动搅拌器搅打十分钟。调入花椒粉后，再继续打发五分钟，使其泡沫柔软蓬松并呈挺立状态。

把烤好的蔬菜分别盛入盘内，再淋上沙巴雍酱（盛盘时，蔬菜的温度可热可温，不过，沙巴雍酱必须很烫）。剩余的酱汁可以倒入碗中，一起上桌。这道蔬菜料理并不一定要使用花椒调味，也可以用其他种类的胡椒代替，例如，黑胡椒或僧侣胡椒。此外，沙巴雍酱也非常适合淋在肉质软嫩的蒸鱼排上。

**翻转西葫芦塔配荜澄茄**

6 人份：

·塔皮部分·

250 克 低筋面粉

1 颗 鸡蛋

130 克 黄油

5 大匙 牛奶

一撮 盐

·填料部分·

18 条 带花的西葫芦

1 茶匙 荜澄茄百里香调味盐（请参照 341 页）

2 瓣 大蒜瓣

1 枝 新鲜的百里香

蜂蜜（1 大匙）橄榄油（3 大匙）混合液

适量 橄榄油

把花朵从西葫芦上摘下，用湿布覆盖备用。将平底锅置于炉上加热，放入橄榄油、大蒜和百里香后，再把对剖的西葫芦铺入锅内，两面略煎一下。把混有蜂蜜的橄榄油涂抹在一个大型塔模（或六个小型塔模）的里层，待摆入西葫芦块后，再把蜂蜜橄榄油混合液涂抹于西葫芦上，随后撒入荜澄茄百里香调味盐，并放上薄擀的塔皮，然后送入 180 摄氏度的烤箱内烘焙二十至三十分钟（烘焙时间依塔饼大小而定，总之，要把塔皮烤得香香脆脆的）。

您可以利用塔饼在烤箱烘烤的时间，料理西葫芦花：

250 克 里科塔软式奶酪

2—3 大匙 优质橄榄油

用量视个人口味而定 荜澄茄百里香调味盐

数片 新鲜的柠檬百里香叶（可能的话）

细剁或干燥的香草（种类自选）

把橄榄油和里科塔软式奶酪一起搅打至光滑状，再混入香草、调味盐和柠檬百里香叶，就是里科塔奶酪酱了！用汤匙或挤花袋把里科塔奶酪酱填入西葫芦花内，再把这些饱含酱料的西葫芦花铺入焗烤用的烤模中，并淋上橄榄油，然后把烤模放入烤箱内塔饼的上层烘烤十五分钟左右。

把烘焙好的塔饼反扣在盘子上，分份切好，再摆上烤好的西葫芦花和使用庭园香草的新鲜沙拉即可。

**茄子酱配荜拨**

这种酱料可以冷食或温食，可以当成鱼类和肉类料理的配料，或面包的蘸酱。

4—6 人份的蘸酱：

2 颗 茄子

4—6 瓣 较肥厚的大蒜瓣

8 条 荜拨

2 颗 去籽黑橄榄

4 枝 新鲜薄荷

少许 荜拨粉

适量 盐

适量 橄榄油

适量 柠檬汁

适量 意大利松子（用以点缀装饰）

把烤箱预热至180摄氏度。将大蒜瓣剥皮，纵切剖半。把茄子洗净，在茄身上切花刀，并塞入大蒜片和荜拨。把茄子放入烤盘中用锡箔纸覆盖好，再放入烤箱中热烤，直到茄肉焖烂为止，加热时间约四十五分钟。将烤盘自烤箱取出后，稍微放凉。把茄子上的荜拨拣出，将仍留有大蒜片的茄子对切，再将茄肉剁成粗块，然后把茄块连同橄榄用电动搅拌器打成泥状（如果不削茄子皮，搅打出的茄泥，颜色会不好看）。接下来，您可以依照自己的口味调入食盐、柠檬汁、橄榄油和剁碎的薄荷叶与磨碎的荜拨（使用豆蔻磨刨器把胡椒条磨成粉末，是最简易的方法）。最后要上桌时，再撒入一些意大利松子并摆上一片薄荷叶做装饰。

**粉红火焰薄饼**

我们在制作粉红火焰薄饼时，不只注重这种烤饼的味道，我们还利用塔斯马尼亚胡椒的染色作用为薄饼增添一些色彩效果。粉红火焰薄饼看起来很像比萨，铺料的配色很漂亮，不论冷食或温食，味道都很棒，即使用餐的客人比较多，分量也足够。

2 个烤盘的分量：

·饼皮部分·

500 克 中筋面粉

25 克 新鲜的酵母（或干酵母）

一撮 砂糖（搭配新鲜的酵母）

300 毫升 温开水

1 大匙 盐

少许 菜籽油（涂抹烤盘用）

把酵母和砂糖放入碗中，倒入 250 毫升的开水并搅拌使其溶解，再掺入些许的面粉，拌成浓稠状，然后把碗覆盖住，于室温下静置十五分钟。把食盐拌入剩余的 50 毫升开水内，再徐徐地把这份盐水混入酵母面糊中，用打蛋器的钩状搅拌头缓慢地搅拌，再把面粉慢慢地撒入，继续拌打，直到漂亮柔软的面团成形。继续用钩状搅拌头搅打面团数分钟，直到面团的质地不再湿黏，然后再继续揉十分钟，这时面团可以有点儿黏，不过不宜过软。最后再稍微用手将面团揉匀，用湿布把揉好的面团盖住并静置四十五分钟，让面团发酵。

您可以趁着面团发酵的时间，准备粉红火焰薄饼所需的配料：

·铺料部分·

4 颗 大颗洋葱（削皮、薄切成圈）

少许 菜籽油

1 大匙 塔斯马尼亚胡椒（研磨或剁碎）

用量依个人喜好 盐

500 克 新鲜的山羊乳奶酪

150 克 法式酸奶油

4 颗 蛋黄

16 颗 新鲜的高品质无花果（每颗切成四等分）

16 条 生火腿薄片（切成指头宽的长条状）

1 束 芝麻菜

把洋葱圈加入菜籽油爆香，但不要炒到变色，随后混入食盐和塔斯马尼亚胡椒。将山羊乳奶酪、法式酸奶油与蛋黄放在一起搅匀，再拌入已调味的洋葱圈并静置一会儿，此时塔斯马尼亚胡椒的颜色会慢慢扩散出来。

将烤箱的上火和下火都调到 230 摄氏度。把发酵好的面团再稍微揉一下，然后把它分成两团。在两个烤盘的内侧涂上菜籽油，把面团放在撒有面粉的料理台面上，将面团擀成长方形的薄面皮并铺入烤盘中。把含有洋葱圈的奶酪酸奶油酱倒在这两块面皮上，再分别铺入无花果和生火腿片，并先后把烤盘放入烤箱第二层（从下面数起），各烘烤约十分钟。粉红火焰薄饼的面皮应该烤得酥脆漂亮。把烤盘从烤箱取出后，再把切好的新鲜芝麻菜撒上，即可上桌。

**缅甸胡椒汤（Ngayokekaung Chinye）**

缅甸语 Ngayokekaung Chinye 和印度语 Mulligatawny，这两种汤类料理的字面意义都是“胡椒水”，它们都是长期殖民该地的英国人所热爱的汤品。这两种胡椒汤的基底配料极为相似，您还可以在这道汤中加入鸡肉或鱼等肉类食材。鱼肉不宜过度热煮，只要在烹调的最后十分钟入锅即可。

4 人份：

1 颗 洋葱（细剁）

3 瓣 大蒜瓣（细剁）

1 块 姜（拇指长度，磨成姜泥）

1 大匙 小茴香籽

3 大匙 葵花籽油或玉米胚芽油

1 茶匙 砂糖

200 毫升 罗望子汁

1 颗 青柠（榨汁）

750 毫升 蔬菜或鸡肉高汤

½ 茶匙 黑胡椒（粗磨）

适量 盐

把洋葱、大蒜、姜和小茴香籽用油爆香。如果您想让这道缅甸胡椒汤带有肉块的话，可以把肉类食材放入锅内微煎一下，随后拌入砂糖、罗望子汁和青柠汁。待砂糖溶解后，再倒入高汤，并用食盐和黑胡椒粉调味，再煮约四十分钟便可出锅。

**烤秋季蔬菜配枫糖浆**

这道蔬菜料理不论热食还是温食，都很好吃，可以当成主菜或一大份肉类料理的配菜，比如，感恩节烤火鸡。由于蔬菜本身的甜味和枫糖浆的调味让这道料理带有颇高的甜度，因此在调理时，盐量一定要用足，才能与它的甜味相衬。

以下的分量可以做成 4 人份的主菜，或更多人份的副菜：

各 200 克 防风草根、胡萝卜、黄色甜菜、北海道南瓜、欧芹根和块根芹（您当然可以依照个人的喜好、心情以及易取得的食材自由地使用与组合蔬菜的种类。）

100 毫升 花生油

100 毫升 枫糖浆

少许 苹果醋

2 大匙 多香果粉（细磨）

1 大匙 黑胡椒粉（粗磨）

1 茶匙 茴香籽

6 瓣 带皮大蒜瓣

适量 盐

把蔬菜切成一口大小或指头宽的长条，并分成两份，分别摆入两个铺有烤盘纸的烤盘中（蔬菜切块不可以堆叠在一起）。将所有的配料一起放入大碗中拌匀，再把混匀的拌酱淋在烤盘的蔬菜上，然后放入已预热至 200 摄氏度的烤箱内烘烤三十分钟即可。这道烤秋季蔬菜刚出炉时，会带有些许的焦糖风味。

**绿胡椒炒蕈菇**

4 份主菜的分量：

750 克 综合菇类

10 大匙 砂糖

150 毫升　香爆葱油[①]

6 瓣　大蒜瓣（细剁）

4 大匙　新鲜的绿胡椒粒

（或把干货放入水中数小时泡软）

2 茶匙 现磨白胡椒粉

各 6 大匙　生抽和老抽

适量　盐（依个人口味）

2 茶匙　玉米淀粉（调入少量的开水中）

把菇类食材切好备用，切块不宜过小。将砂糖平铺于锅底中，用小火加热，先不要搅拌，待砂糖溶解并焦化为金黄色后，熄火并拌入一杯温开水，调成浓稠的焦糖糖浆。炒锅加热注油，放入绿胡椒粒和蒜末爆香，再分批放入各类蕈菇翻炒，然后调入两种酱油、焦糖糖浆、白胡椒粉和盐等调味料。酱汁可依个人的口味使用玉米淀粉调水勾芡，或再多加一些盐。把这道绿胡椒炒蕈菇淋在米饭上，便是一道健康又好吃的蔬菜类烩饭。

①制作方法：锅内注入 250 毫升花生油，以中火加热，再放入切碎的绿色葱段，约油炸十分钟，再把青葱自热油中捞出；也可以只用花生油。（作者注）

## 帕萨胡椒菜蓟

这种料理菜蓟的方式简直太棒了！以下这道食谱是我在法国三星名厨帕萨[①] 所出版的料理书中找到的。这位厨艺大师特别偏爱天然、有机的蔬菜。我们在混合青柠汁和橄榄油的蘸酱中试着加入各种不同的辛香料，并品尝它们的味道。僧侣胡椒能调和菜蓟和橄榄油的苦味，花椒的味道可以和蘸酱的青柠味互补。其中我们认为，调入潘嘉绿胡椒的蘸酱最能搭配这道菜蓟料理。如果您有兴趣的话，也不妨一一尝试！

1 人份：
1 大颗 菜蓟（Artischocke）
4 片 月桂叶

把月桂叶对半横切，并塞入菜蓟的叶片中，再用细绵绳紧紧地缠住菜蓟，然后把它放入大锅中，盖锅煮一小时。请用重物压住锅盖，以免菜蓟上部浮出水面而没有煮熟。烹煮完成后，把菜蓟自热水中取出，静置二十至三十分钟放凉，再解开外面捆缚的细绵绳。

①阿兰·帕萨（Alain Passard）是目前法国少数几位专攻蔬菜料理的明星主厨。他在巴黎开设的 L' Arpège 米其林三星餐厅，只以有机蔬菜为烹饪食材，几乎不使用肉类。（作者注）

4人份蘸酱：

125毫升 顶级橄榄油

1颗 青柠（榨汁）

适量 盐之花[①]

自行斟酌种类与用量 粗颗粒胡椒粉

那么，该如何享用煮好的菜蓟呢？首先应该先剥下菜蓟层层交叠的厚叶，把多肉的叶片底部蘸上酱汁后，再用牙齿咀嚼。当叶片越接近菜蓟内部，质地会越细嫩。在里部的毛绒层之下，就是菜蓟多肉且多汁的核心部分：请小心地拔除这层毛绒物，再把剩余的酱汁浇在苞心上，便可大快朵颐了！

①盐之花（Fleur de sel），法国顶级海盐，比一般海盐更为细致洁白，重量极轻，可漂浮于盐田的盐水表面。由于盐之花的数量很少，而且只能以手工采收，因此价格昂贵。

## 鱼类与海鲜料理

### 绿胡椒扇贝

4人份：

10个　扇贝

4条　西芹

1颗　略酸而多汁的苹果

1颗　青柠（榨汁）

4大匙（满）胡桃（剁碎）

2大匙　新鲜或晒干的绿胡椒粒

6大匙　橄榄油

适量　脆硬的海盐（盐之花）

如果要使用干燥的绿胡椒粒，请先将它们放入温水中泡软，浸泡时间二至三小时。这些泡在水中的绿胡椒干粒在膨胀之后，几乎跟新鲜的绿胡椒一样多汁而柔软。您可以使用经由阳光晒干或是迅速冷冻干燥的绿胡椒粒，只不过，经过冷冻干燥法处理的胡椒粒，在浸泡时外壳可能会脱落。

把少许橄榄油注入浅型烤模内，并放入50摄氏度的烤箱中加热。削去西芹皮的纤维，再把一条条的西芹切成小方块，边长约5毫米。同样地，也把苹果削皮切丁，用现榨青柠汁把苹果丁沾湿备用。平底锅内注入3大匙橄榄油，用温火稍微加热，放入西芹丁略炒一下，使其光滑发亮，然后再加入苹果丁、新鲜的或浸泡后沥干的胡椒粒（先预留一些胡椒粒做稍后的盘面装饰）彻底拌炒过后，便可熄火。撒入一些食盐，或视个人口味，再添加一些青柠汁和橄榄油，最后盖好锅盖备用。

把扇贝肉横切成三块，再混入少许青柠汁，然后倒入已温热的烤模中，并送进烤箱内烘烤十分钟。

在两个餐盘内各放入1大匙胡桃，并平铺于盘中。在每盘的胡桃上放一层薄薄的苹果西芹丁混合物（各约4大匙），然后把微烤过的扇贝肉铺上，而且要铺成扇形。扇贝肉在上桌前先用橄榄油涂刷过，并撒上盐之花调味，最后再放几颗胡椒粒做点缀。

建议：先在餐盘中放入环形模圈（直径6—8厘米），然后再一层层地铺叠食材，这样会铺得整齐漂亮。待完成后，再把模圈小心地移开。

## 生鱼末塔塔配柬埔寨胡椒酱

生鱼末塔塔是以贡布胡椒酱为基酱，并添入柠檬草和姜末做调味，然后再把生鱼碎末混入调好的酱汁中浸泡，使其入味。您还可以从这道生食料理出发，尝试使用其他配料，做出一道自己喜爱的沙拉：比方说，您可以在葱末、小黄瓜条、杧果丁或略剁过的花生粗颗粒这些食材上淋上这种酱料，调理出一道不一样的开胃前菜。如果您希望口味更辣一点儿，可以再加些辣椒末。

15—20 小份：

1—2 颗 青柠（榨汁）

1 大匙 黄砂糖

2 大匙 鱼露

1 块 姜（拇指长度）

1 支 柠檬草（细剁）

1 茶匙 贡布红胡椒（粗磨）或新鲜的绿胡椒粒

500 克 鲑鱼片（切成边长 0.5 厘米的小丁）

2 大匙 新鲜的芫荽（细剁）

2 条 小黄瓜（削皮，切成 3 厘米厚的切片）

将黄砂糖放入青柠汁内搅拌，使其溶解，再调入鱼露。

把姜磨成细末（请使刨磨板细孔的那一面），并用手把姜末中的汁液挤入柠檬鱼露中。然后将柠檬草多肉质的下半段剁成细末与胡椒一起拌入该酱汁内。再把生鱼丁小心地混入酱汁中浸泡，最后放入冰箱冷藏约十分钟，使其入味便可。

把小黄瓜削皮，切成3厘米厚的切片后，再对切，用小尖刀去籽。把生鱼末塔塔自冰箱取出，并试吃看看咸味是否足够（如果不够咸，按照柬埔寨当地最正统的做法，得再加些鱼露，而不是撒盐），然后再把这些味道酸甜的生鱼末填入镂空的小黄瓜切片中，最后撒上芫荽末做调味和点缀，便可以上桌了！

**醋渍沙丁鱼配粉红胡椒**

6人份前菜：

500克 鲜美的沙丁鱼排（洗净）

½茶匙 花椒（粗磨）

1茶匙 大茴香籽（整粒）

200毫升 苹果醋

100毫升 水

6瓣 红葱头

1茶匙 砂糖

50毫升 意大利陈年白葡萄醋（weißer Balsamessig）

1 颗　小颗苹果

1 大匙　粉红胡椒粒

适量　橄榄油

适量　盐

把沙丁鱼排放入烤模内排好，撒入花椒和大茴香籽后，再倒入苹果醋和水。然后把烤模放进冰箱冷藏两小时，使沙丁鱼排入味。趁着沙丁鱼醋渍冷藏期间，将红葱头切成薄片，再放入注有橄榄油的热锅内，加入糖及少许的盐略炒一下，使其光滑发亮，然后浇下意大利陈年白葡萄醋。继续加热一下，使锅中的酱汁能收浓些。把苹果削皮、去籽并切丁，再放入热锅中与红葱头片一起翻炒，然后加入粉红胡椒粒。

把烤模自冰箱取出，并将沙丁鱼排从烤模中拿出。把渍过的鱼排稍微沥干后，撒上少许盐，再把锅内的红葱头片和苹果丁铺在沙丁鱼排上，最后淋上少许的橄榄油，这道“醋渍沙丁鱼配粉红胡椒”便完成了！您也可以把这道冷盘沙丁鱼排铺摆在生菜沙拉上，作为一道海鲜沙拉，或是当成主菜，搭配着香脆的烤面包享用。

**炸虾天妇罗配乐园籽**

炸虾面衣中的乐园籽粉，会让油炸过的面衣吃起来更加酥脆，而且带有一种讨喜的、柔和的辣味。您也可以依据这道油炸料理的做法，把任何一种蔬菜切成薄片，蘸上天妇罗面糊后，入锅油炸。

6 人份前菜或 2—3 人份主菜：

面糊部分：

110 克 光滑的低筋面粉

1 颗 鸡蛋

125 毫升 冰凉的苏打水

1 大匙 粗颗粒乐园籽粉

把以上所有的配料搅拌成光滑的面糊，并静置一分钟。

12 只 虾（剥除虾壳，只留尾壳，并挑除肠泥）

少许 太白粉

500 毫升 花生油

酱油拌白萝卜泥（蘸酱）

在虾的腹部横划数刀备用。把油注入锅中加热，在油炸前，先测试一下热油的温度：在锅内滴下数滴天妇罗面糊，如果它们立即浮上热油表面，而颜色尚未转暗，就表示热油已经达到适合油炸的温度。把处理好的虾薄蘸一层太白粉，拍掉多余的粉末后，放入面糊中裹上面衣，随即放入热油中炸至酥脆，颜色呈明黄色。把炸好的虾自锅中捞起，置于吸油纸上吸除多余的油脂，便可以上桌，蘸酱享用。

**脆烤盐衣裹百里香鲷鱼**

4 人份：

1 条（约 1.5 千克）鲷鱼

2 瓣 大蒜瓣

4 颗 整颗柠檬

1 大匙 僧侣胡椒

2 束 百里香

3 千克 粗海盐

3 大匙（随个人喜好添加） 荜澄茄百里香调味盐（请参照 341 页）

4 颗 蛋白

将烤箱的炉火温度设定为 240 摄氏度。把柠檬和大蒜瓣切成薄片。在鲷鱼切开的腹部内塞入蒜片、僧侣胡椒、数枝百里香及三四片柠檬薄片。将粗海盐、荜澄茄百里香调味盐（是否添入以及用量多少，全随个人喜好）与蛋白放入大碗中打匀，再倒入铁盘或烤模内，蛋汁在容器内的高度约 2 厘米。先后在容器内放入柠檬片及数枝百里香并摆入鲷鱼，然后再依序叠上百里香和柠檬片，把鲷鱼覆盖住，最后再撒上剩余的粗海盐，使鱼完全不外露。放入烤箱烘烤三十五至四十分钟后，鲷鱼外裹的盐衣会变硬并呈淡棕色，此时鱼肉已熟透而且鲜美多汁。当您将盐衣破开时，要非常小心，以免破坏鱼的完整性。打开外裹的盐衣后，取出覆盖在鱼上面的配料，并剥除鱼皮。再把鱼头和鱼骨切除，留下只有鱼肉的鱼排。把切好的鲷鱼鱼排和小颗烤马铃薯及细滑的柠檬蛋黄酱一同摆盘，即可上桌享用。

**多香果炖章鱼**

多香果炖章鱼这道料理是从“葡萄酒炖肉”（Stifado）这道希腊家常菜变化而来的。荜拨和多香果的味道非常适合调理章鱼这种海鲜食材，享用这道菜肴时，应把这两种香料撒在餐盘的章鱼上，做最后的调味，因此，进餐时必须把这两种香料粉摆在餐桌上备用。

6 人份：

1 整只（约 1.5 千克）章鱼

1 颗 大颗洋葱

2 瓣 大蒜瓣

1 大匙 番茄酱

各 1 大枝 迷迭香和百里香

2 片 月桂叶

2 大匙 多香果

6 条 荜拨

少许 意大利陈年白葡萄醋

¼ 升 白酒

1 条 辣椒

适量 橄榄油

适量 水

适量 盐

把洋葱和大蒜粗剁，放入热锅中，用橄榄油爆香。香草与香料不切（辣椒除外），和番茄酱一起下锅，略微煎炒后，淋入少许的意大利陈年白葡萄醋。然后将整只章鱼放入锅中，把白酒倒入，并添加水，直到几乎淹没章鱼为止。再将整条辣椒放入锅中，并撒上盐，然后盖锅，用文火炖煮一个半至两小时，直到章鱼软烂为止。把章鱼取出，切下脚足部分，再把它们放入平底锅内快速翻炒一下，撒上磨好的多香果粉后，便可以盛盘。把少许炖汁调入光滑浓稠的意式玉米糊（Polenta）或西芹泥中，便是这道炖章鱼主菜的配菜了！

建议：您也可以把炖煮好的章鱼做冷盘处理：把章鱼切丁，与鳄梨和番茄切块混合，便是一道海鲜沙拉。或是仿效意式生牛肉沙拉（Carpaccio）的做法，把章鱼切成薄片，淋点儿意大利柠檬油醋酱（Zitronenvinaigrette），再撒上少许的多香果粉，便成了一道美味的开胃菜。

### 荜拨炖鮟鱇鱼

鮟鱇鱼这种鱼类食材跟荜拨强烈的香气及辣味很相配。虽然这道料理的荜拨用量不多，不过，在经过炖煮后，它的辣味便能渗入鱼肉中。因此，荜拨在这道菜肴里，可以把紧实细致的鱼肉和味道甘甜的洋葱完美地调和在一起。

2人份：

2大匙 橄榄油

1大匙 黄油

4颗 洋葱（细切）

2大匙（约12条）荜拨

约600克 鮟鱇鱼尾段（去皮）

1颗 柠檬（榨汁，皮刨丝）

少量 法国白兰地

适量 海盐

把去皮的鮟鱇鱼尾段抹上盐并浇入柠檬汁备用。将橄榄油和黄油放入长形炖锅或双耳炒锅内加热，放入洋葱丝翻炒，待其变软并呈焦糖色后，加入荜拨拌炒，再放入已调味的鮟鱇鱼，并淋上少量的法国白兰地。然后盖上锅盖，以中火或放入已预热至 160 摄氏度的烤箱炖煮约二十五分钟。炖煮时，应掀开锅盖或打开烤箱一两次，检查锅底是否烧糊，并视情况加入少许的开水或白酒。熄火后，取出鮟鱇鱼，把洋葱丝内的荜拨拣除。把鮟鱇鱼沿着鱼脊分切成两块鱼排，再继续用刀切成小鱼块，数量随意。鱼肉盛盘后，把炖煮入味的洋葱丝放入盘内，此外还可以再衬上嫩煎过的小棵菜蓟或略微焦化过的茴香。

**柠檬胡椒鱿鱼意大利面配小酸豆**

这道意大利面料理是从西班牙烤鱿鱼（Calamares a la Plancha）发展出来的。您也可以随自己的喜好不加意大利面，或用压碎的红辣椒片取代柠檬胡椒。

4 人份：

250 克 干意大利面（或 750 克鲜意大利面）

500 克 鱿鱼

1 颗 柠檬（榨汁）

4 大匙 欧芹（细剁）

3 瓣 大蒜瓣（细剁）

2 大匙 小酸豆[①]

适量 橄榄油

适量 盐

适量 柠檬胡椒（请参照 341 页）

将处理好的鱿鱼用冷水冲洗一遍，放在厨房纸巾上吸干水分后，切成圈状，并把鱿鱼须取下。把意大利面放入盐水中煮熟后（咬起来的口感更有嚼劲），倒入滤网中沥干，然后掺入一些橄榄油，以免面条黏在一起。把柠檬汁、食盐、蒜末、4 大匙橄榄油（用量也可以增加，全凭个人的喜好）、欧芹和小酸豆放入大碗中拌匀。

将大型的铸铁平底锅用烈火烧热，无须注油，把一份份的鱿鱼圈放入锅中焙烤。待锅内鱿鱼圈的颜色出现焦黄后，把这些鱿鱼圈倒入大碗中，并淋上酱料，然后拌入意大利面。如果意大利面已放得过凉，可以把意大利面和淋有酱料的鱿

①小酸豆（Kapern）又名刺山柑蕾，是一种常用来搭配鲑鱼的腌渍小菜。

鱼圈放入锅中快速翻炒一下，并试尝看看是否还需要加盐。等这道意大利面盛盘后，再撒上柠檬胡椒，便可以端上餐桌。

**清蒸红鲷鱼配综合香料柳橙酱**

如果您没办法用锅蒸红鲷鱼，也可以把它摆入烤模里，再送进 180 摄氏度的烤箱内烘烤。不过，请您切记，不要一次把酱汁全倒入，而是分次，五分钟开一次炉门，把酱汁淋上鱼身，直到鱼肉熟透为止（烘烤的时间为三十至三十五分钟）。

4 人份：

1 条（约 1.5 千克）红鲷鱼

1 枝 柠檬草

100 毫升 不带甜味的雪莉酒（Dry Sherry）、法国苦艾酒（Noilly Prat）或白酒

½ 茶匙 晚采收的红胡椒（粗磨）

½ 茶匙 白胡椒（粗磨）

½ 茶匙 花椒（粗磨）

½ 茶匙 乐园籽（粗磨）

·酱汁部分·

2颗 整颗柳橙

一小块 姜（磨泥）

2瓣 大蒜瓣（细剁）

2大匙 蜂蜜

100毫升 酱油

1茶匙 肉桂花

一撮 海盐

首先，先调制酱汁：把柳橙用刮刀或削刀去皮，再把柳橙汁压出。把半量的粗颗粒胡椒、花椒和乐园籽的混合辛香粉以及柳橙汁、蜂蜜、姜、酱油、大蒜和海盐拌在一起，并把肉桂花粗略地磨过后，加入酱汁中。将红鲷鱼洗净后拭干，鱼身两面各划上三四刀。把柠檬草压紧并塞入鱼腹中，再将鱼放入烤模内，淋上酱汁，在覆盖烤模后，放入冰箱内冷藏约四小时，使其入味。冷藏期间应翻面一次。四小时后，将已入味的鱼自冰箱取出，放入锅内的蒸架上。把酱汁、雪莉酒和一小杯开水倒入蒸架下方的锅底。将鱼身抹盐，并撒上多一点儿的胡椒、花椒和乐园籽的混合辛香粉以及一些柳橙皮刨丝，然后盖锅蒸三十五分钟左右。在蒸鱼时，还有一点必须留意：在蒸鱼的过程中，锅底的酱汁会因为加热而有水分蒸发。酱汁可能因为水分蒸发不够，而显得不够浓稠，或因为水分蒸发过多，变得太浓稠，而必须在锅内补入一些开水。把蒸熟的鱼装盘，淋上锅底已收浓的酱汁后，便可以上桌。在餐桌上，用餐刀把整片鱼排从鱼身剃出。将新鲜的菠菜、一颗洋葱切好的葱末和少许姜泥稍微拌煮一下，再把这道蔬菜料理和红鲷鱼排及米饭一同摆盘。

# 肉类料理

## 蜜汁荜澄茄烤鹌鹑配绿葡萄

如果您喜欢吃鸽肉的话，也可以取一整只鸽子做这道料理。由于鸽子的体积比鹌鹑还大，因此，放入烤箱烘烤的时间需要再增加二十分钟左右。

4 人份：

4 只 处理好的鹌鹑

4 大瓣 大蒜瓣

4 大匙 已在室温放软的黄油

2 大匙 荜澄茄（粗磨）

1 束 百里香

4 大匙 蜂蜜

2 大匙 橄榄油

4 小颗 红葱头（去皮、切片）

2 把 成熟的绿葡萄（对切、去籽）

少许 白酒或鸡汤

适量 盐

把烤箱预热至 180 摄氏度。将大蒜瓣去皮，用刀刃部位稍微压挤，然后将压碎的蒜瓣用力搓抹于鹌鹑各处。把鹌鹑的表面和里面涂上少许盐，腹部填入蒜末、少许荜澄茄粉和大量百里香以及 ½ 大匙在室温下放软的黄油，然后用牙签把腹部的切口串住。再把剩余的黄油涂在鹌鹑上。

将橄榄油、蜂蜜和剩余的荜澄茄粉搅匀后备用。把一个浅身而厚重的炖锅或一把煎锅加热，放入腹部填料的鹌鹑翻炒约一至二分钟后起锅。把红葱头切片，放进同一锅内略煎一下（温度不宜过高），淋上少许的白酒，并加入绿葡萄粒后，撒上少许盐，翻炒后熄火。把煎过的鹌鹑涂上荜澄茄、蜂蜜和橄榄油混合液，再把它放在红葱头片和绿葡萄上，然后送入烤箱内热烤。烘烤五分钟后，打开烤箱，把鹌鹑肉刷上少量的水、肉汤或炖锅内的酱汁，然后继续烘烤，这个涂抹的动作需再重复一次。鹌鹑肉经过十二至十五分钟的烘烤后，便能熟透而且肉质细嫩多汁。盛盘后，把每一只鹌鹑缀上数颗绿葡萄，并摆入几片烤得酥脆的面包，便可以上桌。

如果是在古罗马时代，这道烤鹌鹑料理应该会很受欢迎，因为，在阿比修斯这位古罗马名厨所编写的食谱集中，就有许多道禽肉料理使用胡椒、蜂蜜和各种不同的香草及水果，如椰枣、葡萄干或甜黑李。如果要烧烤鸽肉或火烈鸟肉（Flamingos）的话，这位古罗马美食家推荐的一种酱汁，所混合的配料大约如下：胡椒、欧洲当归、芫荽、葛缕子、干燥的洋葱、薄荷、蛋黄、椰枣、蜂蜜、醋、鱼露[①]、油和葡萄酒。

**南印度胡椒鸡**

在印度，不仅胡椒，鸡肉也是治疗伤风感冒的家庭良方。不过，亲爱的读者，您现在就可以动手做这道南印度胡椒鸡，无须等到下次打喷嚏时，才享受这道美味的印度料理。

4 人份：

4 只 鸡腿

1 茶匙 辣椒粉

1 茶匙 姜黄

1 大匙 芫荽籽（磨粉）

2 颗 大颗洋葱

---

① Liquamen，这是一种古罗马的咸味酱料，应该和亚洲的鱼露类似。

2颗 成熟的大颗番茄

3条 肉桂条

3个 小豆蔻荚果

3颗 丁香

1片 月桂叶

1茶匙 茴香籽

2大匙 黑胡椒（粗磨）

½颗 柠檬（榨汁）

姜蒜泥（把4瓣大蒜瓣和2大匙姜泥放在一起捣成膏状，最好使用研钵）

适量 盐、沙拉油或印度酥油（Ghee）

适量 新鲜的芫荽（摆盘点缀用）

把辣椒粉、芫荽籽粉、姜黄、盐和一些姜蒜泥用力搓抹于鸡肉上，静置三十分钟使其入味。利用这个时间，将洋葱剁碎，把番茄切丁。然后把沙拉油或印度酥油倒入重锅中加热，将所有的香料（肉桂、小豆蔻、丁香、月桂叶和茴香籽）入锅微煎，直到香味四溢。接着把洋葱放入锅内翻炒，当洋葱变软而仍未变色时，再把剩下的姜蒜泥（要持续搅拌）、番茄和芫荽籽粉依序掺入。把锅内的配料充分拌匀后，添入一小杯水，盖锅再煮约五分钟。当番茄软烂时，便可以把鸡腿放入番茄泥中加热煮熟，随后撒入一些盐，盖上锅盖后，把炉火调为中火，直到鸡肉熟透为止（约十五分钟）。最后再拌入黑胡椒粉以及少许的柠檬汁调味。盛盘后，可以在盘中放入米饭，并用芫荽做盘面的装饰。

**蜜汁花椒鸭胸**

蜂蜜能赋予这道鸭胸料理一种醇厚的焦糖味，它与酱油强烈的口感及花椒的刺激性辣味搭配在一起，形成了绝佳的味觉组合。这种调味酱不仅很适合拿来烹调鸭肉，用来腌制烤牛肉串也很完美。

4 人份：

2 块 鸭胸肉（约 400 克）

盐

· 酱汁部分 ·

各 2 大匙 蜂蜜和老抽

1 茶匙 番茄酱

1 大匙 花椒（勿过度细磨）

1 大匙 雪莉酒或米酒

把烤箱预热至80摄氏度。将酱汁的配料放入小锅中煮开备用。用刀将鸭胸皮平行划开并间隔1厘米（不过，不要划深而切到鸭肉上），再涂上少许盐。在平底锅内注油加热，肉皮朝下煎五至七分钟，使鸭皮口感酥脆，并呈金黄色，然后再翻面煎二至三分钟。由于鸭肉会在烹煎的过程渗出油脂，因此，平底锅内无须再添入食用油。另把一只深锅加热，将鸭肉放在深锅内的铁架上，使鸭皮朝天，并将调好的酱汁涂在鸭皮上，量不宜过多，以免滴入锅底，然后盖锅以炉火烘烤四十分钟。烘烤期间需要掀盖，把酱汁分好几次涂抹于鸭皮上，最后数分钟就不再涂酱汁，而是以干烤的方式让鸭皮酥脆而富有焦糖味。由于酱汁含有蜂蜜，遇热很容易焦黑，因此，在锅内烘烤时需要随时保持警觉，鸭皮和鸭肉的色泽才不会过暗。起锅后，让鸭胸肉稍微放凉，再把它切成厚度约手指宽的肉块。这道蜜汁花椒鸭胸很适合和青江菜或米饭一起摆盘，而且最好两者都能摆上。

**希腊式红酒炖兔肉**

我曾在烹饪课堂上教授希腊式红酒炖肉（Stifado）这道料理，当时我还不知道要用多香果调味，而使用了许多其他的香料。在场有一位年轻学员告诉我，一道希腊式红酒炖肉没有使用多香果调味，就像匈牙利炖牛肉没有加彩椒一般，而这个在红酒炖肉中添加多香果的料理秘方则来自她希腊籍的母亲！我当时并未质疑这个说法，而且很乐于动手做做看，结果三十分钟不到，她的母亲便打电话来提醒我，应该把足足两大匙的多香果粒加入锅内炖煮。由于她的热心，当时所有烹饪课的学员都享用到最美味的、也是我所料理过最棒的希腊式红酒炖肉。

4 人份：

4 只 兔腿

40 毫升 橄榄油

50 克 黄油

3 片 月桂叶

1 茶匙 小茴香粉

1 茶匙 胡椒粒

1—2 大匙 多香果粒

2 瓣 大蒜瓣（去皮、细剁）

2 大匙 番茄酱

40 毫升 优质意大利陈年葡萄醋

300 克 成熟的番茄（去皮、去籽）

½ 杯 红酒

1 千克 红葱头（去皮）

½束 欧芹（细剁）

适量 盐

把橄榄油注入炖锅内加热，再放入已抹上少许盐的兔腿翻炒至着色，起锅备用。将所有香料和大蒜末放入锅中爆香，加入番茄酱和黄油后，再把醋倒入并继续加热一会儿，使酱汁的水分能部分蒸发而变得浓稠。将已煎过的兔腿放入锅内酱汁里烹煮，并用煎匙搅动，再倒入红酒，放入番茄，淋上热开水，使锅内汤液的高度快要淹没兔腿，再把红葱头撒入，摇晃一下锅身使其分布均匀，然后盖锅炖煮约一至一个半小时（可以使用炉火，也可以放入温度设定为 160 摄氏度的烤箱内加热），直到兔肉变软嫩，酱汁浓稠，色泽油亮。最后，再拌入欧芹细末和酱汁。

这道经典的希腊料理如果改用牛肉或羊肉（切成块状）烹调，味道也很棒！只是必须留意，不同肉类所需的烹煮时间并不一样，原则上，只要肉质煮软，便可以离火！

**胡椒香料炖兔肉**

胡椒香料炖兔肉是一道很美味的菜肴，这道料理的食谱可以远溯至欧洲中世纪时期，虽然它普遍被认为是一道日耳曼地区的传统料理，我却在一本法国古早的料理书《布尔乔亚的美食》中发现类似的食谱。这道菜肴最经典的做法是把兔肉切块，再和内脏放入醋液中浸泡入味（这可能是从前为了肉类保存的考量）。接着再把渍泡过的肉块和内脏放入锅中，加入醋、葡萄酒、少许面粉、各种不同的香料（如，胡椒、丁香和月桂叶）、一些黄油，有时还添加培根片和面包，一起炖煮。最后再把兔血倒入汤汁内勾芡。以下这份胡椒香料炖兔肉的食谱，是我根据《布尔乔亚的美食》这本法国料理书的相关内容，大致翻译出的：

"在屠宰兔子和取出其内脏时，记得要用器皿把流出的兔血收集下来，因为这些兔血可以用于增加汤汁的浓稠度。把兔肉剁成块，如果您愿意的话，还可以把每块兔肉都划上几刀，并塞入熏制的培根片。再把这些肉块、肝脏和一块如鸡蛋大小的黄油放入平底锅内油煎，随后放入 1 束欧芹、1 束细香葱、1 瓣大蒜瓣、2 瓣红葱头、3 颗丁香、1 片月桂叶，还有百里香和罗勒入锅爆香，并撒入一撮面粉。然后放入 3 杯高汤、125 毫升红酒及 1 大匙的醋、盐和粗颗粒的胡椒粉，继续加热，直到兔肉熟透，汤汁因水分蒸发而变得浓稠为止。

从锅中取出煮熟的兔肝，把它压成碎泥，再与屠宰时所留下的兔血混在一起。等这道料理要上桌时，用文火把汤汁加热（不宜煮至滚沸），并倒入兔肝和兔血，使其凝成糊状，最后再撒入半把绿色腌渍小酸豆便可。这道胡椒香料炖兔肉

宜趁热享用。”（*La cuisinière bourgeoise* 1767：230）

对于这道胡椒香料炖兔肉，我在这里有一个变换口味的建议：把各1大匙的黑胡椒粒、荜拨条和多香果粒一起加入汤汁中熬煮。将一把甜黑李果干先放入红酒（约250毫升或更多）内软泡，再把渍软的甜黑李放入汤汁内，跟兔肉一起炖煮，汤汁就会变得很浓稠（不一定要使用兔血），而且还会有一股很棒的甘甜味。如果您手边有兔内脏，就放入锅内跟兔肉一起熬煮。这道炖兔肉很适合和油煎玉米糊（Polenta）或自制的鸡蛋面疙瘩（Spätzle）一起摆盘。

**巴厘岛烤猪肉串**

您可以先把绞碎的猪颈肉捏压成小圆饼状或块状，再用柠檬草（或是木串）把它们串起来，然后放在烤肉架上烧烤，或是放入平底锅内煎熟。

6人份：

750克 猪颈肉（绞碎）

1颗 青柠（榨汁）

1份 巴厘岛综合香料酱（请参照332页）

1茶匙 盐

少许 花生油（涂抹用）

20—25 支　烤肉用扦（柠檬草，或以一般烤肉用的木扦代替，需把木扦放入水中浸泡数小时，使质地变软）

把绞肉、青柠汁和巴厘岛综合香料酱混合均匀，再用电动打蛋器的钩状头把这些已调味的绞肉充分搅拌数分钟，如此一来，在烧烤时，肉才会定形，不会松垮下来。把搅打过的绞肉团盖上盖子，放入冰箱冷藏约四小时。

将冷藏过的绞肉团一份一份地分好，并捏压成小圆饼状或香肠状，然后捏附于柠檬草或木扦上。如果您想用柠檬草来串烤绞肉块时，必须把绞肉块紧实地贴在柠檬草的茎上，而不要用草茎贯穿绞肉块，不然捏好的绞肉块会散开。烧烤或烘烤六至八分钟，其间刷少许花生油。

**洋葱圆茄炖羊腿佐埃塞俄比亚综合香料**

4 人份：

4 只　羊腿

1 颗　大颗圆茄（切丁，边长 1—2 厘米）

4 个　洋葱（切成圈状）

4 瓣　大蒜瓣（细剁）

2 大匙（或视个人喜好）埃塞俄比亚综合香料

适量　橄榄油、黄油和盐

把圆茄丁和1茶匙盐混在一起，放入滤网内静置约三十分钟，然后用清水冲洗一下，再用厨房专用纸巾擦干。把少许橄榄油注入大煎锅中加热，放入羊腿，将各面煎至着色，起锅备用。炉火转小，把黄油放入锅中，再放入洋葱煨熟。接着把大蒜末、圆茄丁和埃塞俄比亚综合香料放入锅内拌匀，再把羊腿放在圆茄丁上面，倒入2咖啡杯的水，盖锅以中火加热，或用170摄氏度烤箱烘烤约一个半小时，直到羊肉能从腿骨上轻易地松脱为止。炖煮期间应不断搅拌，以免底部焦煳，而且要试吃看看肉质是否已够软烂，并视情况添入一些水。熄火后再尝一下，看看咸度是否足够，是否要再加些盐调味。把炖羊腿盛盘后，可以在盘面上撒上新鲜的香草细末做点缀，如薄荷、欧芹或芫荽。

**青椒洋葱炒里脊牛肉**

这道炒牛肉料理的肉类食材也可以用切成大块丁状的鸡胸肉或龙虾代替。如果您不想使用青椒的话，也可以改用叶用甜菜（Mangold）或青江菜，这两种蔬菜都略带苦味，再添入粗颗粒的胡椒粉和花椒粉调味，味道显得很特别。

4人份：

150毫升 香爆葱油

600克 里脊牛肉

2个 洋葱（切成圈状）

2个 青椒（去籽、切丁）

3瓣 大蒜瓣（切薄片）

1块 姜（拇指长度，磨泥）

1茶匙 黄砂糖

3大匙 酱油

200毫升 鸡高汤

1大匙 玉米淀粉

各1大匙 黑胡椒和花椒（粗磨）

适量 盐

把糖、酱油、鸡汤和1茶匙的玉米淀粉混匀后，加入已磨好的姜泥。将里脊牛肉切成大丁块，再撒入剩余的玉米淀粉充分搅拌均匀。把油注入锅内加热，把牛肉块分成4份，每次只放1份牛肉块入锅翻炒二至三分钟后起锅。等牛肉块都炒过后，再把有辣味的洋葱、青椒和大蒜片入锅拌炒，然后将分批炒过的熟牛肉块和先前已调匀的酱料全放入锅内继续热炒三分钟左右，直到酱汁收浓为止。最后，撒上磨好的胡椒粉和花椒粉，再试吃一下，看看是否需要再加点儿盐或酱油以增加咸度。

## 胡椒牛排

一块美味的牛排首重其肉质，最好能有略带大理石纹的脂肪分布其中，而且最好能使用菲力牛排，即牛里脊肉。牛排切片的厚度至少应有2厘米，如果要放在烤肉架上烧烤，肉片应该切得薄一点儿。

此外，还需要准备以下的配料与厨具：

少许 橄榄油、黄油、盐和胡椒

适量 迷迭香、百里香和大蒜（添加与否全凭个人口味）

1只 厚重的平底锅

至少在煎烤前两小时，把牛肉自冰箱取出。在牛肉恢复室温的过程中，我自己是这么处理肉片的：把牛排涂上少许的橄榄油，并把外观像红宝石的法国红酒盐揉搓在牛排上，撒入粗颗粒的黑胡椒粉后，再覆上几枝迷迭香和百里香，然后用保鲜膜把牛排连同配料紧实地包覆住（每次当我要撤掉包裹在牛排上的保鲜膜时，我总会问自己，是否应该遵循从前烹调牛排的方式，等拆开保鲜膜后，再加盐调味？不过，我终究还是忠于自己的烹调经验，因为，在包裹前便在肉片上抹盐，确实比较美味）。

准备煎烤时，请先把牛排上的香草枝拿掉，并拍除些许的黑胡椒粉。把一个厚重的平底锅，以不注油的方式加热二至三分钟后，把牛排放入高温的煎锅内，并把两面煎熟。这时平底锅的温度已降低许多，再将一些黄油、大蒜及迷迭香和百里香放在牛排上，开小火把牛排两面再煎一次。熄火后放入已预热至160摄氏度的烤箱中，烘烤二至三分钟。从烤箱取出后，再把烹调好的牛排用锡箔纸包好，静置数分钟。

煎烤牛排时，必须随着牛排的厚度及所希望的熟度而调整它在平底锅或烤箱内的煎烤时间。最好能以用手指按压牛肉的方式确认它们的熟度：牛排肉越无法下压，熟度也就越高。原则上，当您煎过三块牛排后，指尖就会有这样的手感，不过，参考下面这张表格，也会对您煎牛排有所帮助。

| 各种牛排熟度的烹调时间 | 一分熟 | 三分熟 | 五分熟 | 七分熟 | 全熟 |
|---|---|---|---|---|---|
| 大火 | 每面一分钟 | 每面二分钟 | 每面二分钟 | 每面二分钟 | 每面二分钟 |
| 小火 | 每面半分钟 | 每面一分钟 | 每面二分钟 | 每面三分钟 | 每面三分钟 |
| 置于160摄氏度烤箱内 | 二分钟 | 二至三分钟 | 三至四分钟 | 三至四分钟 | 五分钟，烤箱温度150摄氏度 |

建议：在离火前，可以在牛排上淋上少许的法国白兰地，

并稍微倾斜锅身，使锅内的酒精接触炉火后，产生火焰，这种以酒焰烧牛排的方法会让牛排带有一种特别的香气。

**胡椒粉裹里脊肉**

这道料理需要用到一大块里脊肉，您可以选用小牛或鹿的里脊肉。烹调里脊小牛肉需要6大匙粗磨的绿胡椒粉，若是里脊鹿肉，则需要6大匙专门搭配野味的综合胡椒调味料（请参照340页）。

4人份：
600克 里脊肉（室温）
6大匙 胡椒
1茶匙 盐
1瓣 大蒜瓣（压碎）
2枝 百里香
足足1大匙 黄油
保鲜膜和锡箔纸

把胡椒和食盐混匀，并撒在一块木板上。放一大块里脊肉，用手滚动，使表面沾满胡椒盐，再用保鲜膜紧紧地把这一大块里脊肉包捆三层，形成紧实的圆筒状，然后用锡箔纸再扎实地包一次。在大锅内注水，加热至沸腾（不要过沸），再把刚刚捆扎好的胡椒里脊肉条放入锅中水煮十八分钟。应持续在炉旁保持警觉，不要让热水过度沸腾，维持有小水泡上升的水温即可。熄火后，把包裹的肉块自热水中取出并静置一会儿，然后解开外层的锡箔纸和保鲜膜，并将锡箔纸内的肉汁尽量集中倒入碗中。把黄油放入一个大型平底锅内加热，掺入蒜泥和百里香，并将已解开外层包覆的里脊肉入锅，每一面都稍微煎过，再把肉汁淋入锅内。最后，将里脊肉块自平底锅盛起，切成肉片后，便可以摆盘上桌。

如果这道料理使用里脊小牛肉和绿胡椒，便很适合在餐盘上搭配番薯泥和炒西葫芦；如果使用里脊鹿肉，就适合和西芹泥及红酒无花果一起摆盘。

## 配菜与小吃

### 胡椒综合坚果

300 克 综合坚果（杏仁粒、腰果和花生）

1 茶匙 黑胡椒粉（细研）

2 茶匙 印度什香粉

适量 花生油（煎炒用）

适量 盐

把各种坚果放入注有充足热油的平底锅内煎炒，直到外皮呈金黄色后，再起锅放在吸油纸上。等坚果上的油脂吸干后，把香料粉末和食盐撒在温热的坚果上，再充分拌匀便可。

### 酥烤胡椒饼条

如果您要在家招待客人，这是一道很理想的点心，因为它不仅制作快速，而且当作开胃酒的点心或是搭配西餐的浓汤，都是味觉和视觉上的一大享受。

1沓 千层酥皮面团（自冰箱中取出）

1颗 鸡蛋

2大匙　综合胡椒粒（粗磨；您可以依照自己的心情和厨房存货，变换胡椒种类的组合：例如，可以把黑胡椒、多香果和塔斯马尼亚胡椒混在一起，或只用其中一种）

适量 海盐（盐之花）

把烤盘纸铺在烤盘上备用。把烤箱预热至200摄氏度。

把酥皮铺在工作台上，将其中一半的面积涂上蛋液，并撒上一大匙的粗颗粒黑胡椒粉，再把没有涂抹蛋液的另一半酥皮叠覆其上，然后用擀面棍擀开来。接着再把擀开的酥皮涂上一层薄薄的蛋液，撒入些许的盐之花和剩余的黑胡椒粉，然后把这块薄饼皮切成约1.5厘米宽的长条，用双手抓住长面条的两端，以中心线为轴心，朝相反方向绕转数圈，做成长卷状，并放入烤盘内。把做好的长卷面条送入已预热好的烤箱烘烤八至十分钟，直到饼条呈金黄色，口感酥脆为止。

建议：您也可以依照自己的口味和需求做一些变化：比方说，您可以把腌制风干的生火腿薄片或各类奶酪包入酥皮中烘烤，如磨碎或削成薄片的帕玛森奶酪、瑞士特产的艾曼塔勒多孔奶酪（Emmentaler）或是状似乳脂的蓝霉奶酪。此外，您还可以用意大利青酱做包覆的馅料，或是填入砂糖和杏仁碎粒做成一道甜点。

**印度油炸脆饼配黑胡椒**

印度油炸脆饼（Puri）是印度街头的流行小吃，这种脆饼的制作，不是把生饼皮放在炭火的烤架上，或是贴在炉窑泥缸的内壁烘烤，而是放入热油中油炸。印度油炸脆饼有许多口味，它在印度经常和咖喱料理或涂有少许酱料的泥炉烧烤料理（Tandoor-Gerichte）搭配食用。其实这种口感香脆的油炸脆饼，单吃就很有滋味。

16—20 份：

275 克　低筋面粉

½ 茶匙　盐

½ 茶匙　砂糖

1 茶匙　小茴香（整颗）

1 大匙　黑胡椒粉（粗磨）

1 大匙　在室温下放软的黄油或酥油

约 175 毫升　温水

1 升　葵花籽油（油炸用）

把面粉放在大碗上过筛，使其筛入碗内。加入盐、糖、小茴香和胡椒粉充分混匀，再放入已在室温下软化的黄油搅拌并逐次加水，直到坚实黏稠的面团成形。然后把面团放在工作台面上，彻底搓揉五分钟，此时面团的质感不应黏稠，而是柔软、富弹性，可依面团的湿度再掺入些许的面粉或开水，继续用双手使劲地揉面，直到面团出现丝绸般的光泽。把揉好的面团用湿布盖上，静置三十分钟醒面。

醒面过后，便可以开始擀压油炸脆饼的面皮：把醒好的面团分成16—20等份，将它们揉搓成球状，然后再擀成一片片圆形薄面皮。把这些擀好的面皮放在铁板上，上下分别铺上烤盘纸，或将一块专门擦拭餐具的湿布覆盖其上，以防面皮变干。将一把大而深的平底锅或一把炒锅注油加热，油温必须加热到适合油炸的高温，如果您把一双筷子放入热油中，旁边会出现小泡泡，就表示油温已经达到适合油炸的温度。一次最多可以炸两块油炸脆饼，面皮入锅油炸后，会稍微浮在热油上。把面饼炸至双面酥脆并略呈金黄色时，便可以捞起，放在吸油纸上吸除多余的油液即可。然后再接着把擀好的生面皮入锅油炸，直到全部炸完为止。如果您在食用时，觉得油炸脆饼不够温热，也可以把它们放入150摄氏度的烤箱中再次加热。

**薄荷香料米饭（Pudina Pulau）**

4 人份主菜或 6 人份配菜：

2 杯 香米

4 颗 绿色小豆蔻

3 颗 黑色小豆蔻（可随意取舍）

6 颗 丁香

1 茶匙 黑胡椒

2 片 月桂叶

1 块 姜（拇指长度，磨泥）

4 大匙 奶酪

1 束 薄荷（切成细长条）

4 大匙 黄油或印度酥油（Ghee）

适量 盐

2½ 杯 水

把香米用冷水泡软，浸泡约十五分钟后，倒入滤网中沥干水分。把黄油或印度酥油放入锅中加热，待其融化后，将所有的香料入锅爆香，并调入姜泥和奶酪。继续加热，使酱汁沸腾三至四分钟，再拌入已沥干水分的香米，加盐调味，然后倒入水，待滚开后，转小火，撒入半量的薄荷，盖锅再煮十五分钟。然后熄火静置于炉上十分钟，仍盖着锅盖。最后把焖熟的薄荷香料米饭盛盘后，再撒上剩余的薄荷缀饰盘面即可。

**腌泡酸甜茄**

这道腌泡酸甜茄（Brinjal Achar）是印度半岛众多酱菜（Achar）的一种。这种腌渍茄子在印度菜系中，适合搭配咖喱料理和烤肉或是跟油炸脆饼及前面介绍的香料饭（请参照前一道食谱“薄荷香料米饭”）放在一起，当成前菜。

2个大玻璃密封罐的分量：

1千克　小颗茄子

8瓣　大蒜瓣

50克　姜（细切）

1大匙　姜黄

1升　白酒醋或苹果醋

100克　芝麻油

1茶匙　小茴香籽

1茶匙　芥末籽

1茶匙　葫芦巴

1大匙　荜拨

300克　棕榈糖

各 3 条　红辣椒和绿辣椒

1 茶匙（可依个人口味增加用量）盐

把小颗茄子去蒂，再纵切成四等份。将姜黄、100 毫升的醋及半量的大蒜和姜末混调成膏状，并把剩下的大蒜瓣切成薄片。在大锅中注油加热，放入小茴香籽、芥末籽、葫芦巴、荜拨、大蒜薄片及姜末热炒，等香味溢出后，再把刚刚调好的酱膏倒入，继续翻炒到酱汁收浓。然后拌入茄子和辣椒，并添加盐、棕榈糖和醋调味，继续加热煮沸，等棕榈糖溶解，茄子变软即可。最后可以再尝尝看，是否需要再加盐以增加咸度。把锅内热腾腾的印度式酱菜分别倒入 2 个大的玻璃密封罐中，立即封紧瓶盖并倒放于阴凉处。这些腌泡的茄子应该可以保存六个月左右。

**腌渍酸黄瓜配茵陈蒿僧侣胡椒**

僧侣胡椒的气味非常适合搭配这道经典的腌渍酸黄瓜。

1 个大玻璃密封罐的分量：

1 千克　小黄瓜（5—7 厘米长；若使用大黄瓜，纵切剖半，并去籽切块）

12 枝　茵陈蒿

2 瓣　大蒜瓣（切成薄片）

2 片　月桂叶

250 毫升　白酒醋

750 毫升　水

3 大匙　砂糖

2 大匙　盐

2 大匙　僧侣胡椒

1 大匙　黑胡椒

把一个可密封的大玻璃罐（容量 1.5 升，或使用数个较小的玻璃密封罐）用沸水消毒过，再放入 180 摄氏度的烤箱内烘烤十分钟，使其彻底干燥。打开烤箱，等玻璃罐冷却下来而仍微温时，填入小黄瓜、茵陈蒿、大蒜和月桂叶。把剩余的配料放入锅中煮开，使砂糖完全溶解于该酱液中，随后熄火，让滚烫的酱汁在室温下放凉十分钟，再倒入玻璃罐内。将玻璃罐密封好，置于阴凉的暗处。至少封存二至三个星期后，便可以开封取出腌好的小黄瓜享用。

**黑胡椒面衣炸香蕉**

炸香蕉是一道在西方很受欢迎的亚洲甜点，它在很早以前就已出现在欧洲时尚餐厅的菜单上。炸香蕉在柬埔寨被称为 jayk jien，我们在拜访这个东南亚国家时，曾在一间香火鼎盛的寺庙前品尝过这种点心，由于当时返回暹粒[①] 的车程颇远，我们还额外买了十几份炸香蕉带上车吃。我们当时亲眼看到了这种香蕉甜点的制作过程，至于下面所列出的配方，则是我自己后来模仿与调整的，例如，当地炸香蕉的面衣掺入的是黑芝麻，而不是黑胡椒粉。我认为，“黑胡椒面衣炸香蕉”这道变装点心很适合当作辣味青柠酱烤菲力猪排的配菜。

4 人份：

100 克 低筋面粉

1 颗 鸡蛋

30 克 砂糖

少许 盐

60 毫升 冷开水（最好使用气泡水）

4 条 成熟而果肉仍坚实的香蕉

1 茶匙 黑胡椒（粗磨）

足量 中性油（如，花生油和橄榄油，供油炸用）

把面粉、鸡蛋、砂糖和盐拌匀，再加水调成光滑的面糊，

①暹粒（Siem Reap），吴哥窟遗址的所在地。

然后放入冰箱冷藏一小时。将香蕉剥皮，对切成半或压平。柬埔寨人会把已去皮的香蕉条包在锡箔纸里，再用一种铁制压碾机小心地把果肉压平。您也可以用肉槌或平底锅的锅底把香蕉压薄，总之，压平香蕉的关键在于柔缓地施力，不是用捶打的方式。

把压平的香蕉片自锡箔纸中取出，蘸上面糊，放入热油锅炸成金黄色，然后起锅放在吸油纸上，吸除多余的油液便可享用（把这种炸香蕉放冷食用也非常美味）。如果您在宴客时，想用这道甜点招待客人，还可以在炸香蕉片上撒上糖粉和肉桂粉，并放上一个香草冰激凌球（典型的中欧饮食风格）。

# 酱汁

## 西方古早食谱中的胡椒酱汁

“人们把涂有黄油的面包烘烤过后，会把它们放入锅中，再倒入高汤、葡萄酒或醋，并加入胡椒和盐一起煮开，经筛网滤清后，就可以当酱汁使用了！”（Pegge 2008: 79）

这种制作酱汁的方法不只在中世纪食谱中早有记载，它也出现在后来许多新款的料理中。这种酱汁调制的方式有它基本的厨理：使用泡软的面包让酱汁带有浓稠的质感；香草和香料赋予酱汁味道及颜色；醋、葡萄酒（当时大多为发酸的葡萄酒）或青涩酸葡萄的榨汁（Verjus）则让酱汁带有一股酸味儿。至于各种配料的比例在古食谱上并没有明确的记载，光是这一点，就能考验厨师调制酱汁的功力了！以下是欧洲古食谱上所记载的一些酱汁。

**黑胡椒酱（Poivre noir）**

14 世纪法国的《泰勒凡食谱》曾记录一种名为“黑胡椒酱”的配方，却没有添加黑胡椒：“把面包和姜磨碎，倒入酸葡萄酒和青涩酸葡萄榨汁混匀后，放在炉火上煮开。有些厨师还会添加乐园籽和南姜。”

**胡椒黄酱（Poivre Jaunet）**

《泰勒凡食谱》中所记载的“胡椒黄酱”，其制作方法与材料与上述的“黑胡椒酱”相同，只不过多加了番红花和胡椒。

**卡门莱酱汁（Sauce Cameline）**

《泰勒凡食谱》中，香料列表最详尽的就属卡门莱酱汁，而且它正是用面包和醋为基底调煮而成的。当时的欧洲人在制作卡门莱酱汁时，会用姜、肉桂、丁香、乐园籽、乳香、荜拨和充足的盐做调味。

用面包做酱汁的勾芡其实很简单：把大约 100 克黑面包或白面包调入 500 毫升的液体中，就能调出浓稠的汤汁。

**斯卡皮青酱**

不仅古人很喜欢带有漂亮的颜色的酱汁，现代人也是如此。人们可以在酱汁中掺入水果、坚果、香料和香草，好让酱汁能带有红色、白色、黄色、黑色或绿色。绿色酱汁的颜色可能来自几种香草及蔬菜，如酸模、欧芹、罗勒和菠菜。从一份中世纪的食谱手稿中，我们知道当时有一种“很棒的酱料”是用欧芹、蜂蜜、醋和胡椒制作而成的①。以下是16世纪意大利名厨斯卡皮用种类丰富的香草所调制出的青酱：

“取欧芹、嫩菠菜叶、酸模、地榆、芝麻菜和少许薄荷，把它们剁碎并磨细，然后加入少许的面包。可以依照个人的爱好，掺入杏仁粒和榛果，不过，这会让酱汁的绿色变淡。再把盐和胡椒掺入细磨的酱汁中，并添入醋液让酱汁稀释一点儿。如果使用的配料都被磨得很细，酱汁就不需滤净了！”(Scappi 2010, Bd.2, Cap. 272)

即使过了一百年，我们还可以在17世纪法国名厨德拉凡所编写的经典食谱中，找到一种仿效斯卡皮青酱的酱汁。德拉凡的时代刚好是欧洲料理史的转折点。当时的欧洲人除了沿用面包做勾芡外，也开始使用面粉、蛋和鲜奶油这些食材，让汤汁或酱料出现浓稠的口感。当时所谓“现代”烹饪艺术催生了许多欧洲料理的酱汁配方，它们至今仍是欧洲美食的经典。以下所介绍的酱料就是很好的例子。

---

① Sammlung der Universitätsbibliothek Graz, Handschrift 1609 aus der 2. Hälfte des 15. Jh-dts., Rezept271. http://www-classic.uni-graz.at/ubwww/sosa/druckschriften/dergedeckteTisch/index.html[15.08.2011].（作者注）

### 搭配牛排的绿胡椒酱

四块200克牛排的淋酱：

100克　培根肉

3瓣　红葱头

50毫升　法国白兰地

100毫升　深色的肉汁或高汤（如果没有这类现成的汤汁，也可以用50毫升开水代替）

250克　法式酸奶油

1—2大匙　新鲜的绿胡椒

适量　橄榄油和盐

把培根肉切成小方块，红葱头去皮切片，将它们放入热锅内用少许的油爆炒，直到培根渗出油脂后，再淋上法国白兰地，继续加热至滚沸，然后倒入肉汁或高汤及法式酸奶油，搅拌均匀并加热至沸腾后，把炉火转小，使其小滚五分钟。随后离火，把酱汁滤入另一个锅内，再掺入绿胡椒粒及食盐便可。

### 搭配鱼肉的白胡椒酱

这种白胡椒酱只是把上面介绍的绿胡椒酱的配料稍作调整，它很适合淋在煎鱼料理上。

4 人份：

4 瓣 红葱头

50 毫升 法国苦艾酒

100 毫升 鱼汤（如果没有现成的鱼汤，也可以用 50 毫升开水代替）

250 克 法式酸奶油

3 大匙 白胡椒或黑胡椒（或两者混合）

适量 黄油、橄榄油和盐

把切好的红葱头和胡椒用黄油及橄榄油爆香后，淋上法国苦艾酒，并倒入鱼汤和法式酸奶油继续加热。待滚沸五分钟后，离火并滤除固态的辛香料，然后加盐调味即可。如果您想让这道淋酱更具辣味刺激，就不需在熄火后把辛香料滤净，反而还要再多加 1 大匙胡椒粒，并把酱汁倒入榨汁机内，把所有的辛香料打溶于酱汁中。

**搭配野味的胡椒辣酱**

6—8 人份煎烤野味的淋酱材料：

500 克 野味的肉块或骨头（如果能够取得）

适量 葵花籽油或玉米胚芽油

各 100 克 洋葱、胡萝卜和西芹根（切小丁）

各 1 枝 迷迭香和百里香

2 片 月桂叶

1 茶匙 面粉

少许 红酒醋

¼ 升 葡萄酒（红酒或白酒）

500 毫升 小牛酱汁（或牛肉汤）

4 颗 多香果粒

1 大匙 胡椒粒

1 大匙 糖煮蔓越莓

50 克 黄油

把葵花籽油或玉米胚芽油注入锅中加热，放入野味，用大火把肉块煎老一点儿，然后转小火，将肉块盛盘并倒出多余的油脂。把各种蔬菜和香草以中火入锅炒数分钟后，撒上面粉拌匀，再加入红酒醋和葡萄酒煮五分钟，忌烈火。随后倒入小牛酱汁（Kalbsjus，或以牛肉汤代替）和多香果粒继续煮三十分钟，等汤汁慢慢收浓后，加入胡椒粒和糖煮蔓越莓再煮十分钟，然后用滤网滤出固态物，并从中压出一些酱汁来。要上菜时，把酱汁加热，再放入凉硬的黄油刨片，用打蛋器搅拌，使其融化（无须再把酱料煮开），然后用盐调味，最后淋在一道煎烤野味上，即可享用。

## 各式蛋黄酱

自己动手做蛋黄酱，便可以按照自己的喜好和需求，使用各种不同的胡椒或辣椒调味。

基本配方所需要的食材（可做成约 400 毫升蛋黄酱）：

2 颗 非常新鲜的蛋黄

½ 茶匙 盐

1 茶匙 芥末

50 毫升 醋或柠檬汁

250 克 优质食用油（橄榄油、葵花籽油、菜籽油……）

适量 胡椒或辣椒（依照个人口味）

除了油和胡椒之外，把以上的配料全都放入碗中，用打蛋器或榨汁机充分混匀，再把油徐徐注入碗内，持续搅拌，便会凝结成浓稠的蛋黄酱。您还可以把打好的蛋黄酱依个人喜好添入酸奶油或酸奶，令口感更加细致。

**柠檬蛋黄酱**：把柠檬汁和橄榄油调入蛋黄酱中，再用柠檬胡椒调味。

**辣味蛋黄酱**：把一小瓣压碎的大蒜瓣、白酒醋和食用油混入蛋黄酱中，用量随自己的喜好，再加入辣椒末调味。

**荜澄茄蛋黄酱**：把柠檬汁和红花籽油（Distelöl）拌入蛋黄酱中，再撒上荜澄茄盐（先前打蛋黄酱时，不要放盐）。

**粉红蛋黄酱**：先把研碎的½茶匙塔斯马尼亚胡椒粉调入蛋黄酱中，再倒入意大利陈年白葡萄醋、200 毫升葵花籽油和 50 毫升夏威夷豆油（Macadamianussöl）。

**亚洲式蛋黄酱**：把柠檬汁、花生油和少许的姜泥拌入蛋黄酱中，再撒上一点儿花椒粉调味。

**粉红胡椒蛋黄酱**：把柠檬汁、葵花籽油和整颗粉红胡椒粒混入蛋黄酱中。

## 非西方地区的经典胡椒酱汁

### 印度胡椒汤汁

这种汤汁适合淋入米饭，也可以单独作为汤品。

最多可以供 4 人食用的汤量：

各 1 茶匙　小茴香和黑胡椒

1 茶匙　芥末粒

1 个　小豆蔻荚果

100 克　搓成碎末的椰果（尽可能使用新鲜货）

4 瓣　大蒜瓣

2大匙 罗望子汁或青柠汁

适量 油、水和盐

在锅里注入少许油加热，放入小茴香和芥末粒爆香，当它们开始在锅内跳动时，再把其他的香料和大蒜瓣倒入快炒，然后拌入椰果碎末，等到果肉呈金黄色时，便可以熄火。把锅内炒过的配料全用电动搅拌器或研钵捣成泥膏状，再混入罗望子汁或青柠汁调匀，或酌量调入开水。如果要做成汤类，就再加些开水，把酱汁稀释成浓度适当的汤汁。您还可以依照个人的口味，添入其他配料，最后再用食盐调味。如果您希望汤汁再辣一点儿，可以放入1条辣椒调味。

**中华料理的卤汁**

大部分肉类的卤味，如鸭肉、猪肚或鸡肉，都会先煎炒过，才放入卤汁内炖卤，卤过的肉块颜色会变深。此外，卤汁的烹调还有一个秘诀：加热次数越多，卤汁就越有滋味。

2升 鸡高汤

各150毫升 生抽和老抽

50毫升 米酒

2大匙 黄砂糖

2个 八角

2条 肉桂条

1茶匙 茴香籽

1茶匙 花椒

1茶匙 甘草（锉成碎屑）

各3片 姜和南姜

1大匙 陈皮

1条 红辣椒

把上述材料全部放入大锅内加热煮开，再把炉火转小，以小滚的状态至少熬煮一小时，然后用滤网把固态的配料滤除。如果您想用卤汁炖肉，请先把肉块用沸水汆过，再放入卤汁内炖煮，这样卤汁就不会变得混浊了。

**贡布胡椒酱汁**

贡布胡椒酱汁的制作，既简易又快速。这种酱汁适合腌泡生鱼肉（请参照361所介绍的“生鱼末塔塔配柬埔寨胡椒酱”），或是烧烤时涂抹在鱼类和肉类食材上。

烧烤4条鱼所需的分量：

3颗 青柠（榨汁）

1—2 大匙 棕榈糖

4 大匙 鱼露

4 大匙 新鲜的绿胡椒粒（或 2 大匙干燥的绿胡椒粒，浸水泡软）

请把以上所有的配料混匀。贡布胡椒酱汁的调制，就是这么简单！

# 甜点

## 塔斯马尼亚胡椒奶酪配红酒无花果

我自己有一阵子很喜欢美国记者奥尔尼斯[①] 在他的《简易法国料理》中所介绍的“红酒无花果”，这道水果甜点很美味，制作并不复杂，最适合与味道温和、质地光滑柔软的奶酪一起摆盘。把澳大利亚特产的塔斯马尼亚胡椒掺入优质的新鲜山羊奶酪中调味，能让这类奶酪出现浆果的香气和漂亮的颜色，这种染色并已调味的奶酪在视觉和嗅觉上都很适合搭配无花果。这道奶酪无花果甜点很适合与法式香料蛋糕一起摆盘（请参照323页所介绍的“法式水果干香料蛋糕”）或当成品尝红酒时的下酒点心。

①奥尔尼斯（Richard Olneys，1927—1999）在20世纪70年代所撰写的一系列介绍法国料理的书籍，至今仍是经典之作，不断被重印出版。（作者注）

16 颗  无花果

数枝  百里香

适量  红酒

1 大匙  蜂蜜

把无花果和百里香放入锅内，倒入红酒直到淹没它们。再用中火煮沸，直到红酒快要收干时，再混入 1 大匙蜂蜜并静置放凉。在收汁的过程中，搅拌二至三次。请仔细地密封保存，把蜜制过的无花果放入冰箱冷藏，可以存放数周。

1 人份：

2 大匙  新鲜的山羊奶酪

1—2 颗  塔斯马尼亚胡椒（细研或细剁）

1 茶匙（依照个人喜好）优质食用油（例如，夏威夷豆油，好让这道甜点能保有澳大利亚本土的特色[①]）

把以上的配料拌匀，并静置一会儿，让塔斯马尼亚胡椒的颜色能扩散开来。再把已调味好的山羊奶酪捏成小团状，与无花果一起摆盘，便可以上桌。

---

①夏威夷豆的原产地及最大生产地并不是夏威夷，而是南半球的澳大利亚。

## 柠檬奶酪配琴酒黑胡椒

4—6 人份：

1 千克 奶酪（脂肪含量 20%）

2 颗 柠檬（榨汁，柠檬皮磨泥）

2 颗 青柠（榨汁，青柠皮磨泥）

200 毫升 胡椒糖浆（请参照 342 页）

一小杯 上好的琴酒

2 颗 蛋黄

可依个人喜好再添加 1 茶匙黑胡椒粒（稍微烘烤过，再粗磨）

把以上所有配料混匀，可以按照个人喜好，多加一些柠檬汁、胡椒糖浆或琴酒。这是一道冷食，上桌前应冷藏，最后再饰以新鲜的薄荷叶和柠檬皮丝。

## 粉红胡椒鳄梨霜

这道甜品会把粉红胡椒和鳄梨组合在一起，源于我在巴西的童年经验。巴西出产一种粉红胡椒，而且我很喜欢吃巴西的鳄梨。我当时实在无法克制自己不吃这种水果，即使经验告诉我，只要吃上几大匙，就无法再吃下一顿正餐了。

这道配方中的粉红胡椒，是我自己加上去的。因为，它们看起来很漂亮，而且还能让味道醇厚的鳄梨霜吃起来有一种脆脆的口感。

4 人份：

2 颗　熟透的鳄梨

6 大匙　细砂糖

200 毫升　鲜奶油

1 颗　青柠（榨汁，皮刨丝）

1 大匙　粉红胡椒

把鳄梨去籽对切，将果肉放入大碗中用电动打蛋器搅打，再混入青柠汁和鲜奶油，继续把这些材料搅拌成质感非常光滑细腻的奶霜。然后把打好的鳄梨霜（Creme de abacate）分别倒入四个甜品碗或玻璃碗中，并放入粉红胡椒和青柠皮丝做装饰。最好先把鳄梨霜放入冰箱冷藏，等冰透后再享用会更加美味!

建议一：您也可以用白酒或意大利起泡白酒（Prosecco）代替鲜奶油，而且只要 125 毫升就够了！或许因为这些酒液的酸味，您还可以依照自己的喜好，少放一些青柠汁而多调入一点儿糖。

建议二：把鳄梨霜放入冷冻柜中冰冻，并且经常去搅拌它，鳄梨霜的质感就会变得很细腻。您可以单吃它，或是搭配热带水果沙拉。

**开心果冰激凌配粉红胡椒**

这是另一道使用粉红胡椒调味的甜点：开心果冰激凌吃起来味道香甜而质感柔滑，浓郁的口感则来自调入的开心果油。当然，您也可以在这个基底配方上依照个人的口味，把开心果油改为其他的油类，例如，榛果油、核桃油、杏仁油、夏威夷豆油或南瓜籽油。

4—6 人份：

80 克 砂糖

1 条 香草荚

3 颗 蛋（蛋黄与蛋白分开）

50—80 毫升 开心果油

200 毫升 鲜奶油

各 2 大匙 粉红胡椒和剁碎的开心果

把 2—3 汤匙水淋在锅中的砂糖上，并放入已切划开的香草荚，开中火煮沸，直到糖浆起泡沫。如果用叉子可以从糖浆里拔出细细的糖丝，就表示该糖液已煮到合适的状态。

把蛋黄（最好放入电动搅拌器中搅拌或用电动打蛋器打匀）打发至起泡状态后，徐徐注入温热糖浆，同时还要继续不断地搅拌，直到蛋黄液的温度稍微下降，这个搅打的过程需要五至十分钟。然后继续搅拌并缓慢地滴入开心果油，最后蛋黄液会呈现出白色而浓稠的状态。

把鲜奶油和蛋白分别打发成光滑松软状，并把它们混入刚刚打好的白色蛋黄液中，再掺入粉红胡椒和开心果，然后放入冰箱的冷冻柜内，至少冰冻四小时。这道开心果冰激凌配粉红胡椒非常适合与“意式开心果脆饼配粉红胡椒”（请参照 423 页）这种甜饼一起享用。

### 罗勒胡椒冰激凌

您可以把这道不常见的冰品和香甜成熟的草莓一起摆入玻璃碗中。

4—6 人份：

75 毫升 香槟或白酒

1 颗 柠檬（榨汁）

100 毫升 胡椒糖浆（请参照 342 页）

2 颗 鸡蛋（分离蛋黄和蛋白）

1 束 罗勒

125克 鲜奶油

把半量的罗勒叶放入滤网中，浇上滚烫的热水后，立刻放入冰水中冰镇（以保持青叶漂亮的鲜绿色），然后沥干。再将剩余的罗勒叶叠在一起，并卷成束状，然后一刀刀地横切，便能把罗勒叶切成长条状。把这两种罗勒叶摆好备用。

把香槟或白酒、柠檬汁、50毫升的胡椒糖浆和2个蛋黄放入小锅中混匀并加热，持续搅拌到滚沸后，立即熄火。之后再稍微搅拌一下，让蛋黄混合液浓稠却不至于凝结，再静置一旁，使其自然冷却至微温。把刚刚汆烫且冰镇过的罗勒叶用打蛋器搅成泥状，然后用网筛过滤。

把剩余的50毫升胡椒糖浆煮沸。搅打蛋白时，缓缓注入热胡椒糖浆，打至硬性发泡后，再继续打发，使形成质地细腻而坚实的蛋白霜。把鲜奶油打发成雪白的泡沫状（不要打到硬性发泡的程度），并拌入蛋白霜中，再调入浓稠的蛋黄混合液、罗勒泥以及切成长条的罗勒叶，最后放入冰箱的冷冻柜，至少冰冻四小时。

**水蜜桃玫瑰冰激凌配贡布红胡椒**

我有一位女性好友，名叫伊丽莎白，她的厨艺相当精湛，而且在意大利托斯卡纳地区拥有一座种满番茄、橄榄、香瓜、果树和香草植物的园子。当我的香料专卖店从柬埔寨订购的第一批贡布胡椒到货后，我便立刻寄给她几份贡布胡椒，让她品尝看看。她收到这些贡布胡椒产品后，特别喜爱红胡椒那种带有花香的诱人气味，因而研发出“水蜜桃玫瑰冰激凌配贡布红胡椒”。这道甜点确实把贡布红胡椒的气味发挥到极致，以下就是她充满诗意的美食配方：

6—8 人份：

6 朵 芳香而绽开的玫瑰花（最好能取用深红色玫瑰）

2 大匙 玫瑰甜酒

600 克 新鲜而成熟的水蜜桃黄色果肉

150 克 砂糖

½ 颗 柠檬鲜榨汁

100 克 液态鲜奶油

足足 1 茶匙 红胡椒粉（现磨）

把水蜜桃果肉和玫瑰花瓣一起放入锅中捣成泥状，并置于炉上。掺入砂糖后，以小火加热并持续搅拌，直到砂糖完全溶解后再熄火。这种甜味酱料不宜再次加热，以免破坏玫瑰花瓣里的芳香成分。将柠檬汁、鲜奶油、玫瑰甜酒和现磨的红胡椒粉调入含有果肉和花瓣的甜酱中。把混合好的材料放入制冰激凌机中，待冰激凌自动制作好后，便可以享用这道“水蜜桃玫瑰冰激凌配贡布红胡椒”了。伊丽莎白还颇为感慨地说，这道冰激凌甜点似乎证明，上帝确实存在!

**红胡椒渍泡水蜜桃**

当我第一次闻到贡布红胡椒的香气时，便立刻联想到“水蜜桃冰红茶”。今年鲜美的水蜜桃才刚上市，我便买了好几颗回家，把它们腌泡在玻璃密封罐中。当然，还掺入了贡布红胡椒粒!

2 个大玻璃密封罐的分量:

1 千克 鲜美而成熟的水蜜桃

1 升 开水

400 克 砂糖

100 毫升 水蜜桃甜酒

1 大匙 贡布红胡椒粒

将玻璃罐放入注水的大锅或大烤模中，再送进 80 摄氏度的烤箱内烘烤约二十分钟，事先为腌泡容器进行消毒杀菌。把水蜜桃全放入一个滤网中，淋上滚烫的开水后，再小心地剥除外皮，然后把果实去核对切。把水蜜桃块以切面朝下的方式，层层铺入大玻璃密封罐内，每铺好一层果块，就淋上甜酒并撒入一些红胡椒粒。将砂糖和水放入锅内煮开，并将滚沸的糖水淋在水蜜桃切块上，糖水的高度必须完全覆盖果肉。红胡椒渍泡水蜜桃很适合搭配冰激凌或单吃，如果打成泥状与意大利起泡白酒混调在一起，就成了水果起泡酒“贝里尼”（Bellini）！

**杧果布丁配百香果和绿胡椒**

这道冰凉甜食的制作既快速又简单，所有的美食爱好者都会喜欢。

8 人份：

800 毫升　杧果泥（印度的 Alphonso 杧果是最好的杧果品种，市面上可以买到它的杧果泥罐头）

400 毫升　椰奶

100 克　砂糖

50 毫升　开水

8 片　吉利丁片

8 颗　百香果

1 茶匙　绿胡椒

少许　柳橙汁

把吉利丁片放入冷水中泡软。在锅中放入砂糖和开水加热，砂糖溶解后，离火并拌入已泡软且沥干的吉利丁中。利用余温使吉利丁溶解，并调入杧果泥和椰奶，充分混匀后，再分别倒入8个玻璃杯内（忌全满），然后放入冰箱冷藏至少四小时。

要上桌前，再动手调制布丁的酱料：把绿胡椒磨成粗颗粒状，并混入百香果肉和少许的柳橙汁，充分搅拌均匀。最后，把调好的酱料倒在杧果布丁上抹匀便可。

**咸辣巧克力焦糖酱**

把这种“咸辣巧克力焦糖酱”淋在冰品或新鲜水果拼盘上，或用汤匙舀着吃，都很美味！

100克 砂糖
30毫升 温热的牛奶
100毫升 鲜奶油
40克 巧克力（压碎）
50克 加盐黄油
一撮 辣椒（磨泥）

把砂糖放入小锅内加热溶解使其焦化成金黄色，再把温热的牛奶徐徐注入锅内并拌入鲜奶油。等锅内的奶液煮沸后，离火并调入已压碎的巧克力块，继续搅拌使巧克力溶解，然后混入黄油和一撮辣椒泥。在上桌前，将调好的辣味巧克力酱静置于室温下便可。如果您想存放这种巧克力酱，就得使用冰箱冷藏。冰凉巧克力酱的质感会比较凝实，吃早餐时，将它涂在面包上，也很美味。把这种巧克力酱放在冰箱冷藏，至少可以储存一个星期。

**意式开心果脆饼配粉红胡椒**

您可以单吃意式开心果脆饼，也可以搭配乳制甜点、咖啡和甜烈酒，如果能配着甜味鳄梨霜（请参照 414 页所介绍的“粉红胡椒鳄梨霜”）一起吃，味道会更棒！以下要介绍的这种意式脆饼所使用的两种主要食材，即粉红胡椒和开心果，恰巧都是漆树科植物的果实。

约 45 块的分量：

60 克 于室温放软的黄油

250 克 细砂糖

2 颗 鸡蛋

1 颗 青柠（皮刨丝）

400 克 高筋面粉

1—2 茶匙 泡打粉

一撮 盐

150 克 未加盐的开心果粒

2—3 大匙 粉红胡椒

3 大匙 深色雪莉酒

把黄油、鸡蛋和细砂糖拌在一起，打至发泡。再混入青柠皮丝、盐、泡打粉、筛过的面粉、雪莉酒、粉红胡椒和开心果，并揉成面团。把面团分成三份，揉搓成长条状，放入已铺好烤盘纸的烤盘中，然后送进已预热至 200 摄氏度的烤箱内烘焙约二十分钟。烤完后，将烤盘取出，把还温热的长条脆饼斜切成片，厚度约 1 厘米。将切好的饼片平放在烤盘上，再放入烤箱烘烤五至十分钟，直到饼块酥脆并出现金黄的色泽为止。

**柠檬塔配绿胡椒**

您在制作这道甜点时，也可以使用带有果香的黑胡椒或红胡椒来代替绿胡椒，它们的味觉效果其实是一样的。

· 塔皮部分 ·

200 克 低筋面粉

50克 杏仁粒（极细研磨）

125克 黄油

1颗 蛋黄

1大匙 砂糖

一撮 盐

适量 冷开水（视需要添加）

把以上所有的材料混在一起，在调入略微冰凉的开水后，快速地把这些配料揉成一个光滑而柔软的面团。在一个撒上面粉的工作台上，把这块揉好的面团擀成一大块厚约3毫米的塔皮，再把它铺入一个内侧涂有黄油的塔模（直径约23厘米）里，然后放入冰箱冷藏。

·填料部分·

2颗 全蛋

3颗 蛋黄

150克 砂糖

100克 黄油（融化）

100克 法式酸奶油

2颗 柠檬（榨汁，皮刨丝）

1茶匙 绿胡椒粒（粗磨）

把上述的材料充分拌匀（不要搅打）后，倒入铺有塔皮的塔模内。把烤箱的上火和下火都预热至180摄氏度，将塔模放入烤箱下面第二层烘焙三十至四十分钟。请注意塔皮颜色的变化：塔皮颜色不宜烤得过深，当内馅凝结时，就表示整个塔饼已经制作完成了！

您也可以把柠檬塔覆上一层蛋白霜：把2个蛋白和100克砂糖打发至硬性发泡，再把这些坚实的蛋白霜平铺在已烤好的柠檬塔上，送入150摄氏度的烤箱内烘烤约十五分钟后，蛋白霜便会着上金黄的色泽。

**草莓塔配野胡椒巧克力酱**

8个小塔或1个大塔的分量：

·塔皮部分·

200克 低筋面粉

100克 黄油

1颗 蛋黄

1大匙 砂糖

一撮 盐

适量 冷开水（视需要添加）

把低筋面粉、砂糖、黄油和蛋黄混在一起，并充分搅匀，再调入一些冷开水，快速揉成面团后，放入冰箱冷藏一小时。将冰过的生塔皮擀成3毫米厚的面皮，揉成面团，然后再擀开，不断重复搓揉和擀面的过程，直到面团光滑而柔软为止。即使从冰箱取出面团时，里面的黄油还未融化，后来也会在持续揉压的过程中彻底融化。把揉好的生塔皮铺进内侧已涂好黄油并撒上面粉的塔模里，用叉子在底部戳洞，以避免烘烤时烤模底部的热气无法散出，造成塔皮隆起。最后把塔皮放入180摄氏度的烤箱内烘烤约二十分钟，便完成了。

·填入的巧克力酱·

100克 砂糖

4大匙 温热的牛奶

200毫升 鲜奶油

200克 烘焙用苦味巧克力砖（70%的可可含量）

1茶匙（满）马达加斯加野生胡椒

把砂糖加热至焦化，再徐徐注入温热的牛奶并拌入鲜奶油，等到奶液煮沸且砂糖完全融化后，便可以熄火，再把已敲成碎块的烘焙用巧克力砖调入（不宜过度搅拌！），用余温融化这些巧克力碎块。将胡椒粒放入另一个平底锅内加热烘烤，以增强其香气，再把它们磨成粗颗粒胡椒粉，然后掺入巧克力酱中。把调好的巧克力酱稍微放凉，再倒入塔皮里。当塔皮内的巧克力酱完全冷却时，便可以放上一颗颗鲜美的草莓，记得把草莓的尖尾朝上。上桌前，记得撒上一些剁碎的开心果和糖粉。若和覆盆子搭配着吃，也很美味！

**草莓胡椒大黄塔**

1 个大塔的分量：

· 塔皮部分（重量约 400 克）·

250 克　低筋面粉

150 克　黄油

1 颗　蛋黄

一撮　盐

少许　冷开水（视需要添加）

把低筋面粉和食盐倒在揉面的工作台上，将硬冷的黄油块切片，并撒入面粉中，快速混匀后，放入蛋黄和少许的冷开水，再把这些材料揉成面团。不宜搓揉面团过久，如果黄油片还未揉散也无妨，等到擀面时再压散即可。把面团放入冰箱冷藏一小时左右。从冰箱取出面团后，用擀面棍把它擀成 1 厘米厚的面皮，再揉成面团并重新擀开。不断重复这个揉面的步骤，直到面团变得柔软为止。最后再把面团擀成薄面皮，放入铺有烤盘纸的烤盘中。

150 克 砂糖

150 克 水

2 大匙 白胡椒

1 杯 草莓

750 克 大黄

约 50 克 黄油刨片

依照本书胡椒糖浆的配方（请参照 342 页），用水、砂糖和胡椒调出这种糖浆。在锅内留下半量的胡椒糖浆，倒入草莓煮开，维持小滚约五分钟，熄火后，再用打蛋器打成泥状，便是草莓胡椒糖浆。把大黄洗净，擦干并切成长条状。把塔皮涂上草莓胡椒糖浆，接着放入大黄切块，用纯胡椒糖浆涂抹大黄，并铺上一些黄油刨片，然后送入 200 摄氏度的烤箱烘焙约三十分钟。这道草莓胡椒大黄塔，不论温食还是冷食都很美味。它也很适合搭配冰激凌球（例如，罗勒胡椒冰激凌，请参照 417 页的介绍）或一种由法式酸奶油和柠檬汁混调的酱料。

**半流质巧克力蛋糕配贡布红胡椒**

这道蛋糕甜点除了使用贡布红胡椒外，如果改用马达加斯加野生胡椒，也很对味。如果您想做出经典的口感或是圣诞节庆的风味，还可以在黏稠的巧克力酱中，掺入少许多香果粉。

约 4 块圆形小蛋糕的分量：

125 克 烘焙用苦味巧克力砖（70% 的可可含量）

125 克 黄油

25 克 低筋面粉

60 克 砂糖

1 大匙 贡布红胡椒（压碎成极粗的颗粒，约是原来胡椒粒三分之一的大小）

3 颗 全蛋

2 颗 蛋黄

黄油和杏仁粒磨粉（涂抹并撒在烤模内侧）

把巧克力和黄油放入锅内，以小火加热，使其缓慢融化，然后熄火，静置放凉至适口的程度。再倒入其他的材料，充分搅拌成巧克力面糊。在 4 个小型陶制烤模的内壁涂上一层厚厚的黄油，并撒上杏仁粒磨成的粉末。把巧克力面糊倒入烤模中（忌满），并放入冰箱冷藏数小时，或冷冻一小时。将烤模从冰箱取出后，放进已预热至180摄氏度的烤箱内，并开启烤箱的风扇（启动旋风功能），使烤箱内的热空气能均匀流动，烘烤十二至十五分钟，当表皮的巧克力面糊变硬，蛋糕已膨胀至裂开时即可。您可以小心地把小蛋糕倒扣在盘内，或直接拿汤匙从陶制烤模中舀食这道巧克力甜点。如果您不想将巧克力蛋糕倒扣出来，就应该提早把圆形小烤模从烤箱中取出，因为，陶模的余温仍会对里面的蛋糕持续加热。

建议：请不要跟受邀的客人透露，摆在他们面前的是半流质巧克力蛋糕，就让他们以为是温热而好吃的巧克力布朗尼（Schokobrownies）。这样，当他们吃到蛋糕心时，才会有惊喜！

**翻转凤梨塔配马达加斯加野生胡椒**

把切好的水果块放入平底锅内已炼好的焦糖浆中熬煮，无论如何，都是一道好吃又快速的甜点。除了水果、砂糖、少许的黄油和一小杯烈酒外，并不需要其他的食材。只要以这道甜点做基底，您无须费力，便能制作出翻转水果塔。翻转苹果塔是翻转水果塔中的经典口味，不过，我在这里却要介绍一种不同的水果塔："翻转凤梨塔配马达加斯加野生胡椒"。此外，我还觉得，塔斯马尼亚胡椒的气味也很适合搭配这道翻转凤梨塔。

8 个小塔或 1 个大塔的分量：

·塔皮部分·

200 克 低筋面粉

100 克 黄油

1 大匙 砂糖

1 个 蛋黄

一撮 盐

适量 冷开水（视需要添加）

把低筋面粉、砂糖、盐、黄油和蛋黄充分混匀，再加入一些冷开水，然后快速揉成面团，放入冰箱冷藏一小时。

·填料部分·

1 个 成熟的凤梨

150 克 砂糖

75 克 黄油

约 62.5 毫升 朗姆酒或卡莎萨酒[①]

2 大匙 马达加斯加野生胡椒（压碎成极粗的颗粒）

4 大匙 椰粉

①卡莎萨酒（Cachaça），巴西国酒，是一种以当地盛产的甘蔗酿制而成的酒饮。

把烤箱预热至180摄氏度。将整颗凤梨削皮，并切除梗心，把果肉切为边长1厘米的小丁。然后再制作焦糖：把砂糖放入大平底锅内，用中火加热，使砂糖焦化。待砂糖完全融化后，再搅动它，然后拌入黄油并淋上酒液，等沸腾后，再放入凤梨丁拌匀，离火并加入胡椒。把塔模的内侧涂上黄油，再把调制好的凤梨丁铺入模内并撒上椰粉。

把冷藏过的面团擀成一张约3毫米厚的塔皮。如果面团中的黄油块还未融化，可以不断重复擀开和揉面的步骤，直到面团变得光滑柔软为止。把擀好的塔皮覆盖在凤梨丁上，并稍加按压，使塔皮贴紧果肉，再放入烤箱中层烘烤约二十五至三十分钟，直到塔皮酥脆为止。戴上烤箱专用手套，把烘焙好的凤梨塔自烤箱取出，快速地把热腾腾的凤梨塔倒扣在餐盘上。要小心，不要被烫到！倒扣的动作比较危险，不过却很值得。这道“翻转凤梨塔配马达加斯加野生胡椒”也可以和椰奶冰激凌搭配着吃。

# 烘焙品

用蜂蜜制作质感密实而厚重的烘焙品，特色在于面团不加入酵母粉发酵，而是入烤箱或烤炉烘烤前，先把面粉或蜂蜜放进锅中加热。这种含有香料和蜂蜜的烘焙配方，就跟香料酒一样，可以回溯至古希腊罗马时代。随着时代发展，欧洲各个地区也从古代蜂蜜糕饼（Honigkuchen）的原型中发展出许多具有地方特色的蜂蜜糕饼，例如，添有坚果、鸡蛋或后来从海外进口的巧克力等配料的糕饼。

胡椒糕饼（Pfefferkuchen）的名称是在中世纪才出现的。欧洲人在这个时期已经在烘焙品中添加了许多种类的香料，如丁香、肉桂、肉豆蔻和姜，反而很少使用胡椒。如果不考虑圣诞节传统的香料糕点，那么，如今只有少数几个欧洲国家的人民平时会制作并享用这种甜味的香料烘焙品。在蜂蜜同业公会（Zunft der Lebzelter）于 14 世纪中期成立之前，需要大量蜂蜜作为烘焙材料的德式姜饼在德语区主要是由修道院负责制作，修道院通常会把这种香料甜点发放给生病或斋戒禁食的人们，以增强他们的体力，或在圣诞节之前发给教区居民当成节庆应景的甜点。

下面我所介绍的香料烘焙食谱，可以供您在任何一个季节制作，无须拘泥于节庆。

**阿比修斯的蜂蜜胡椒糕饼**

以下是欧洲传统的蜂蜜胡椒饼最纯正的制作方法：

“把小麦面粉加入热水中煮熟，变成一锅质感非常密实的面糊，然后把面糊舀入烤盘中并铺开来，待冷却后，切成大小相同的面饼块，并用优质的食用油煎过。起锅后，淋上蜂蜜并撒上胡椒，便可以享用。如果能用牛奶代替水来烹煮面粉，蜂蜜胡椒饼就会更好吃。”（Maier 1991：115）

**“步兵糕饼”（Musketierbrot）**

250 克 蜂蜜

各 15 克 丁香、肉桂、姜、胡椒和芫荽（细磨）

2 个 肉豆蔻（细磨）

2 颗 柠檬（取皮，细剁）

约 180 克 面粉

“步兵糕饼”这种甜点曾记载于1688年在日耳曼地区出版的一本料理和医药手册中（Ein Koch- und Artzneybuch 1688：8），它的配料与做法近似德式姜饼：把蜂蜜倒入锅中，加热至起泡，然后熄火。等锅内的蜂蜜降至微温时，再加入香料和柠檬皮，并静置一些时候。加入180克左右的面粉，混成非常浓稠而柔软的面糊，并继续搅打（最好使用插有钩状头的电动搅拌器或电动打蛋器），直到面糊不再温热为止。把打好的面糊倒入铺有烤盘纸的烤盘中并抹平，面糊的厚度约3厘米。将烤盘送进预热好的烤箱上层第二层烘烤，上下火均为180摄氏度，直到饼皮着色为止。根据17世纪的烘焙食谱，这种蜂蜜甜饼应该入炉烤三至四小时，不过，按照我自己亲自制作的经验，我发现烘焙二十分钟便足够了；出炉后，把这种蜂蜜甜饼切成菱形块并放凉。

此外，建议大家大幅降低欧洲古食谱所推荐的香料用量——即使只取半量，香料的味道仍过于强烈。还有，香料遇上高温时，味道会变苦，因此不宜在蜂蜜尚热时调入香料。

### “修女之屁”（Nonnenfürze）

活跃于17世纪的日耳曼女性厨艺家雪尔哈茉（Maria Sophia Schellhammer，1647—1719）曾在1692年出版的食谱集中，写下了这道名称不雅的甜点的制作方法：

“把含有蜂蜜的德式姜饼磨碎，并与杏仁粒碎块、肉桂粉和胡椒混匀。把蜂蜜加热，再倒入已拌匀的姜饼粉末中，揉成一大坨馅团。另把面粉、砂糖、玫瑰露和蛋白混在一起，揉成面团后，再分成两份，并擀成两张薄面皮。从馅团中揉捏出一个个椭圆形的小馅料，把它们放在一张薄面皮上排列好，然后再用第二张薄面皮覆盖住这些排列有序的小馅料。用专切面皮的滚轮刀，把这一大块包有许多小颗馅料的夹心面皮，分切成一些含馅的小面点，然后把它们放入烤箱内烘焙。”（Schach-Raber 2009: 27）

300 克 磨碎的德式姜饼

200 克 杏仁粒（细磨）

150 克 蜂蜜

50 克 融化的黄油

1 茶匙 肉桂粉

½ 茶匙 胡椒（不宜过度细磨）

· 饼皮部分 ·

500 克 面粉

2 大匙 砂糖

½ 杯 玫瑰露

2颗 蛋白

这道甜点的制作方式就跟上面食谱的记载一样。由姜饼做成的馅料不宜过黏，请慢慢地把蜂蜜调入姜饼的碎块中，并揉成馅团。从其中捏出一个榛果大小的馅料，搓成小椭圆状，再放在一大张擀开的薄面皮上，馅料之间必须留下一定的间隔距离，然后再把第二张薄面皮覆盖在这些馅料的上面，这个过程就跟制作意大利水饺（Ravioli）一样。把馅料间隙上方的面皮往下轻压，让它与下面的面皮能接合在一起，再用专切面皮的滚轮刀，把这一大块包有许多馅料的夹心面皮，分切成一块块包含馅料的小面点。放入烤箱烘烤之前，应把这些做好的含馅面点静置一些时候（至少三小时或隔夜），让表皮变得干燥。最后放入160摄氏度的烤箱内烘烤，直到外皮着上淡黄色，口感酥脆为止。

**普拉托的棕色德式姜饼**

以下是19世纪奥地利女性美食家普拉托所编写的食谱集中，关于如何烘焙德式姜饼的内容：

“把1千克滚沸的蜂蜜倒入陶制锅盆内，再调入0.5千克细砂糖和1千克小麦面粉，将面团拌匀后，静置一夜。次日再掺入3颗或4颗鸡蛋，用力揉搓半小时。把10克碳酸钾盐

（Pottasche）溶入专治风湿的药酒（Franzbrantwein）内，再混入面团中，然后把 25 克剁碎而未去皮的杏仁粗颗粒、8 克小豆蔻粉、15 克肉桂粉、15 克丁香粉及少许的姜、肉豆蔻和白胡椒揉搓到面团里，揉面的过程持续半小时。把面团擀成手指厚的长方形面皮后，铺进内壁涂有猪油的烤盘内，并送进热烤炉内烘烤。烘焙完成后，取出烤盘，再把调煮好的糖膏抹在烤盘内的蜂蜜姜饼上。最后再把烤盘送进‘冷炉’（烘焙术语，即 90 摄氏度的烤炉）内低温烘烤，让糖膏干燥凝固。趁着烤盘的姜饼还温热时，把它分切成好几个长方块。”（Prato 1895: 526）

关于这道 19 世纪的糕饼食谱，我还有几点要做补充与说明：一、您现在可以不用碳酸钾盐，而改用食用苏打粉或酒石酸（Weinsteinsäure）来制作这种传统糕点。二、姜饼面团的烘焙时间为十五至二十分钟，烤箱的温度是 200 摄氏度。三、如果您有一架性能不错的电动搅拌器，不妨插上钩状头，把费力的揉面工作交给机器处理。四、姜饼上的那层糖膏的制作方法如下：把 150 克的砂糖和 40 克的水拌匀加热，糖膏沸腾后仍继续热煮，直到叉子放入能拔出粗韧的糖丝为止。

### 锡耶纳蜂蜜坚果酥饼

这道蜂蜜坚果酥饼是锡耶纳（Siena）传统的特色甜点，

早在中世纪时期，当地的基督教修士便会烘焙这道点心了！这种酥饼营养丰富，充满热量，吃起来很像西式早餐常吃的水果干燕麦棒。现在锡耶纳人不仅圣诞节必吃这种点心，更是整年都离不开它！

各 200 克 榛果和去皮的杏仁粒
400 克 用糖蜜制的柠檬皮（细剁）
100 克 低筋面粉
各 1 茶匙 肉桂、丁香、姜和小豆蔻
各 ½ 茶匙 肉豆蔻和黑胡椒
200 克 砂糖
200 克 蜂蜜
糖粉和少许的肉桂粉（最后撒于蛋糕上）

把榛果和去皮的杏仁粒放入已预热至 180 摄氏度的烤箱内，烘烤至表皮呈金黄色。再把烤箱的温度调至 150 摄氏度，并启动旋风功能，使烤箱内的热空气能均匀流动。把烘烤过的榛果用厨房餐巾搓揉去壳，再跟杏仁粒一起剁成粗颗粒，然后放入大碗中，和水果干、香料及低筋面粉混匀。把糖和蜂蜜放入大锅子中搅拌，并加热至沸腾，再把刚刚混匀的坚果、香料和面粉等混合物倒入拌匀。然后将长方形烤模铺上烤盘纸，把调好的面糊倒入其中并抹平。放入烤箱烘烤约半小时，再让酥饼条静置于烤模内十分钟，然后把脱模的酥饼条放在烤箱配附的冷却铁架上。待酥饼条完全放凉后，再切成长方形饼块（约 10 厘米 ×3 厘米），最后撒上少许糖粉和肉桂粉便可。

**法式第戎香料蛋糕**

法式香料蛋糕大多是用黑麦面粉、蜂蜜和香料烘焙而成的。它有类似面包的紧实质感，适合当作早餐，点心时间也可以拿它来搭配茶饮或可可，此外，喝葡萄酒或品尝奶酪和鹅肝酱时，也很适合配着吃。

250 克 蜂蜜

200 毫升 牛奶

250 克 黑麦面粉

1½ 大匙 泡打粉

各 ½ 茶匙 肉桂、姜、大茴香和丁香

各 ¼ 茶匙 黑胡椒和肉豆蔻

适量 柳橙皮（细磨）

一撮 盐

把蜂蜜和牛奶放入一个大锅中加热（不宜煮沸！）。将泡打粉和面粉混匀后，筛入温热的蜂蜜牛奶中，并搅成浓稠的面糊。再把其他的配料调入面糊中拌匀，然后倒入已涂上黄油的长方形烤模中。烤模在已预热的烤箱内烘焙二十分钟后取出，覆盖上锡箔纸或烤盘纸，再送入烤箱继续烘烤三十分钟。自烤箱取出香料蛋糕后，把香料蛋糕留在烤模内十五分钟，然后再从烤模中取出，放在烤箱所配附的铁架上放凉。

## 饮料

### 胡椒薄荷莫吉托[①]

2 杯的分量：

10 片 薄荷叶

6 大匙 胡椒糖浆（请参照 342 页）

1 颗 青柠（榨汁）

60 毫升 无色朗姆酒

适量 气泡水

适量 碎冰块

把薄荷叶和胡椒糖浆等量放入两个玻璃杯中，用调棒把杯内的薄荷叶捣碎。倒入青柠汁，并用碎冰块装满玻璃杯，

---

①莫吉托（Mojito）是著名的古巴国饮，它有许多不同的配方，不过，都以朗姆酒、薄荷叶和柠檬汁为基底材料。

再先后倒入朗姆酒和气泡水。最后用调棒搅拌均匀后，放上一片薄荷叶做装饰即可。

**红胡椒水蜜桃代基里**[①]

2 杯的分量：

4 个　渍泡的水蜜桃（对半切块，请参照 420 页所介绍的“红胡椒渍泡水蜜桃”）

2 个　贡布红胡椒粒

2 大匙　渍泡糖汁（与水蜜桃取自同一个玻璃密封罐）

½ 颗　青柠（榨汁）

100 毫升　无色朗姆酒

20 毫升　水蜜桃甜酒

适量　碎冰块

把两个玻璃杯装满方冰块或碎冰块，再把所有的材料用电动搅拌器打匀，等量倒入杯内后，搅拌一下，便可上桌。

**辛辣玛格丽特**

2 杯的分量：

①代基里（Daiquiri）这种鸡尾酒流行于古巴，主要由柠檬汁、朗姆酒和甜酒调制而成。

6 颗 鲜美的草莓

6 大匙 胡椒糖浆（请参照 342 页）

½ 颗 青柠（榨汁）

100 毫升 龙舌兰酒

适量 碎冰块

把草莓切块，并放入胡椒糖浆内浸泡，使其入味。把两个玻璃酒杯装满方冰块或碎冰块，再把所有的材料用电动搅拌器打匀，等量倒入杯内后，再搅拌一下便可。

**东方的惊奇**

2 杯的分量：

100 毫升 琴酒

20 毫升 橘皮甜酒（Triple sec）或柳橙甜酒

一块 姜（拇指长，细磨再压汁）

150 毫升 柳橙汁

少许 青柠汁

1 茶匙 蜂蜜

两撮 花椒粉（细磨）

2 个 八角（整颗）

适量 方冰块

把除了花椒粉和八角以外的所有配料放入装有方冰块的雪克杯（Shaker）内，使劲摇晃杯身，让材料充分混匀并迅速降温。然后将摇好的鸡尾酒连同冰块一起倒入冷藏过的酒杯中，每杯各放入1颗八角，再撒上一撮花椒粉，便可以享用。

**血腥玛丽（经典版）**

2杯的分量：

80毫升 伏特加

160毫升 番茄汁

各1或2滴 柠檬汁和辣酱油（Worcestershire Sauce）

数滴 塔巴斯科辣酱（Tabasco）

适量 芹菜盐

（或“阿比修斯万用香料盐”，请参照325页）

适量 黑胡椒粉（细磨）

适量 西芹条（装饰用）

适量 方冰块

把除黑胡椒粉以外的所有配料和方冰块放入雪克杯内，用力甩动杯身以调和并急速冷却杯内的材料。然后拔开杯盖而留下有孔洞的中盖，当调好的血腥玛丽被倒入酒杯内时，中盖会把尚未融化的冰块留在雪克杯内。再撒上黑胡椒粉，并把已削皮的西芹条放入玻璃酒杯内做装饰。

## 土巴咖啡

土巴咖啡是西非塞内加尔特有的咖啡饮品。依照当地传统的冲泡方式，需先将两把生咖啡豆和一把塞利姆胡椒放入平底锅内用烈火烘烤，直到它们的颜色变深后再离火，然后倒入研磨机内，磨成细粉。您可以利用炒、磨配料的时间，把 2 升左右的水煮开。把这种混合式咖啡粉放入滤纸或布质滤袋中，并冲入滚烫的开水。再把冲泡好的黑咖啡置于炉上加热，不过，不要达到沸腾。用咖啡杯或汤勺舀起黑咖啡，再从汤锅上方的高处把热咖啡浇下，不断重复这个动作，直到锅内的黑咖啡表面出现一层泡沫为止。饮用时，再加入几茶匙砂糖调味即可。

如果您手边没有塞利姆胡椒的话，也可以使用荜拨代替。一杯滤泡式咖啡或意式浓缩咖啡用一条荜拨便足够了！先把荜拨磨成细粉末，与咖啡粉混匀后，再用沸水冲泡即可。

## 印度香料奶茶

泡制印度香料奶茶就跟调配印度什香粉一样，每位调制者都拥有一定的自由发挥空间。使用的香料可以粗磨，也可以细研，可以跟茶叶一起热煮，也可以分别把这两种主要的配料煮好后，再行混合。由于香料茶的味道强烈，因此需要添加牛奶和许多砂糖，才会有圆润的口感。香料奶茶在印度半岛就像一种提神饮料。印度州际公路沿途所有的休息站内，整天都有一个铁壶在炉火上专门煮着香料奶茶。商家会不断地往沸腾的奶茶中添加水、茶叶、香料以及从水牛身上挤下的鲜奶。时间越晚，奶茶就越香浓，这种热饮可以给那些长途司机提神，并让他们有勇气在黑夜中行驶（虽然他们有时会过于勇猛！）。

调制这种奶茶该采用哪些香料，全凭自己的喜好。不过，香料的用量应有所节制，如果味道过强，这道奶茶会只有香料的味道。以下的配方与用量可以供您参考：

1条 肉桂条

1条 荜拨

½茶匙 黑胡椒

2颗 丁香

3个 小豆蔻荚果

½茶匙 甘草

½茶匙 茴香

把以上所有配料碾碎（不要过度细磨），并混合均匀。冲调的方法如下：把1大匙红茶茶叶、1茶匙混合香料粉和1升水一起放入锅内加热并煮沸。然后熄火并盖上锅盖，让茶叶和粗颗粒的混合香料粉继续在已煮开的热水中浸泡十分钟。最后再依照个人的口味调入温热的牛奶和砂糖。

**热巧克力**

最早的巧克力饮料源自古代的中美洲：玛雅文化和阿兹特克帝国的人民都使用辛香料调制巧克力饮品，这种不掺糖的热巧克力，比起我们现在喝的甜巧克力热饮，少了些甘甜的口感。这些可可原产地的人民在冲泡巧克力饮料时，除了使用可可粉、水和各种不同的香料外，还会添加玉米粉勾芡，使饮品带有一种浓稠滑润的质感。以下的配方是我个人根据一般的口味对中美洲传统可可饮料所做的修改，它的卡路里含量不低，可以当成正餐之间的点心。

1大杯的分量：

2大匙 深色可可粉

1大匙 黄砂糖

½茶匙 玉米粉

¼条 香草荚（捣泥）

2颗 多香果（细磨）

一撮 辣椒粉

10 克 深色巧克力块

400 毫升 牛奶

把可可粉、黄砂糖、玉米粉和所有的调味品放入小锅中，并倒入少许微冷的牛奶拌匀。然后调入剩余的牛奶，一边加热，一边用打蛋器搅拌，直到煮沸后便可以熄火。最后再把巧克力块放入融化，并趁热享用。

# 附录：香料与香草的中文、英文和德文名称一览表

| 拼音顺序 | 中文名称 | 英文名称 | 德文名称 |
|---|---|---|---|
| A | 奥勒冈叶 | Oregano | Oregano |
| B | 八角 | Star Anise | Sternanis |
| | 荜澄茄 | Cubeb Pepper | Kubebenpfeffer |
| C | 刺红花 | Safflower | Saflorblüte |
| D | 大黄 | Rhubarb | Rhabarber |
| | 大茴香 | Anise | Anis |
| | 地榆 | Great burnet | Pimpinelle |
| | 丁香 | Cloves | Nelke |
| | 豆蔻皮 | Mace | Muskatblüte |
| | 多香果 | Allspice | Piment |
| F | 番红花 | Saffron | Safran |
| | 防风草 | Parsnip | Pastinaken |
| | 粉红胡椒 | Pink Pepper | Rosa Pfeffer |
| | 佛手柑 | Bergamot | Bergamotte |
| G | 葛缕子 | Caraway seeds | Kümmel |
| | 桂皮 | Cinnamon Bark | Cassiarinde |
| | 甘草 | Liquorice | Lakritze |
| | 甘牛至 | Marjoram | Majoran |
| | 甘松 | Spikenard | Narde |

| | | | |
|---|---|---|---|
| H | 红葱头 | Shallot | Schalotten |
| | 红醋栗 | Red currant | Johannisbeer |
| | 胡椒 | Pepper | Pfeffer |
| | 胡荽籽 | Coriander Seed | Koriandersamen |
| | 茴香 | Fennel | Fenchel |
| J | 姜黄 | Turmeric | Kurkuma |
| | 芥末籽 | Mustard Seed | Senfsamen |
| L | 罗勒 | Basil | Basilikum |
| | 罗望子 | Tamarind | Tamarinde |
| K | 宽叶独行菜 | Pepperweed | Pfefferkraut |
| | 块根芹 | Celeriac | Knollensellerie |
| M | 没药 | Myrrh | Myrrhe |
| | 迷迭香 | Rosemary | Rosmarin |
| N | 南姜 | Galangal | Galgant |
| | 柠檬百里香 | Lemon thyme | Zitronenthymian |
| | 柠檬草 | Lemon Grass | Zitronengras |
| O | 欧芹 | Parsley | Petersilie |
| | 欧洲刺柏 | Juniper tree | Wacholderbaum |
| | 欧洲当归 | Lovage | Liebstöckel |
| Q | 青柠 | Lime | Limette |
| R | 肉豆蔻 | Nutmeg | Muskat |
| | 肉桂 | Cinnamon | Zimt |

| | | | |
|---|---|---|---|
| | 肉桂花 | Cinnamon flowers | Zimtblüte |
| | 乳香 | Mastix | Mastix |
| S | 塞利姆胡椒 | Selim Pepper | Selimpfeffer |
| | 僧侣胡椒 | Monk’s Pepper | Mönchspfeffer |
| | 四季豆 | Runner bean | Stangenbohne |
| | 酸模 | Sorrel | Sauerampfer |
| | 山萝卜 | Chervil | Kerbel |
| | 石栗 | Germ nuts | Kemirinüsse |
| | 莳萝 | Dill | Dill |
| | 鼠尾草 | Sage | Salbei |
| | 水蓼 | Water Pepper | Wasserpfeffer |
| T | 泰国九层塔 | Thai basil | Thai Basilikum |
| X | 细香葱 | Chives | Schnittlauch |
| | 香芹籽 | Celery Seed | Selleriesamen |
| | 香桃木 | Myrtle | Myrte |
| | 小豆蔻 | Cardamom | Kardamom |
| | 小茴香 | Cumin | Kreuzkümmel |
| | 荨麻籽 | Nettle seed | Nesselsamen |
| Y | 洋耆草 | Yarrow | Schafgarbe |
| | 茵陈蒿 | Tarragon | Estragon |
| | 芫花 | Daphne | Seidelbast |
| | 芫荽 | Coriander | Koriander |

| | | | |
|---|---|---|---|
| | 圆帽辣椒 | Scotch Bonnet | Scotch Bonnet |
| | 月桂 | laurel | Baybaum |
| | 芸香 | Rue | Raute |
| Z | 芝麻菜 | Arugula | Rucola |

# 参考文献

1. Arnot, Stanford (Hrsg.): Indian Cookery as practiced and described by the natives of the East. London 1831
2. Barth, Dr. Heinrich, zit. nach Petermann, August: Neuere Nachrichten über die afrikanischen Reisenden Dr. Barth und Dr. Vogel. In:Niebour, F. (Verl.): Hamburger Literarische und Kritische Blätter, Bd. 30, Harnburg 1854
3. Beck, Charlotte et al. (Hrsg.): Pfefferland- Geschichten aus der Welt der Gewürze. Wuppertal 2003
4. Die Bibel. Einheitsübersetzung. Stuttgart 2006 (11. Auflage)
5. Blum, Carsten: Analytik und Sensorik von Gewürzextrakten und Gewürzölen. Dissertation, Hamburg 1999
6. Boileau-Despréaux, Nicolas: Oeuvres completes de Despréaux. Tome 1, Paris 1825
7. Brillat-Savarin, Jean Anthèlme: La Physiologie du Goût ou

Meditation de Gastronomie Transcendante. Brüssel 1947

8. Caldicott, Chris & Carolyn: The Spice Routes. Chronicles and recipes from around the world. London 2001

9. Carême, Marie Antoine: L'Art de Ia cuisine française au dix-neuvième siècle. 0.0. 2008

10. Chaucer, Geoffrey: Canterbury Geschichten, übersetzt in den Versmaßen der Urschrift und durch Einleitung und Anmerkungen erläutert von Wilhelm Herzberg. Hildburghausen 1866

11. Chevallier, M. A., Dictionnaire des altérations et falsifications des substances alimentaires médicamenteuses et commerciales avec l'indication des moyens de les reconnoitre (2 Bände). Paris 1857

12. Civitello, Linda: Cuisine and Culture: A History of Food and People. Hoboken, N.J. 2011

13. Coe, Sophie D.: America's first cuisines. London 1994

14. Collingham, Llzzie: Curry- A tale of cooks and conquerors. New York 2006

15. Cantente Domingues, Francisco: A Carreira da India. Lisboa 1989

16. Czarra, Fred: Spices. A Global History. London 2009

17. da Orta, Garcia: Colloquies on the Simples & Drugs of India. Nach der neuen Auflage von Conde de Ficalho (Hrsg.). Lissabon 1895, London 1913

18. Dierbach, Dr. J. H.: Die Arzneimttel des Hippokrates, oder Versuch einer systematischen Aufzählung der in allen hippokratischen Schriften vorkommenden Medikamente. Heidelberg 1824

19. Dikshit, Anupam; Naqvi, Ali A.; Husain, Akhtar: Schinus Molle: A new Source of Natural Fungitoxicant. In: Applied and Environmental Microbiology, Vol. 51, No.5, American Society for Microbiology

20. Ein Koch-und Arzneybuch. Gedruckt zu Grätz/ Bey denen Widmannstetterischen Erben, 1688

21. Fansa, Mamoun; Katzer, Gernot; Fansa, Jonas (Hrsg.): Chili, Teufelsdreck und Safran. Zur Kulturgeschichte der Gewürze. Oldenburg 2009 (2. Auflage)

22. Fischart, Johann; Rabelais, François: Affentheurlich Naupengeheurliche Geschichtklitterung. 1594, Bestand der Bayrischen Nationalbibliothek

23. Freedman, Paul (Hrsg.): Food: The History of Taste. London 2007

24. Freedman, Paul: Out of The East- Spices and the Mediaval Imagination. New Haven & London 2008

25. Fryde, Natalie: Ein mittelalterlicher deutscher Großunternehmer: Terricus Teutonius de Cologna in England, 1217-1247. Stuttgart 1997

26. Fuchs (Hrsg.): Oeuvres Complètes de Pierre Poivre. Librairie a Paris 1797

27. Gayet, Mireille: Grand traité des épices. Paris 2010

28. Giertz, Gernot (Hrsg.): Vasco da Gama. Die Entdeckung des Seewegs nach Indien. Lenningen 1990

29. Glachant, Roger: Histoire de L'Inde des Français. Paris 1965

30. Göock, Roland: Das Buch der Gewürze. Hamburg 1965

31. Guha, P.: Betel Leaf: The Neglected Green Gold of lndia. In: Journal of Human Ecology, 19(2), Kamla-Raj 2006

32. Haebler, Konrad: Die überseeischen Unternehmungen der Weiser und ihrer Gesellschafter. Leipzig 1903

33. Hansi, Helga: Zum Beispiel Gewürze. Göttingen 1997

34. Happel, Eberhard Werner: Mundus Mirabilis Tripartitus oder Wunderbare Weit in einer kurtzen Cosmographia fürgestellet Ulm 1687

35. Heather, Peter: Der Untergang des römischen Weltreiches.

Stuttgart 2007

36. Henze, Dietmar: Enzyklopädie der Entdecker und Erforscher der Erde. Graz 1979
37. Heyd, Wilhelm: Geschichte des Levantehandels im Mittelalter. Stuttgart 1879
38. Histoire Philisophique et Politique des établissemens & du commerce des Européens dans les deux Indes. La Haye 1774
39. Holland, Ingo: Gewürze. Wiesbaden 2006
40. Hornsey, Ian S.: A history of beer and brewing. London 2003
41. Hümmerich, Franz: Die erste deutsche Handelsfahrt nach Indien 1505/06. Ein Unternehmen der Welser, Fugger und anderer Augsburger sowie Nürnberger Häuser. München und Berlin 1922
42. Ibn Battuta: Die Wunder des Morgenlandes. Reisen durch Afrika und Asien (Übersetzung von Ralf Elger). München 2010
43. Isidore of Seville: »Etymologiae« book 17, in: »Isidorus Hispalensis Etymologiae 17«. Paris 1981
44. Karsten, Arne; Mischer, Olaf: Die Geschichte Venedigs. Geoepoche Nr. 28, November 2007
45. Katzer, Gernot: Scharfstoffe in Gewürzen. In: Fansa,

Mamoun; Katzer, Gernot; Fansa, Jonas (Hrsg.): Chili, Teufelsdreck und Safran. Zur Kulturgeschichte der Gewürze. Oldenburg 2009 (2. Auflage)

46. Katzer, Gernot; Fansa, Jonas: Picantissimo. Das Gewürzhandbuch. Göttingen 2007

47. Külb, Dr. Ph. H. (Hrsg.): Cajus Plinius Secundus, Naturgeschichte übersetzt und erläutert von Dr. Ph. H. Külb. Stuttgart 1840

48. Küster, Hansjörg: Kleine Kulturgeschichte der Gewürze. Ein Lexikon von Anis bis Zimt. München 2003 (2. Auflage)

49. Kumar, Nikhil: Betelvine (piper betle L.) Cultivation: a unique case of plant establishment under anthropogenically regulated microclimactic conditions. In: Indian Journal of History of Science, 34 (I), 1999

50. La cuisinière bourgeoise, suivi de l'office. Brüssel 1767 (neue Auflage)

51. Le Viandier de Guillaume Tirel dit Taillevent, Manuskripte der Französischen Nationalbibliothek, der Bibliothek Mazarine und der Archive von La Mancha. Hrsg. v. Jerôme Pichon und Georges Vicaire (Nachdruck). Genf 1967

52. Maier, Robert (Hrsg.): Das römische Kochbuch des Apicius. Vollständige zweisprachige Ausgabe. Stuttgart 1991

53. Mathew, Sam P.; Mohandas, A.; Nair, G. M.: Piper sarmentosum Rxb.- an addition to the flora of the Andaman lslands. In: Current Science, Vol. 87, No.2, Juli 2004, Indian Academy of Sciences, Bangalore

54. Mayer, Johnnnes Gottfried; Goehl, Konrad (Hrsg.): Kräuterbucll der Kloslermedizin. Leipzig 2003

55. Meier, Karl Ernst (Meier-Lemgo, Karl): Engelbert Kämpfer, der erste deutsche Forschungsreisende 1651-1716. Stuttgart 1937

56. Miller, Innes J.: The Spice Trade of the Roman Empire, 29 B. C.-A.D. 641. Oxford, 1969

57. Millon, Giles: Nathaniel's Nutmeg. London 1999

58. Mohn, Manuela: Gewürze. Geschichte, Handel, Küche. Stuttgart 2001

59. Monier-Williams, Sir M.: Sanskrit English Dictionary. New Delhi 1994 (neue erweiterte Auflage)

60. Müller, F. Max; Bloomfield, Maurice: Hymns of the Atharva-Veda: The Sacred Books of the East Part Fourty- Two (Raprint). Whrtefish 2004

61. Müller, Friedrich: Wo der Pfeffer wächst; Gewürze und Genüsse aus heißen Ländern. München 1981

62. Nagel, .Jürgen G.: Abenteuer Fernhandel- Die Ostindienkompanien. Darmstadt 2007

63. Neef, Reinder; Cappers, René T. J.: Ausgegrabene Gewürze. Archäologische Nachweise von Gewürzen aus dem Orient. In: Fansa, Mamoun; Katzer, Gernot; Fansa, Jonas (Hrsg.): Chili, Teufelsdreck und Safran. Zur Kulturgeschichte der Gewürze. Oldenburg 2009 (2. Auflage)

64. Neuhof, Johan: Die Gesandtschaft d. Oost lndischen Compagney an den Grossen tartarischen Cham. 0.0. 1669

65. Patai, Raphael: The Jewish Alchemists. A History and Sourcebook. Princeton, NJ 1994

66. Pegge, Samuel: The Forme of Cury. A Roll of Ancient English Cookery Compiled. 0.0. 2008 (Neuauflage)

67. Pemsel, Helmut: Weltgeschichte der Seefahrt. Wien 2001

68. Plinius Naturgeschichte, Erster Band, übersetzt von Johann Daniel Denso. Rostock und Greifswald 1764

69. Plinius Naturgeschichte, Zweyler Band, übersetzt von Johann Daniel Denso. Rostock und Greifswald 1765

70. Prato, Katharina: Die Süddeutsche Küche. Graz 1895 (24. Auflage)

71. Rabinowitz, Louis lsaac Jewish Merchant Adventurers: A

study of the Radanites. London 1948

72. Requena, Alberto: En Clave Mediterránea. Cartagena 2008

73. Rock, Wilhelm: Nahrungs-und Genussmittellehre zum Gebrauche an Koch-und Haushaltungsschulen. Wien 1911

74. Scappi, Bartolomeo: Opera. UK 2010 (Reprint)

75. Schach-Raber, Dr. Ursula (Hrsg.): Historische Kochrezepte von A-Z. Aus den Beständen der Universitätsbibliothek Salzburg ,zusammengestellt von Mag. Beatrix Koll. Salzburg 2009

76. Schivelbusch, Wolfgang: Das Paradies, der Geschmack und die Vernunft. Frankfurt am Main 2010 (7. Auflage)

77. Schmidt, Eberhard (Hrsg.): Die großen Entdeckungen-Dokumente zur Geschichte der europäischen Expansion. Band 2. München 1984

78. Schwarzens, Georg Bernhardt: Reise in Ost-Indien. Heilbronn 1751 (Privatbesitz)

79. Scully, Terence: The Art of Cookery in the Middle Ages. Woodbridge 1995

80. Scully, Terence (Übersetzung & Kommentar): The Opera of Bartolomeo Scappi (1570). Toronto 2008

81. Seidemann, Johannes: World Spiee Plants and Plant Spice:

Economic Usage, Botany, Taxonomy. Berlin, Heidelberg 2005

82. Siges, Thomas H. et al.: The Invasive Shrub piper aduncum and Rural Livelihoods in the Finschhafen Area of Papua New Guinea. In:Human Ecology, Vol. 33, No. 6, Dezember 2005

83. Sprenger, Balthasar: die Merfart unn erfarung nüwer Schiffung und Wege zuo viln onerkanten Inseln und Künigreichen/von dem großmechtigen Portugalischen Kunig Emanuel Erforscht/ funden/bestritten unnd lngenommen. Gedruckt Anno MDIX (1509)

84. Storbeck, Olaf: Globalisierung, Anno 1503. Handelsblatt vom 13.03.2006

85. Swahn, J. 0.: The Lore of Spices. Their history, nature and uses around the world. New York 1997

86. Tavernier, Jean-Baptiste: Les six Voyages de Monsieur Jean-Baptiste Tavernier, Ecuyer Baron d'Aubonne qu'il a fait en Turquie, en Perse et aux Indes, Tome V. Gervais Clouziers et Claude Barbin, Paris MDCLXXVl (1576)

87. Teuteberg, Hans Jürgen: Gewürze, in: Hengartner, Thomas; Merki, Christoph Maria (Hrsg.): Genussmittel. Ein kulturgeschichtliches Handbuch. Frankfurt 1999

88. The Economist, Historical Archive 1843 to 2006. A taste

of adventure. The history of spices is the history of trade, Dec.17th 1998 KERALA, INDIA, AND THE MOLUKKA ISLANDS, INDONESIA(print edition)

89. Theophrasts Naturgeschichte der Gewächse, übersetzt und erläutert von K. Sprengel. Altona 1822

90. Thüry, Günther E.; Walter, Johannes: Condimenta. Gewürzpflanzen in Koch-und Backrezepten aus der römischen Antike. Herausgegeben von Michael Kiehn, Institut für Botanik und Botanischer Garten der Unviersität Wien, Herrsching 2001 (4. Auflage)

91. Tomber, Roberta: Indo-Roman trade: from pots to pepper. London 2008

92. Trebeljahr, Moritz: Pêro da Covilhas Indien- und Äthiopienreise und die Expansionspolitik Johannes II. von Portugal. Magisterarbeit an der Albert-Ludwigs-Universität, Freiburg im Breisgau 2003

93. Turner, Jack: Spices. The History of a Temptation. New York 2005

94. Uffenbach, Peter: Kreuterbuch deß uralten und in aller Welt berühmtesten Griechischen Scribenten Pedacii Dioscorides Anazarbaei, (...).Frankfurt am Main 1610

95. Valéry, Marie-Françoise: Les Épices. Paris 1998

96. van Mökern, Philipp: Ostindien, seine Geschichte, Cultur und seine Bewohner. Resultate eigener Forschungen und Beobachtungen an Ort und Stelle (2 Bände). Leipzig 1857.

97. Vaupel, Elisabeth: Gewürze. Acht kulturhistorische Porträts. Deutsches Museum 2002

98. Vives, Gérard: Poivres. Rodez 2010

99. Voltaire: Essaie sur les moeurs et l'esprit des nations. Geneve 1756

100. Wendt, Reinhard: Vom Kolonialismus zur Globalisierung-Europa und die Welt seit 1500. Paderborn 2007

101. Weth, Georg A.: »Ick will wat Feinet« - Das Marlene Dietrich Kochbuch. Berlin :2001

102. Wichmann, Siegtried (Hrsg.): Spitzwegs Leibgerichte- Die Kochrezepte des weiland Apothekers und Malerpoeten. 0.0. 1979

103. Wiethold, Julian: Exotische Gewürze aus archäologischen Ausgrabungen als Quellen zur mittelalterlichen und frühneuzeitlichen Ernährungsgeschichte. In: Fansa, Mamoun; Katzer, Gernot; Fansa, Jonas (Hrsg.): Chili, Teufelsdreck und Safran. Zur Kulturgeschichte der Gewiirze. Oldenburg 2009

(2. Auflage)

104. Wilkinson, Endymion: Chinese History- A Manual. Harvard 2000

105. Wintergerst, Martin: Reisen auf dem Mittelländischen Meere, der Nordsee, nach Ceylon und nach Java 1688-1710. Neu herausgegeben nach der zu Memmingen im Verlag von Johann Wilhelm Müller im Jahre 1712 erschienen Original-Ausgabe. Haag 1932

106. Wolfram, Herwig: Die Goten. Von den Anfängen bis zur Mitte des sechsten Jahrhunderts. München 2001 (4. Auflage)

107. Zäck, Rudolf: Die neuzeitliche Küche von Küchenmeister Rudolf Zäck. Konstanz 1935

# 网络资料

## 关于历史、时事与经济

1. A Taste of Adventure. History and Importance of the Spice Trade. In: The Economist, 17. December 1998, http:/ /www.economist.com
2. Brazilian Pepperlrade Board: http:/ /www.peppertrade.dom.br
3. Fachverband der Gewürzindustne e. V.: http:/ /www.gewuerzindustrie.de
4. International Pepper Exchange: http:/ /www.ipcnet.org
5. Schelling, Peter: Kein Wunder, dass der Aufschwung jetzt da ist. Artikel vom 15.04.2007, http:/ /www.welt.de
6. The Guardian: http:/ /www.guardian.co.uk (diverse Artikel)

## 关于植物性状及其历史、用途及经济地位

1. Bornscheuer, U.; Dill, B.; Dingerdissen, U.; Eisenbrand,

G.; Faupel, F.; Fugmann, B.; Gamse, T.; Heiker, F. R.; Kirschning, A.; Pohnert, G.; Schreier, P.; Streit, W.: RÖMPP Online [Online], Stuttgart, Georg Thieme Verlag, Version 3.12., [März 2011]: http://www.roempp.com/prod

2. Buscher, Prof. Dr. Hans-Peter: http:/ /www.medicoconsull.de
3. Café Touba: une consummation tres galoppante: http://www.xibar.net/Cafe-Touba-Une-consommation-tres- galopante_a3595. html
4. Caldecott, Todd: http:/ /www.toddcaldecott.com/index.php/herbs/learning-herbs
5. Diskurides, Pedanios: Materia Medic, übersetzt von Julius Berendes 1902: http:/ /www.pharmawiki.ch, Dr. Alexander Vögtli
6. Gernot Katzers Gewürzseiten: llllp://www.uni-graz.at/ ~katzer /germ/index.html
7. Henriette's Herbal Homepage: http:/ /www.henriettesherbal.com
8. Krünitz, D. Johann Georg: Oekonomische Encyklopädie oder allgemeines System der Staats- Stad Hau sund Landwirtschaft in alphabetischer Ordnung. (1773-1858): http:/ /www.kruenitz1.uni-trier.de

9. Orwa C.; Mutua A.; Kindt R.; Jamnadass R.; Simons A.: 2009. Agroforestree Dalabase: a tree reference and selection guide Version 4.0:http://www.worldagroforestry.org
10. Plant Spec Sheets, Rutgers University: http://www.pfidnp.org
11. Taylor, Dr. Leslie: Technical Data Repot for Matico (Piper aduncum, angustifolium), 2006: http:/ /www.rain-tree.com/reports/matico-tech-report.pdf
12. The Epicentre- Encyclopedia of Spices: http:/ /www.theepicentre.com
13. Transport-lnformations-Service: http://www.tis-gdv.de/tis/ware/gewuerze/pfeffer/pfeffer.htm

古食谱来源

1. Alte Kochbücher: http://www.uni-giessen.de/gloning/
2. Grazer Kochbuchplattform: http://www-classic-uni-graz.at/ubwww/sosa/druckschriften/dergedeckteTisch/index.html
3. Kochbuchhandschrift der Universitätsbibliothek Graz Nr. MS1609, (UBG Ms1609/057v/058r) siehe Grazer Kochbuchplattform
4. Millelalterlicle Küche: http:/ /www.oldcook.com/de
5. Zotter, Hans: Rezept- und Zutatenliste zu Pierre de Lune, Le

nouveau cuisinier, Pierre David, Paris 1660: http:/ /www.uni-graz.at/1cuisinier.pdf